Rowohlt Verlag GmbH, Kirchenallee 19, 20099 Hamburg

Kontaktadresse nach EU-Produktsicherheitsverordnung:
produktsicherheit@rowohlt.de

Dr. Christoph Thomann, geboren 1950 in Bern (Schweiz). Studium der Psychologie an der Universität Fribourg (Schweiz), Promotion am Fachbereich Psychologie Hamburg. Zusatzausbildung in Kommunikationspsychologie, Themenzentrierter Interaktion (TZI), Gestalttherapie und Psycholyse. Seit 1978 führt er eine psychotherapeutische Praxis in Bern und arbeitet als Klärungshelfer in Unternehmen, Verwaltung und im Sozialbereich. Er ist Seminar- und Ausbildungsleiter im Bereich Konflikte und Klärungshilfe. Christoph Thomann ist zusammen mit Friedemann Schulz von Thun Autor des Bandes «Klärungshilfe 1. Handbuch für Therapeuten, Gesprächshelfer und Moderatoren in schwierigen Gesprächen» (rororo sachbuch 61476) und alleiniger Autor von «Klärungshilfe 2. Konflikte im Beruf: Methoden und Modelle klärender Gespräche» (rororo Sachbuch 61637).

Christian Prior, geboren 1969 in Erlangen, Studium der Ingenieurwissenschaften in Augsburg und Preston (England) und anschließend der Psychologie an der Technischen Universität München. Zusatzausbildung in Systemischer Therapie / Organisationsberatung, Gendertraining und Klärungshilfe. Seit 1996 arbeitet er als selbständiger Managementtrainer, Systemberater und vor allem als Klärungshelfer in Unternehmen, Ministerien und Kliniken. Lehraufträge an verschiedenen Universitäten und Fachhochschulen.

www.klaerungshilfe.com
www.christian-prior.de

Christoph Thomann
Christian Prior

KLÄRUNGSHILFE 3
Das Praxisbuch

Unter Mitarbeit von Alexa Negele

Mit einem Vorwort von
Friedemann Schulz von Thun

Rowohlt Taschenbuch Verlag

8. Auflage September 2024

Veröffentlicht im Rowohlt Taschenbuch Verlag,
Reinbek bei Hamburg, April 2007
Copyright © 2007 by Rowohlt Verlag GmbH,
Reinbek bei Hamburg
Umschlaggestaltung any.way, Walter Hellmann
Satz Concorde & Thesis PostScript, PageOne
bei CPI books GmbH, Leck
Printed in Germany
ISBN 978-3-499-62214-4

Inhalt

1 **Vorwort** *Prof. Dr. Friedemann Schulz von Thun* 19

2 **Vorwort der Autoren** 24

   Wieso dieses Praxisbuch? 24
   Wie ist dieses Buch entstanden? 25

3 **Einführung** 27

   3.1 ... in den Fall 27
   3.2 ... in das Buch 29

4 **Auftragsklärung** 32

   4.1 ZIEL: Abklären von Situation und Motivation, Schaffen von Vertrauen, Planen der Klärung 32

   4.2 Der Fall beginnt: Wie alles kam. Vorgespräch mit PD Dr. Luftmeier 33
   Formen der Konfliktbegleitung 34
   Wer ist der richtige Ansprechpartner? 35

   4.3 EXKURS: Keine Einzelvorgespräche! 38
   Gefühlsverpuffung 39
   Nutzung der Gefühlsverpuffung – nur bei Trennung 40
   ... sonst Gefühlsverpuffung vermeiden 40

Handlungsfreiheit für den Klärungshelfer statt Verpflichtung zur Geheimhaltung   41
Beschwerung des Klärungshelfers durch übertriebene Einzelschilderungen   41
Volle Wirkkraft für die negativen Gefühle   42
Nur noch eine Wahrheit pro Person   42
Zusammenfassung   43
Bedingungen für eine Auftragsklärung bei kollegialer Konfliktkonstellation   44
Freiwilligkeit muss nicht sein   45
Arbeitskonflikte gehen das gesamte Team an   45
Systemressourcen nutzen   46
Klärungshelfer erklärt Klärungshilfe   47
Neutralität als offizielles Argument (für die Vermeidung von inhaltlichen Vorgesprächen in kollegialen Konfliktsituationen)   48
Zeitplanung für diese Klärung   48

4.4 Vorgespräch mit PD Dr. Bauch   52

4.5 Vorgespräch mit Prof. Dr. Herzle   55

5   Anfangsphase   60

5.1 ZIEL: Optimale Bedingungen für eine Klärung schaffen   60

5.2 Die Klärungsgespräche beginnen: Die drei Ärzte treffen sich erstmalig mit dem Klärungshelfer   61
Vorbereitungen   61
Smalltalk begrenzen   62
Sitzordnung   64

5.3 Offizielle Eröffnung 65
Sorgfältiger Einstieg   65
Wahrheit der Situation   66
Der Klärungshelfer eröffnet   67

5.4 Vorstellungsrunde 70
Die Wortwahl ist wichtig   71
Reihenfolge in der Vorstellungsrunde   71

5.5 Vorstellung Luftmeier 71
Umgang mit Krankheit und Klärungsunpässlichkeit   72
Klarheit ist das einzige Ziel   73

5.6 Vorstellung Bauch 74

5.7 Vorstellung Herzle 76
Prinzip: Den Bock zum Gärtner machen   78
Leitungsautorität des Klärungshelfers: Er ist Chef im Ring   79

6 Selbstklärungsphase   83

6.1 ZIEL: Verstehen und Themen sammeln 83
Zuerst für sich selber klar werden   83
In der Selbstklärung beginnt der Newcomer   84

6.2 Das Gespräch der drei Ärzte wendet sich dem Konflikt zu 84
«Bildermalen» einführen   84
Klärungshelfer erklärt Selbstklärung   89
Abweichung von der Reihenfolge in der Selbstklärung   90

6.3 Selbstklärung Luftmeier 91
Realen Kontakt fördern: Zum Phantasieren einladen! 101
Nachfragen nach Strukturen 103
Genau verstehen ist unerlässlich 105
Offen über Beziehungen Anwesender reden 106
Aussagen vervollständigen 107
Auch Sachthemen mitschreiben 110

6.4 Selbstklärung Bauch 111
Selbstklärung: ein ausschließliches Zweiergespräch 113
   Erstens: Störungsfreiheit ermöglichen 113
   Zweitens: Unterschiede verstehen 113
   Drittens: Vertrauen aufbauen 113
Privates und Persönliches unterscheiden 116
Schutz durch Sorgfalt – Sorgfalt durch Schutz 117
Aufforderung zum Phantasieren 2 119
In der Selbstklärung kein Feedback, keine Belehrung 121

6.5 Selbstklärung Herzle 123
Selbstklärung des Angeschuldigten – Ausdruck statt Reaktion 123
Bild als Spickzettel 124
Nebensächlichem Raum geben 127
Störungen in der Beziehung zum Klärungshelfer sofort thematisieren 133
Nachgeholter Minikontrakt 134
Welche Themen mitschreiben? 136

7 Diagnose des Ist-Zustands – Themensammlung 137

7.1 ZIEL: Zusammenfassen und Prioritäten setzen 137

7.2 Der Klärungshelfer beschreibt, was er bisher vom Konflikt verstanden hat 139
Nur die subjektive Sicht zählt 141

7.3 EXKURS: Optimaler Zeitpunkt für die Nachtpause; situative Planung – verkraftbare Schritte 145
Die Ruhe im Auge des Zyklons 145
Innere Vorbereitung für den Sturm (des Dialogs) 146
Lernen im Schlaf: «Angenehm» und «gut» ist nicht das Gleiche 147
Designüberlegungen: Lieber zwei halbe als ein ganzer Tag 147

7.4 Zurück zum Fall: Pausen- und Zeitplanung muss auch sein 148
Planung des weiteren Zeitbedarfs 148
Bei Müdigkeit Abschlussrunde, denn: Störung hat Vorrang 149

8 Dialogphase 150

8.1 ZIEL: Zueinander finden durch Auseinandersetzung 150
Dialogisieren 150
Doppeln 151
Wie doppeln? 151
Was doppeln? 151

Ebene 1 – Beobachtbares   151
Ebene 2 – Beziehungsebene   152
Ebene 3 – Negative Gefühle   152
Ebene 4 – Innere Not   152

8.2 Der Klärungshelfer leitet sachte über zum Konfliktdialog   153
Das Doppeln wird eingeführt   153
Doppeln am Anfang einführen?   154
Erstes Thema   156

8.3 Und jetzt zum ersten heißen Eisen   156
Starthilfe für den Dialog   157
Mit Beziehungsthema beginnen: Der Dynamik folgen und sie dann steuern   159
Rekonstruktion der Chronologie geht vor Beziehungs- und Gefühlsarbeit   160
Ebenenwechsel: Hintergründe beleuchten   163
Dem Gedoppelten nichts «unterjubeln»   165
Nicht aufhören, verstehen zu wollen: Die guten Gründe auch hinter Verhärtung suchen   165

8.4 EXKURS: Ablehnung beim Doppeln   166
Der Gedoppelte lehnt Inhalt ab   166
Auch «falsches» Doppeln hilft verstehen   167
Darf ich doppeln? NEIN! Was dann?   168
Verlangsamen und ausdrücken, was ist   169
Dialogunterbrechung: Zusammenfassen und stehenlassen   170
Doppeln: Satzanfänge anbieten   172
Die Beziehung zum Klärungshelfer muss stimmen!   174
Magie des vorbestimmten Endpunkts   175

8.5 Zweiter Tag: Fortsetzung der Dialogphase 177
Metakommunikative Anfangsrunde für den Neueinstieg 178

8.6 EXKURS: Interventionsmöglichkeiten: Nicht alle Wege führen nach Rom 184
Moralische Standpauke 184
Sich weiterdrehen lassen 185
Feedback durch den Klärungshelfer 185
Das zirkuläre Fragen 185
Doppeln und der Weg der Klärungshilfe 186
Doppeln: Nicht gegen das «Zwiebelprinzip» verstoßen 187
Kontrasuggestion 188
Im Dialog immer wieder dialogisieren oder doppeln 189
Themen entflechten 190
Nicht aufgeben – immer wieder doppeln 191
Eigene Parteilichkeit zur Allparteilichkeit ausbauen 194
Zwischenerklärungen 195
Der Klärungshelfer zieht sich als Notbrücke zurück 196
Konkretisieren, bitte! 197
Zwei Klärungswege: Hier und jetzt – dort und damals 198
Mehrspuriges Arbeiten 200
Für die Erklärungsphase noch zu früh 201
Ebenenwechsel durch Augenprobe 203
Zirkuläres Fragen 205
Pause als gute Intervention 206
Die Intervention loslassen – nicht die Klärung 207
Notausgang – Exitfrage 209
Stets verstehen wollen, nicht verurteilen (auch sich selber nicht) 211
Gespräche mit Konfliktparteien unter vier Augen 212
Und immer wieder: Dialogisieren und doppeln 215
Zwiebelschälen: Jede Schale würdigen 218
Der Weg hinaus führt hindurch 219

Wahrheit heilt: Akzeptieren, was ist   220
Wahrheit vor Schönheit   220
Doppeln hilft auch nonverbal   222
Wahrheit steckt an   223

8.7   Die Stimmung ist auf dem Tiefpunkt   224
Pausemachen ist auch eine Intervention   224
Wiedereinstieg mit Blitzlicht   226

8.8   Gegenwart klären   227
Feedback auf dem Scherbenhaufen   227
Das Zusammenarbeits-Standogramm   227
Das Standogramm noch weiter nutzen in Richtung Zukunft   233
Standogrammarbeit nicht verlassen   234
Erst Reflektieren der Methode, dann Verarbeiten der Ergebnisse   238

8.9   EXKURS: Wann ist der Dialog zu Ende?   241

8.10 EXKURS: Parteien immer vor «tiefenpsychologischen» Interpretationen schützen   243

8.11 Ausstieg aus dem Dialog: Es bringt jetzt nichts mehr …   244
Übergang vom Dialog in die Erklärung klar gestalten   245
Positive Veränderung überprüfen   246

8.12 EXKURS: Der Klärungshelfer zwischen Profi und Mensch   247

8.13 EXKURS: Nicht schön, aber klar: Unversöhnlichkeit bleibt   253
… und damit in die Erklärungsphase   254

9 Erklärungs- und Lösungsphase 255

9.1 ERKLÄREN – ZIEL: Emotionen beruhigen und zur konstruktiven Lösungssuche befähigen 255
Systemisch statt monokausal 256
Vorverletzungsmodell 256
Ruhig und nicht verurteilend beschreiben 257
Unterschied zu den kleinen Erklärungen in der Dialogphase 257

9.2 Erklären 1: Der Klärungshelfer erklärt den dreien die verbleibenden Spannungen 258

9.3 Die «Indianerreihe» bringt Bewegung ... 260

9.4 EXKURS: Zugehörigkeit geht vor Leistung 262

9.5 ... Bewegung, aber in welche Richtung? 262
Schwierige Gefühle auch noch verstärken? 263

9.6 EXKURS: Tiefer Gefühlsausdruck verbindet – automatische Solidarisierung 264
Umgang mit Tränen 265
Ablehnung bei «Kontrollverlust/Zusammenbruch» wird befürchtet, geschieht aber fast nie 269
Schwierige Gefühle aushalten helfen 270

9.7 Erklären 2: Die Wesensallergie zwischen Herzle und Bauch 275
Der Kern der Erklärung 277
Kein Opfer – kein Täter: Die Verteilung der «Schuld» 286
Herzle führt ins «Land der leichten Lösungen (LLL)» 289

9.8 Ein zweites Standogramm: Erleben statt nur reden – ist die Basis jetzt tragfähig? 290
Vertiefen in der Erklärungs- und Lösungsphase 293
Lösungen, zumindest weitere inhaltliche und/oder zwischenmenschliche Vereinbarungen, müssen immer sein 295

9.9 LÖSUNGEN – ZIEL: Menschen-, sach- und situationsgerechte Lösungen verabreden 295

9.10 Endlich Lösungen: Die Ärzte planen ihre gemeinsame Zukunft 298
Moderation und Supervision der fachlichen Lösungssuche 300
Wer soll bei der Klärung auf der nächsten Ebene dabei sein? 303
Der Klärungshelfer begründet Ausweitung des Teilnehmerkreises 304

10 Abschlussphase 307

10.1 ZIEL: Abrunden und abschließen durch Aus- und Rückblick 307

10.2 Alle sind am Ende 307

10.3 EXKURS: Keine «Freizeitklärung» bei beruflichen Konflikten 309
Imprägnieren mit dem «Warner aus der Wüste» 311

11 Nachsorge 313

11.1 ZIEL: Begleitung und Beratung bei der Umsetzung 313
Wenn kein Folgetermin, dann Nachsorgegespräche 314

11.2 E-Mail an die drei Chefärzte 314

12 Fortsetzung 317

12.1 Variante 1: Trennung 317

12.2 Variante 2: Zusammenbleiben 319
Klärung mit verschiedenen hierarchischen Ebenen 320

12.3 Folgeklärung mit den Oberärzten 321

13 FAQs – Frequently asked questions im Anschluss an den Fall 323

Welche Variante ist häufiger – Trennung oder Zusammenbleiben? 323
Sind alle Klärungshilfen erfolgreich? 323
Wie geht es üblicherweise nach so einer Konfliktklärung weiter? 323
Wie laufen Auftragsklärung und Anfangsphase, wenn der Klärungskreis für eine folgende Klärungsrunde erweitert wird? 324
Was hätte der Klärungshelfer gemacht, wenn einer der drei nicht bereit gewesen wäre für eine Klärung? 326
Was wäre grundsätzlich anders gewesen, wenn die drei nicht auf einer Ebene, sondern hierarchisch abgestuft

wären, zum Beispiel Herzle der Chef der beiden
anderen? 327

Was hätte der Klärungshelfer gemacht, wenn sich einer in der
Anfangsrunde total verweigert hätte? 327

Was war das letztlich Heilsame an den Gesprächen? Oder:
Wie wurde es möglich, dass die drei dann doch noch
aufeinander zugehen konnten? 329

Wie wäre es wohl weitergegangen, wenn die drei nicht durch
Herzles Gefühlsausbruch so aufeinander hätten zugehen
können? 330

Was hätte der Klärungshelfer gemacht, wenn die drei mitten
in der Klärung nicht mehr miteinander hätten arbeiten
wollen? 331

Wäre es mit anderen Berufsgruppen ähnlich gelaufen? 331

Muss der Klärungshelfer vom Fach der Betroffenen etwas
verstehen? 331

Ist es immer nötig, dass es so emotional wird, dass Tränen
fließen? 332

Ist das eine typische Klärung? Sind alle so zäh? 332

Da die negativen Gefühle in Konflikten angeblich eine so
große Rolle spielen, ist es da überhaupt noch notwendig, auf
die «Fakten» und den sachlichen/organisatorischen Aspekt
der Konfliktgeschichte einzugehen? 332

Macht man mit den schwierigen Dialogen nicht genau das
zunichte, was so wichtig ist – das Vertrauen und den Willen
zur Zusammenarbeit? 333

Was macht der Klärungshelfer, wenn Aussage gegen Aussage
steht? 334

Warum wurde für das Praxisbuch gerade dieser Fall
ausgewählt? 335

14 Kurztheorie zur Klärungshilfe 338

14.1 Das Vorgehen 338

14.2 Die Grundprinzipien 341
Allgemein 341
Das Wesentliche 341
Das Vertiefen 341
Die zentralen Methoden 343
Die ergänzenden Methoden 344
Die Lösungssuche 345
Die Grundhaltungen 345
Zusammenfassung 346

15 Schlüsselsätze 347

16 Dank 350

17 Literaturverzeichnis 352

18 Checklisten 353

18.1 Checkliste **Auftragsklärung** 353

Checkliste **Auftragsklärung bei hierarchischer Konfliktsituation (mit Führungskraft)** 354

Checkliste **Auftragsklärung bei kollegialer Konfliktsituation (ohne Führungskraft)** 355

18.2 Checkliste **Anfangsphase** 356

18.3 Checkliste **Selbstklärungsphase** 357

18.4 Checkliste **Dialog der Wahrheit** 359

18.5 Checkliste **Erklärungen und Lösungen** 361

18.6 Checkliste **Abschlussphase** 363

18.7 Checkliste **Nachsorge** 364

18.8 Checkliste **Das Vertiefen** 365

Nachwort *Prof. Dr. Alfred Hellstern* 366

1 Vorwort
Prof. Dr. Friedemann Schulz von Thun

Es gibt Bücher, die möchte man in einem Rutsch durchlesen. Aber das sind meistens keine Fachbücher. Dieses Lehrbuch der Klärungshilfe habe ich so schnell nicht aus der Hand legen können. Es ist spannend, anrührend und lehrreich – eine seltene Trias. Unwillkürlich fiebert der Leser mit: mit den drei Klinikleitern, die hier hart am Abgrund eines ruinösen Zerwürfnisses stehen, aber auch mit dem Klärungshelfer, der sein Handwerk gelernt hat und sich mutig und umsichtig ins Getümmel stürzt, der es aber bei aller Professionalität auch mit seinem inneren Menschen zu tun bekommt – meist sehr zum Guten und manchmal mehr, als ihm selber lieb ist. Vor allem dann, wenn seine Sehnsucht nach Versöhnlichkeit der realen Distanzierung, Befremdung und Verhärtung um einige Zeitlängen voraus ist. Dass Christian Prior auch sein eigenes inneres Wechselbad der Gefühle während des Klärungsprozesses nachträglich in Worte fasst, ist ungewöhnlich und hilfreich – denn ein Konflikt geht immer an die Nieren, und der Konfliktmoderator kriegt es nicht nur mit schwierigen Leuten zu tun, sondern knüppeldick auch mit sich selbst. Gut, wenn ein Lehrbuch auch diese «Front» ins Auge fasst!

Mit dem vorliegenden Band 3 ist die «Klärungshilfe» endgültig aus den Kinderschuhen herausgewachsen. Schon bei Erscheinen des zweiten Bandes war sie gut beforscht, verfügte über ausgereiftes Erfahrungswissen und eine umfassende Methodologie und über einen Protagonisten, der als Praktiker, Publizist und Lehrmeister in Erscheinung trat. In diesem Band nun bleibt Christoph Thomann supervidierend, einordnend und kommentierend im Hintergrund. In den Vordergrund rückt nun erstmalig mit Christian Prior die Schülergeneration als praktizierender Klärungshelfer, Kommentator und Hauptautor eines realen Praxisfalles.

Für den Lehrer ist es beglückend zu erleben, wie seine Schüler ihm zu Kollegen werden, mit denen er partnerschaftlich sein Werk ins Leben setzen und weiterentwickeln kann. Christian Prior nimmt das Standardrepertoire der Klärungshilfe auf und erweitert es mit neuen Methoden zur Klärung und Verdeutlichung von Gefühlszuständen, Beziehungsdynamiken und Kooperationsmotivationen. Dies entspricht dem Sinn und Geist der Sache und ihrer Ausbildung: Der Geselle wird zum Meister, indem er sich den Kanon des Lehrgebäudes aneignet und anverwandelt, sodass Mensch und Methode zur stimmigen Einheit werden können.

Mit dem Erscheinen der ersten Schülergeneration ist nun auch etwas bewiesen, was uns anfangs noch unsicher war: Die Klärungshilfe ist lehr- und lernbar geworden. Zu Beginn schien es manchmal, dass alles mit der genialen Intuition von Christoph Thomann stehen und fallen würde und kein normaler Mensch das je nachmachen könne. Inzwischen ist die Zahl der erfolgreichen Klärungshelfer aus dieser Schule deutlich gewachsen. Hier nun eine reflektierte, supervidierte Werksprobe, eingeordnet in die «Theorie der Klärungshilfe», wie sie sich seit 1979 entwickelt hat.

Die «Klärungshilfe» nahm ihren Ursprung in der Paar- und Familientherapie der psychologischen Praxis von Christoph Thomann, wo ich sie 1978 live beobachten konnte, damals inspiriert von Dieter Dauber aus den USA, der in Bern weilte und lehrte. Mir wurde rasch deutlich: Dies ist eine hochinteressante Anwendung der Kommunikationslehre, wie ich sie seinerzeit mit Hilfe des Kommunikationsquadrates entwarf. Besonders das «Doppeln» des Paartherapeuten bestand doch wesentlich darin, die impliziten und unterbelichteten Seiten des Quadrates in einfühlsame Worte zu fassen und damit der Kommunikation zugänglich zu machen!? Ich schlug daher Christoph Thomann ein gemeinsames Forschungsprojekt am Fachbereich Psychologie der Universität Hamburg vor, um eine «Theorie der Klärungshilfe» zu schaffen. Daraus entstand seine (gleichnamige) Dissertation und 1988 unser gemeinsames Buch, das nach einer Überarbeitung 2003 jetzt «Klärungshilfe 1» heißt.

Es ist für mich spannend zu sehen, wie und wohin sich unser gemeinsames «Kind», nun den Kinderschuhen entwachsen, inzwischen weiterentwickelt hat. Heute tritt auf Fachtagungen die Klärungshilfe zunehmend als Grundlegung und Bereicherung für mediative Verfahren auf. Nicht mehr nur private und innerbetriebliche Konflikte, sondern auch Täter-Opfer-Ausgleich, Nachbarschaftskonflikte, basisdemokratische Arbeits- und Lebensgemeinschaften eröffnen neue Felder.

Unter den Verfahren der Mediation und Konfliktmoderation wartet die Klärungshilfe mit einer Besonderheit auf, an der sich die Geister manchmal scheiden, bevor sie wieder zusammenfinden. Diese Besonderheit, im Fallbeispiel dieses Bandes gut zu studieren, besteht darin, auch jene Gefühle und Verhaltensweisen willkommen zu heißen, ja sogar herauszufordern, die äußerst «unschön» sind: von Empfindlichkeit, Verletzung und fieser Aggression geprägt. Also genau jene Gefühle und Verhaltensweisen, die «alles noch schlimmer machen» und einer vernünftigen Einigung im Wege stehen. Der Klärungshelfer unternimmt nicht den Versuch, sie mit gutgemeinten Kommunikationsregeln präventiv zu zähmen und konstruktiv zu verwandeln: Ich-Botschaft statt Herabsetzung, Wunsch statt Vorwurf, sachliche Beschreibung statt wüster Interpretation etc.

Solches Bemühen eines Vermittlers, am Klavier nur das Spiel mit den weißen Tasten zuzulassen, bleibt eine wichtige Option, wenn zwei Parteien vernünftig auseinanderkommen wollen, ohne eine tragfähige Beziehung anzustreben.

Wenn aber die Beziehung künftig tragfähig sein soll, dann – so die Autoren – kommt man nicht umhin, auch und gerade die «negativen» Gefühle zu beachten und zu bearbeiten. Dem «Unschönen» kommt geradezu eine Schlüsselrolle zu: Das ist der Pfeffer, in dem der Hase liegt, der Konflikt feststeckt. Nicht selten führt das Unschöne auf den Grund der Verletzung und diese auf den noch tieferen Grund der «Vorverletzung», wie Christoph Thomann das nennt. Die war schon da, bevor der aktuelle Kontrahent aufgetaucht ist und diesen wunden Punkt unsanft berührt hat, in dieses Fettnäpfchen unversehens getreten ist.

Kommt diese Wahrheit ans Licht, kann sie auf einmal heilen, kann eine Begegnung auf tieferer Ebene dazu führen, dass der Mensch den Menschen hinter der hässlichen Streitfratze erkennt und sich selber auch. Solidarität und Versöhnung sind dann tief empfunden, aber nicht konstruktiv herbeigepredigt, sondern psycho-logisch am Ende des Weges durch die Schlangengrube. Auf dieser Herzensgrundlage werden dann die sachlichen Streitpunkte plötzlich – nicht unwichtig oder nebenrangig, aber schneller Einigung zugänglich. Christoph Thomann spricht vom «Land der leichten Lösungen», das er dann regelmäßig betreten dürfe.

So haben wir als Vermittler zwei gute und wichtige Optionen, um einen Abgrund zu überwinden: über eine möglichst konstruktive Notbrücke hinweg oder durch die Schlangengrube negativer Gefühle hindurch. Die Notbrücke hat den Vorteil, dass zuweilen Verständigung trotz innerer Kränkungen und aggressiver Impulse gelingen kann. Ihr Nachteil: Sie ist, da sie «dünn» ist, ständig vom Einsturz bedroht, die Kontrahenten fallen dann unvorbereitet in den Abgrund, in dem die giftigen Schlangen lauern. Ihr Nachteil auch, dass sie die ständige Anwesenheit des Mediators voraussetzt. Der Weg durch den Abgrund setzt zunächst einen Experten für Schluchtdurchquerungen voraus, der den Weg kennt und im Umgang mit Giftschlangen behutsam und unerschrocken vorzugehen versteht. Dieser gemeinsame

Weg enthält aber zwei Chancen: dass die Schlangen zahmer werden, wenn ihr Gift einmal verspritzt ist, und dass die Parteien vertrauter werden mit solchen Schluchtdurchquerungen, sie später auch ohne fremde Hilfe wagen können, um einander zu erreichen.

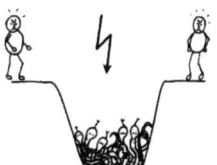

Schwerer Konflikt mit drohenden schlimmen Folgen

1. Option: eine Notbrücke der konstruktiven Verständigung

2. Option: zueinander durch die Schlangengrube hindurch

Dieses Notbrücken-Schlangengruben-Modell verstehe ich nicht unbedingt alternativ, in der Praxis können sich beide Vorgehensweisen verbinden und ergänzen. Die Indikationsfrage bleibt weiter zu erforschen, die Autoren äußern dazu beachtenswerte Hypothesen, die in ihrem Erfahrungswissen begründet sind. Eines aber ist sicher: Den Weg durch die Schlangengrube kann der Klärungshelfer nur mitgehen, wenn er sich in seiner Aus- und Fortbildung notwendiger- und vielversprechenderweise auch der Bearbeitung eigener aktueller Konflikte mit Hilfe der Klärungshilfe gestellt sowie einen tieferen Blick in die eigene Persönlichkeitsgeschichte getan hat.

Nun aber, liebe Leserin, lieber Leser, will ich Sie nicht länger aufhalten! Vielleicht kommt Ihnen bei der Lektüre auch ein Verdacht, der mir selbst gekommen ist: dass die besten Lehrbücher den induktiven Weg vom konkreten Fallbeispiel zur generalisierbaren Erkenntnis beschreiten. Warum nur gibt es so wenige davon?

2 Vorwort der Autoren

Wieso dieses Praxisbuch?

Als ich, Christian Prior, vor knapp zehn Jahren das Buch «Klärungshilfe 2 – Konflikte im Beruf» von Christoph Thomann gelesen habe, ist mir der Wesenskern der Klärungshilfe erst richtig an dem dort beschriebenen Praxisbeispiel klar geworden. Im Rückblick kann ich sagen, dass mir die theoretischen Ausführungen das «Was» der Klärungshilfe vermittelt haben. (Was passiert in welcher Phase? Was ist das kleine Einmaleins des Klärens?) Hingegen hat der Praxisfall im letzten Teil des Buches mir das «Wie» nähergebracht. Wie Christoph Thomann dort mit den Betroffenen konfrontierend und zugleich einfühlsam gesprochen hat, ließ in mir ein Gefühl dafür wachsen, wie er die Klärungshilfe praktiziert. Beim Lesen habe ich mir immer wieder gedacht: «Ach, so direkt spricht er das an?» Oder: «Mein Gott, wie kommt er da wieder raus?» Vor meinen eigenen Klärungen habe ich dann auch immer wieder als «innere atmosphärische Vorbereitung» den Praxisfall gelesen, um mich dabei an der Flamme «Wahrheit heilt» wieder neu zu entzünden.

Diese Form des Lernens wollen wir nun mit dem von A bis Z beschriebenen und erläuterten Klärungsfall ausbauen. Das Buch ist als ein umfassender «Bausatz» für den praktischen Weg zur Klärungshilfe gedacht:
— In den Dialogen des Falls wollen wir die Haltung und die Essenz der Klärungshilfe spür- und nachvollziehbar machen.
— In den eingefügten Kommentaren steckt das nötige theoretische Fach- und Hintergrundwissen und
— in den Checklisten die praktische Handlungsanleitung.

Das Buch ist ohne Vorkenntnisse aus den Bereichen Psychologie, Kommunikation, Konflikttheorie, Mediation oder Klärungshilfe zu verstehen.

Sie, werte Leserin, werter Leser, werden jetzt in einen realen Konflikt mitgenommen, Sie können bei der Klärung quasi als «Mäuschen» dabei sein. Was sonst nur hinter verschlossenen Türen geschieht, ist hier Wort für Wort zugänglich. Sie erhalten so Einblick in diese herausfordernde und befriedigende Arbeit, die stets spannend wie ein Krimi ist. Dadurch kann derjenige, der am besten an konkreten Beispielen lernt, wie auf einem roten Teppich spazierend für sich profitieren, indem er lediglich dem Fall folgt.

Natürlich kann ein Buch nicht wirklich eine fundierte, praxisorientierte Ausbildung mit Übungen, Feedback und Supervision ersetzen. Wer aber bereits beruflich mit Konflikten zu tun hat wie Moderatoren, Mediatoren, Anwälte, Richter, Trainer, Personalentwickler, Personalreferenten und natürlich Führungskräfte (die ja sowieso in schwierigen Gesprächen moderierend tätig sein müssen), der kann seine tägliche Arbeit unmittelbar anreichern. Für alle Konfliktprofis haben wir neben mancher provokanten These zusätzlich als kollegiale Herausforderung immer wieder Multiple-Choice-Tests eingefügt.

Wie ist dieses Buch entstanden?
Den Praxisfall habe ich, Christian Prior, durchgeführt als Auftrag im Rahmen meiner freiberuflichen Tätigkeit als Klärungshelfer. (Warum wir gerade diesen Fall ausgewählt haben: siehe S. 335.) Für das Buch habe ich ihn methodisch aufbereitet und dadurch gestrafft, ohne dabei die Dynamik der Dialoge in ihren Aussagen zu verändern – weder in ihrer sachlichen Schärfe noch in ihrer Gefühlsintensität. Die Personen sind echt, ihre Aussagen wahr. Natürlich sind alle Namen und identifizierbaren Umstände vollständig unkenntlich gemacht worden. Am Schluss habe ich als Nachsorge dieses Klärungsfalls zusätzlich

zwei vergleichbare und ebenfalls echte Fallfortsetzungen dargestellt, um zwei gegensätzliche, reale Lösungsmöglichkeiten aufzuzeigen: das Auseinandergehen und das Zusammenbleiben der Konfliktparteien als gleichwertig gute und wünschenswerte, wenn stimmige Möglichkeiten. Anschließend fügte ich theoretische Kommentare ein und ergänzte das Ganze mit meinen Gedanken und Gefühlen, die ich während der Klärung hatte.

Auf der Basis dieses Rohmaterials aufbauend, haben wir gemeinsam dann in vielen intensiven, wochenlangen Sitzungen in Bern und München das vorliegende Buch geschrieben. Wir haben zusammen alles mehrmals durchgepflügt, immer wieder die theoretischen Erläuterungen verdichtet, angereichert und didaktisch zugespitzt. Dabei floss das Grundanliegen von mir, Christoph Thomann, ein, die Klärungshilfe klar, einfach lernbar und ermutigend zu vermitteln.

Es ist ein Gemeinschaftswerk entstanden, bei dem wir um jedes Wort gerungen haben, bis wir beide voll dahinterstehen konnten. Die Reihenfolge der Autorschaft auf dem Buchumschlag ist nach mehrfach begründetem Hin und Her so entschieden worden, dass damit die langjährige Entwicklungsarbeit der Klärungshilfe durch Christoph Thomann gewürdigt wird.

Christian Prior, München
Christoph Thomann, Bern

3 Einführung

Konflikte in der Arbeitswelt – unvermeidlich und unangenehm. Man geht ihnen gerne aus dem Weg. Das löst sie aber selten – verschlimmert sie eher und verunmöglicht eine angemessene Lösung.

Auffallend ist nun: Wo sonst ganze Heerscharen von Fachleuten bemüht werden, um Optimierung zu bewirken – bei Konflikten wird nur sehr selten eine Fachperson hinzugezogen. So werden unzählige verheißungsvolle Projekte, Produkte und Partnerschaften dem Fraß der Konflikteskalation überlassen.

Was weitgehend unbekannt ist: Konflikte wirken sich nach ihrer erfolgreichen Auflösung in gleichem Maß positiv auf Effizienz und Klima der Zusammenarbeit aus wie vorher negativ. Konflikte klären ist mehr als flicken.

Kraftvolle Möglichkeiten der professionellen internen und externen Konfliktauflösung sind kaum bekannt. Das wollen wir mit diesem allgemein verständlichen Buch ändern: Der darin geschilderte Fall ist echt.

3.1   ... in den Fall

Die St.-Kassian-Klinik GmbH ist eine moderne internistische Privatklinik. Die drei Ärzte
— Professor Dr. Herbert Herzle,
— Privatdozent Dr. Basil Bauch und
— Privatdozent Dr. Ludwig Luftmeier

leiten die Klinik als geschäftsführende Gesellschafter, sind also alle zu gleichen Teilen Inhaber und Leiter der Klinik. Jeder ist in seinem Fachgebiet spezialisiert, und sie ergänzen sich gegenseitig so, dass die Klinik eine internistische Rundumversorgung bieten kann.

Die Zusammenarbeit der drei verläuft über Jahre harmonisch und reibungslos, bis es plötzlich wegen eines wichtigen Projekts zu einem heftigen Konflikt kommt. Bevor sich der Streit aber so weit verschärft, dass er nur noch auf juristischer Ebene ausgefochten werden kann, gelingt es ihnen, sich auf einen Gesprächsversuch mit Vermittler zu einigen. Nach kurzen Telefonaten zwischen dem Klärungshelfer und den dreien kommt es zwei Wochen nach dem Erstkontakt zu einer Klärungshilfe, die an einem Freitag um 15 Uhr anfängt und eineinhalb Tage dauert.

Sie beginnt, wie üblich, nach Begrüßung und Anfangsrunde mit der Selbstklärungsphase, in der jeder Einzelne aus seiner Sicht vor allen berichtet, wie er die Entwicklung des Konflikts erlebt hat. Dabei wird deutlich, dass Dr. Bauch und Dr. Luftmeier sich von Prof. Herzle massiv angegriffen und bedroht fühlen: Er forderte in einem deutlichen Brief eine Sonderstellung als Ältester mit mehr Geld und sogar eine Umbenennung der St.-Kassian-Klinik in Prof. Herzle-Klinik. Das lassen die beiden sich nicht gefallen und sind sogar bereit, ihre ganze Klinik ins Verderben zu stürzen, wenn er nicht einlenkt.

Prof. Herzle seinerseits fühlt sich bereits seit Jahren von den beiden Jüngeren nicht angemessen behandelt und ist nicht bereit, sich entgegenkommend zu verhalten. Im darauf folgenden Dialog prallen die gegensätzlichen Ansichten und die aufgestauten, alten Gefühle aufeinander. Es kommt, wie nicht anders zu erwarten, zu heftigen, unergiebigen Wortgefechten. Die Situation ist verhärtet – eine weitere Zusammenarbeit scheint nicht mehr möglich.

Obwohl die Ausgangslage (drei Männer, Akademiker, Partner und Klinikbesitzer) speziell erscheint, so sind Hintergrund und Klärung ihres Konflikts absolut typisch und übertragbar auf andere Konfliktkonstellationen mit Frauen, mehr Personen, Angestellten oder auf andere Berufsgruppen (siehe S. 331).

3.2 ... in das Buch

Die Dialoge zwischen den drei Ärzten und dem Klärungshelfer wechseln sich mit theoretischen Einschüben ab. Leserin oder Leser bieten sich daher drei grundsätzliche Möglichkeiten:
1. nur die Dialoge lesen, wie ein Theaterstück,
2. alles nacheinander lesen (die Dialoge mit den dazugehörenden Fragen und Erklärungen) oder
3. aus dem Inhaltsverzeichnis oder dem Anhang die Themen heraussuchen, die einen interessieren: Theorien, Exkurse, Zitatensammlung und Checklisten.

Zu 1. Wer lediglich dem Verlauf der Gespräche folgen will, orientiert sich an der Linie und überspringt einfach Einführungen, Erklärungen und Fragen. Er wird dadurch einen unmittelbaren Eindruck von Ablauf und Wesen der Klärungshilfe erhalten. Das ist Lernen an der Praxis.

Aber Vorsicht: Das Überspringen von Dialogpassagen rächt sich später durch Nichtverstehen – wie wenn man während eines Theaterstücks auf die Toilette geht und sich danach fragt: «Was ist denn jetzt los?»

Die Darstellung der Dialoge wird dadurch ergänzt, dass ich, Christian Prior, auch meine persönlichen Gedanken und Gefühle als Klärungshelfer während der Sitzungen mitteile (sie sind dann, wie hier, kursiv gedruckt).

Ich habe viel gelitten und mitgelitten in dieser Klärung. Meine Hoffnung ist, dass sich die Leserin, der Leser durch meine Selbstoffenbarungen ein lebendigeres Bild von Atmo-

> *sphäre und Vorgehen machen können. Ich empfand die Klärung wie das Durchqueren eines Sumpfes, und es wird überdeutlich, dass dies nicht mit wehender Fahne auf hohem Ross gelingen kann.*

Zu 2. Wer sich allerdings professionell und differenzierter mit dem Verlauf der Klärung und ihren kommunikationstheoretischen und psychologischen Dimensionen beschäftigen möchte, ist dazu eingeladen, alles nacheinander zu lesen. Dies braucht allerdings immer wieder das Aushalten der Spannung, erst später zu erfahren, wie es im Fall weitergeht. Diese Spannung wird noch dadurch erhöht, dass gerade am Anfang mehrere und längere Theorieteile vorkommen. Dies ist unumgänglich, denn in der Auftragsklärung werden grundsätzliche Weichen gestellt. Diese zu kennen, ist für das eigene professionelle Handeln zentral: Fehler, die hier passieren, wirken sich später garantiert aus.

Folgende Elemente sind auf der Reflexionsebene zu finden:
— Jede neue Klärungsphase (siehe S. 338) wird grundsätzlich mit einer Beschreibung von Ziel und Vorgehen kurz eingeführt, um der Leserin, dem Leser eine Orientierung und theoretische Übersicht vor Ort zu ermöglichen. Diese **Phaseneinführungen** sind in einer anderen Schriftart gesetzt.
— Des Weiteren kommen dann viele **kurze Inputs** vor, die die jeweilige Situation erklären, das Vorgehen diskutieren und es begründen.
— Ebenfalls in einer anderen Schriftart erscheinen etwas längere theoretische **Exkurse** über Themen, die gerade an den jeweiligen Stellen im Fall relevant sind. Diese überschreiten vom Umfang her die sonst üblichen Einschübe, da sie thematisch etwas tiefer und weiter gefasst sind. Wer darauf gerade keine Lust hat, kann sie gefahrlos überspringen und später mal wieder nachschlagen.
— Die regelmäßig auftauchenden **Zwischenfragen** seien vor

allem erfahrenen Berufskollegen als **Multiple-Choice-Test** empfohlen. Die Auswahl unter den vorgegebenen Testantworten ist nicht immer leicht. Sie spiegeln die Vielfalt der Wahlmöglichkeiten mit ihren praktischen Konsequenzen, die sich in jedem Moment der Konfliktmoderation bietet.

Die Orientierung im Fall soll erleichtert werden, indem unten auf jeder Seite graphisch dargestellt ist, in welcher Phase der Klärungshilfe der Dialog sich gerade befindet («Bridge over troubled water» – siehe Kurztheorie zur Klärungshilfe, Seite 338).

Zu 3. Wer lediglich für Detailfragen
— theoretische Erklärungen,
— wörtliche Zitate des Klärungshelfers in Standardsituationen oder
— Checklisten
lesen oder später mal gezielt nachschlagen will, der kann sich orientieren
— im Inhaltsverzeichnis,
— im Anhang bei den Listen oder
— bei den «Frequently asked questions» (FAQ) am Ende des Falls.

4 Auftragsklärung

4.1 ZIEL: Abklären von Situation und Motivation, Schaffen von Vertrauen, Planen der Klärung

Aufträge zur Klärung von Konflikten kommen immer unerwartet. Aber nicht jede Anfrage führt wirklich zu einem Auftrag, und Klärungshilfe ist auch nicht immer angezeigt – manchmal sind andere Begleitungsformen sinnvoller: Coaching, Seminare, Organisationsberatung... Das Ziel der Auftragsklärung ist es, dies herauszufinden und dann gegebenenfalls das weitere Vorgehen abzuklären und zu organisieren.

Geht der Weg in Richtung Klärungshilfe, gestaltet der Klärungshelfer die Beziehung zum Auftraggeber allmählich so, dass gegenseitiges Vertrauen über die geschäftlichen Rollen hinaus möglich wird. Dies ist nötig, um für die schwierigen Phasen, die es in jeder Konfliktbearbeitung gibt, eine tragfähige Basis zu entwickeln. Der Auftraggeber liefert sich ja in einer für ihn wichtigen und heiklen Situation ganz seinem Begleiter aus. Ebenso der Klärungshelfer, der sich bewusst in schwierige und unangenehme Situationen begibt, die auch für ihn persönlich mit angespannter Atmosphäre und negativen Gefühlen, ja sogar mit der Gefahr des Scheiterns und der Rufschädigung verbunden sind. Daher brauchen beide Seiten mehr als nur eine geschäftliche Beziehungsgrundlage.

Der Klärungshelfer muss demnach eine innere Motivation verspüren, dem Auftraggeber vor allem helfen zu wollen und dabei sein Geld zu verdienen – und nicht umgekehrt. Er sollte nicht vom konkreten Auftrag abhängig sein und ihn nicht um jeden Preis wollen. Das befreit seinen Blick auf den zu klärenden Konflikt und befähigt ihn, den Auftraggeber vor der Annahme des Auftrags mit unangenehmen Fragen und Vermutungen zu konfrontieren.

Der Klärungshelfer klärt ab, ob seine drei Hauptbedingungen vom Anfragenden nicht nur akzeptiert, sondern auch mitgetragen werden:
1. Es geht um die «Klarheit der Wahrheit», nicht nur auf der sachlichen, situativen und organisatorischen Ebene, sondern ebenso auf der kommunikativen und zwischenmenschlichen Ebene.
2. Die Vergangenheitsbetrachtung bildet die Grundlage für die Klärung der Gegenwart und die Planung der Zukunft (Lösungen, Verabredungen).
3. Negative Gefühle, die im Zusammenhang mit der Arbeit und dem Konflikt bestehen, werden nicht ausgeklammert, sondern als wesentlicher Klärungsinhalt betrachtet.

Des Weiteren geht es um das Design, also die Frage, für wie lange das Klärungsgespräch anzuberaumen ist, wer daran teilnehmen muss, wer daran nicht teilnehmen soll und um welche Fragen es mit welchen Zielen geht (siehe auch Checkliste S. 335; vollständige Darstellung der Theorie siehe «Klärungshilfe 2»).

4.2 Der Fall beginnt: Wie alles kam. Vorgespräch mit PD Dr. Luftmeier

Ein aktueller Kunde, Chefarzt, fragt telefonisch an, ob er meinen Namen an einen fernen Kollegen, PD Dr. Luftmeier, weitergeben darf, der ihn kürzlich in einer Konfliktsituation um Rat gefragt hat.

Ein paar Tage später ruft dieser mich an.

LUFTMEIER: Guten Tag, Herr Prior. Mein Name ist Luftmeier. Ich hab Ihre Telefonnummer von einem Kollegen.

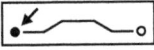

KLÄRUNGSHELFER (KH): Ach ja, er hat mit mir vor kurzem telefoniert.

LUFTMEIER: Er hat Sie mir empfohlen zu dem Thema Konflikte. Deswegen wende ich mich jetzt auch an Sie. Haben Sie kurz Zeit für ein paar Fragen?

KH: Ja, habe ich ...

Formen der Konfliktbegleitung

Was will der Auftraggeber, was braucht er? Jetzt gilt es, möglichst schnell zu erfassen, in welche grundsätzliche Richtung es mit dem Thema «Konflikte» gehen soll, denn davon ist das weitere Vorgehen in diesem Telefongespräch abhängig. Denkbar sind folgende Formen der Begleitung:

— ein theoretisches Seminar (zum Beispiel «Umgang mit Konflikten»),
— Beratungswunsch des Anrufers für sich selber oder für einen Mitarbeiter (zum Beispiel Coaching, Konfliktberatung),
— Moderation eines akuten Konflikts, der geklärt und, wenn möglich, aufgelöst werden soll (allgemein: Mediation. Klärungshilfe besonders dann, wenn eine zukünftige Zusammenarbeit der Konfliktparteien nötig ist oder in Betracht gezogen wird).

KH: ... um was geht es denn?

LUFTMEIER: Ich bin Arzt in einer internistischen Privatklinik. Wir haben hier in der Klinik seit kurzem, genauer gesagt seit eineinhalb Wochen, eine so eskalierte Situation, dass wir jetzt beschlossen haben, uns Hilfe zu holen. Wir müssen miteinander reden. Aber es geht nicht ohne eine neutrale Person, die uns in dem Gespräch begleitet. Könnten Sie das machen und hätten Sie überhaupt so kurzfristig Zeit für uns?

Es geht also um eine Konfliktmoderation.

34 *Auftragsklärung*

Zwischenfrage: **Wie fahren Sie fort?**
— Da Luftmeier «kurzfristig» einen Termin möchte, schaue ich zuerst in mein Zeitplanbuch, denn wenn ich keine Zeit habe, hat jedes weitere Verhandeln keinen Zweck.
— Mein Ziel ist es jetzt, möglichst genau zu erfahren, was vorgefallen ist, damit ich mir ein Bild machen kann. Davon abhängig entscheide ich dann, ob ich den Auftrag annehmen will und mir Zeit dafür nehme oder nicht.
— Als Erstes kläre ich, ob Luftmeier überhaupt der Richtige ist, um mit mir über den Konflikt zu sprechen. Ich verhandle bei Klärungen im beruflichen Bereich grundsätzlich nur mit dem höchsten am Konflikt beteiligten Hierarchen (Führungskraft).

Wer ist der richtige Ansprechpartner?
Wenn es sich um eine Anfrage für eine Vermittlung in einem Konflikt handelt, ist als Erstes herauszufinden, ob der Anrufende die «richtige» Person ist, mit der die Auftragsklärung durchgeführt werden muss. Die richtige Person ist die oberste am Konflikt beteiligte Führungskraft, sofern sie zu einer wirklichen Klärung motiviert ist – andernfalls deren Vorgesetzter, mindestens dieser muss motiviert sein – sonst wird nichts daraus.

Warum muss es eine solche Führungskraft sein und warum reicht es nicht aus, dass zum Beispiel ein Mitarbeiter anruft, an den der Kontakt zum Konfliktprofi delegiert wurde?

Die Lösung von Konflikten ist eine Führungsaufgabe und kann daher nur von der Führungskraft **persönlich** und **direkt** an einen Konfliktprofi übertragen werden (wenn sie es nicht selber machen möchte). Dabei kann lediglich die praktische Durchführung des Klärungsprozesses delegiert werden, nicht aber die Zuständigkeit dafür oder die Verantwortung für die erarbeiteten Lösungen. Diese bleiben durchwegs bei der Führungskraft. Daher ist ihre ständige Anwesenheit während der gesamten Konfliktklärung eine unumstößliche Bedingung.

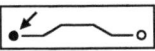 *Der Fall beginnt: Vorgespräch mit PD Dr. Luftmeier*

Die Teilnahme der Führungskraft allein aber genügt nicht. Sie muss Vertrauen in den Klärungshelfer haben und «Klarheit durch Wahrheit» – den Kernpunkt der Klärungshilfe – voll und ganz wollen.

Um in den intensiven, schwierigen Phasen, in denen es dem Vorgesetzten möglicherweise angst und bange wird, eine tragende Basis zu haben, ist es wichtig, dass er und der Klärungshelfer eine gute, vertrauensvolle und unterstützende Beziehung haben. All dies lässt sich nur in einer persönlichen, ausführlichen Auftragsklärung vermitteln und entwickeln – sei es am Telefon oder bei einem Treffen (siehe Checkliste Auftragsklärung hierarchische Konfliktsituation [mit Führungskraft], S. 354).

Deswegen wird der Klärungshelfer früh im Gespräch in Erfahrung bringen wollen, ob er mit der für diesen Konflikt **zuständigen** Führungskraft spricht. Wenn dies nicht der Fall ist, dann bittet er den Anrufenden taktvoll, dass die entsprechende Führungskraft ihn anrufen soll. Sollte diese dazu nicht bereit sein, kann eine Konfliktklärung nicht stattfinden. Dann wird der Klärungshelfer mit dem Anrufer abklären, welche andere Maßnahme in der konkreten Situation angezeigt sein könnte, zum Beispiel ein Coaching des Anrufers.

Obwohl ich neugierig bin, zu erfahren, um was es sich handelt, zügle ich mich und will vorerst herausfinden, in welcher Position Luftmeier ist. Ist er Oberarzt, Chefarzt? Mit wem hat er den Konflikt – seinen Mitarbeitern, seinen Kollegen? Was sagt sein Vorgesetzter dazu, falls er einen hat?

KH: Sie sagen, Sie haben in Ihrer Klinik eine so schwierige Situation im Miteinander, dass Sie jetzt jemanden suchen, der Sie in einem klärenden Gespräch begleitet.
LUFTMEIER: Genau.

36 *Auftragsklärung*

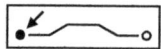

KH: In welcher Position sind Sie denn in der Klinik und wer ist am Konflikt beteiligt?

LUFTMEIER: Ich bin Chefarzt, und die anderen sind meine beiden Kollegen.

KH: Wer ist denn Ihr Vorgesetzter und was sagt der zu Ihrer Situation?

LUFTMEIER: Wir sind eine Privatklinik, und meine beiden Kollegen sind mit mir die Gesellschafter, also Eigentümer. Wir sind sozusagen unsere eigenen Chefs.

Zwischenfrage: **Welchen Einfluss hat die Tatsache, dass die drei Konfliktparteien auf der gleichen hierarchischen Ebene tätig sind, auf Ihr weiteres Vorgehen in diesem Gespräch?**

— Keinen. Ich begrüße es, dass die drei Chefärzte sich sozusagen freiwillig zu einer Klärung entschlossen haben, und höre weiter zu, was los ist.

— Bei einem Konflikt auf hierarchisch gleicher Ebene will ich von der Situation am liebsten inhaltlich gar nichts wissen, damit möglichst viel in der ersten gemeinsamen Zusammenkunft ausgedrückt wird und nicht vorher einzeln an mich.

Ich möchte ihm am liebsten jetzt einfach zuhören, was denn dort los ist. Es wäre mir angenehm, von einem Unbekannten ins Vertrauen gezogen zu werden, was er ja sicherlich bereitwillig tun würde. Denn er ist in Not und vertraut mir auch als ihm empfohlenen Fachmann. So erfahre ich wahrscheinlich Dinge, die er so vor seinen Kollegen nicht ausdrücken wird, und kann damit gleich hinter die Fassade blicken. All dies stärkt unsere Beziehung, und ich fühle mich durch die vielen Hintergrundinformationen souverän. Mit den anderen Kollegen kann ich dann ebenso verfahren, da auch diese gewiss begierig sind, mich in ihr Boot zu ziehen. So bin ich beim ersten Treffen die einzige Person, die alles weiß, überblickt und von allen respektiert und gemocht wird. In der zu

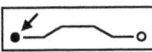 Der Fall beginnt: Vorgespräch mit PD Dr. Luftmeier

erwartenden schwierigen Moderation fühle ich mich dann sicher – auch für Hahnenkämpfe bestens gewappnet ...

Doch glücklicherweise tappe ich nicht in diese Falle, weil ich weiß: Das alles ist verlockend für den Konfliktprofi, aber schlecht für die Klärung. Warum? Siehe Exkurs: Keine Einzelvorgespräche!

4.3 EXKURS: Keine Einzelvorgespräche!

Für die Auftragsklärung gilt es, bald zu unterscheiden: Handelt es sich um einen Konflikt in einer hierarchischen Konstellation (Konflikt zwischen Chef und Mitarbeiter) oder zwischen Personen auf gleicher Ebene ohne Chef darüber (zum Beispiel: Partner in einer Anwaltskanzlei, Gesellschafter einer GmbH, Eigentümer eines Unternehmens, Angestellte eines gemeinnützigen Vereins ohne hierarchische Strukturen, Firmen untereinander, basisdemokratische Arbeitsgemeinschaften ...)?

Wenn es eine hierarchische Konfliktkonstellation wäre (also ein Chef mit seinen Mitarbeitern), wie im Arbeitsleben weitgehend verbreitet, würde der Klärungshelfer die Führungskraft jetzt ausführlich interviewen, auch inhaltlich. Er spricht dann aber ausschließlich nur mit dieser, hingegen mit keinem ihrer Mitarbeiter. Dieses ausführliche Vorgespräch mit der Führungskraft dient zweierlei Zwecken: der maßgeschneiderten Planung der Konfliktklärungsmaßnahmen (wer, wer nicht, wie lange, wann, wo, mit welchen Inhalten ...) und der Herstellung einer Vertrauensbeziehung. In diesem inhaltlichen Vorgespräch distanziert sich der Klärungshelfer innerlich immer wieder vom subjektiven Blickwinkel des Chefs und nimmt ganz bewusst eine neutrale Beratungshaltung ein: **sich ganz darauf einlassen, sich aber nicht einnehmen lassen** (Checkliste Auftragsklärung hierarchische Konfliktsituation [mit Führungskraft], S. 354).

Die Gründe dafür, dass er mit keinem einzigen Mitarbeiter spricht, werden nach dem übernächsten Absatz ausführlich behandelt: Gefühlsverpuffung.

In der St.-Kassian-Klinik aber handelt es sich um einen Konflikt zwischen drei gleichberechtigten Partnern ohne Chef darüber. In diesen Fällen gilt in der Klärungshilfe das Prinzip: in der Auftragsklärung möglichst nur so viel über die Situation inhaltlich zu erfahren, dass besprochen und geklärt werden kann,

1. ob eine Klärungshilfe überhaupt angezeigt ist (oder ob vielleicht eine andere Maßnahme besser geeignet ist, zum Beispiel Teamentwicklung, Coaching, Seminar, Unternehmensberatung ...),
2. wer daran teilnehmen soll,
3. ob sichergestellt ist, dass diese Personen in der ersten Sitzung auch alle anwesend sein werden,
4. wie lange die Klärungsmaßnahme dauern muss und wann und wo sie stattfinden wird,
5. wie teuer sie sein soll und wer sie bezahlt.

Das Erzählen von konkreten Konfliktinhalten, Situationsdetails, zwischenmenschlichen Vorfällen und verletzten Gefühlen versucht der Klärungshelfer hier möglichst nicht zuzulassen, um sie im ersten gemeinsamen Treffen so «ursprünglich» wie möglich zu erfahren. Das Anhören und Verstehen dieser Inhalte geschieht dort als «Quasi-Einzelgespräch» in Anwesenheit der anderen Konfliktparteien.

Warum ist dieses Vorgehen – keine inhaltlichen Vorgespräche mit den Konfliktparteien zu führen – dringend zu empfehlen?

Gefühlsverpuffung

Einzelvorgespräche mit allen Konfliktparteien wirken mäßigend auf die Art und Weise, wie sie später in der ersten gemeinsamen Sitzung ihre Sicht auf den Konflikt darstellen.

Diese Abschwächung wirkt sich bei unterschiedlichen Konflikttypen verschieden aus.

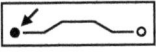

— Bei beschuldigenden und explosiven Personen mag eine Besänftigung für den Klärungshelfer und das Sitzungsklima angenehm sein.
— Menschen, die ängstlich im Konflikt reagieren und die Schuld rasch bei sich suchen, schwächen aber ebenso ihre Schilderung zu einer zweiten, dann nur noch blutleeren, kläglichen, manchmal sogar feigen Version ihrer inneren Wahrheit ab. Sie verpuffen im Vorgespräch all ihre aggressive, klagende und anklagende Kraft, die dann später im gemeinsamen Gespräch fehlt.

Beide Fälle scheinen auf den ersten Blick gut für eine anstehende Lösungssuche zu sein. Man muss ja dann nicht mehr schmutzige Wäsche waschen, da es bereits in den Einzelvorgesprächen nacheinander gefahrlos geschehen ist. Wo ist denn da ein Problem?

Nutzung der Gefühlsverpuffung – nur bei Trennung
Tatsächlich ist dieses Vorgehen mit Einzelvorgesprächen bei fehlender gemeinsamer Zukunftsperspektive (Trennungen, Kündigungen ...) angezeigt und manchmal sogar das einzig mögliche.

... sonst Gefühlsverpuffung vermeiden
Wollen oder müssen aber die Konfliktparteien im Alltag wieder im Kontakt sein und zusammenarbeiten, so reicht dieses Vorgehen nicht aus. Denn die alten, durch das Vorgespräch lediglich besänftigten Vorwürfe, Verletzungen und Empfindlichkeiten werden im Alltag immer wieder gereizt und brechen neu auf. Sie torpedieren damit die in der Konfliktmoderation erarbeiteten Lösungen von der Beziehungsebene her, auch wenn diese auf der Sachebene noch so funktionell sind. Die Beziehungsebene bestimmt die Sachebene (Watzlawick 1969 – 2. Axiom der Kommunikation) und ist entscheidend für Zusammenarbeit, Kommunikation und Klima wie das Plus oder Minus vor einer Zahl auf dem Kontoauszug.

Handlungsfreiheit für den Klärungshelfer statt Verpflichtung zur Geheimhaltung

Damit aber nicht genug. Es kommt noch schlimmer. Verhängnisvollerweise verpflichten nämlich einzelne Streitparteien – oft erst am Schluss ihres Vorgesprächs – den Konfliktprofi rückwirkend bei entscheidenden Punkten zur Vertraulichkeit und Geheimhaltung. Die Parteien haben Ihren Ballast einzeln abgeladen und scheuen jetzt das Risiko der Konfrontation mit den Gegenparteien. Dadurch sind dem Klärungshelfer ab sofort die Hände gebunden. Er verliert durch diesen selbstverständlichen Anspruch zur Geheimhaltung seine Freiheit, in der gemeinsamen Klärungssitzung dann offen und direkt zu fragen, was nötig ist, um den Konflikt zu klären und zu lösen. Er kann später auch nicht mehr naiv nachfragen, da er die Antwort bereits weiß und ihm zudem verboten wurde, das Thema anzusprechen. Die Klärung wird zur unwürdigen Farce: Taktik zum notwendigen Instrument, Wahrheitssuche illusorisch, echte Versöhnung unmöglich.

Beschwerung des Klärungshelfers durch übertriebene Einzelschilderungen

In dem Maße, wie die Parteien nach den Vorgesprächen erleichtert sind, ist der Konfliktprofi danach beschwert. Denn alle Beteiligten tendieren dazu, ihre Wahrheit durch die fehlende soziale Kontrolle der Gegenpartei **überzogen darzustellen**, um
— ihrem Opfergefühl Ausdruck zu verleihen,
— vom Klärungshelfer voll verstanden zu werden und
— ihn für sich zu gewinnen.

Kaum verwunderlich, wenn er nach allen Vorgesprächen am liebsten das Handtuch werfen würde und sich schwertut, in einen gemeinsamen, vertiefenden Konfliktdialog zwischen den Streitparteien einzusteigen, da er die Kluft als unüberbrückbar erlebt: «Bloß nicht mehr zurückschauen und einen auf Vergangenheitsbewältigung machen – ist alles so verfahren und unversöhnlich ...»

Ein solcher Lösungsmediator steuert daher schon bald nach

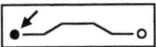

einer moderaten Exploration der Ist-Situation auf Wünsche und Lösungen zu. Dazu führt er Gesprächsvereinbarungen und Spielregeln ein, die auch dringend nötig sind, um auf dem ungehörten, unverstandenen und unbewältigten Gefühls- und Beziehungsuntergrund überhaupt miteinander reden zu können.

Ist doch auch logisch, oder? Ja, logisch ist es, aber eben nicht psycho-logisch: Er wird dem Inneren der Menschen nicht gerecht.

Volle Wirkkraft für die negativen Gefühle
Denn so wird um die schwierigen Gefühle ein weiter Bogen geschlagen, obwohl gerade diese eine Schlüsselfunktion bei der Konflikt**auf**lösung haben. Entgegen ihrem schlechten Ruf sind es gerade diese negativen Gefühle, die stabile Vertrauensbeziehungen ermöglichen, wenn sie von der Gegenpartei gehört und verstanden werden und die dahinter versteckte Not sichtbar wird. Dabei hilft der Klärungshelfer beim Ausdrücken und Zuhören, Zweifeln und Glauben, Nachfragen und Zugeben. Dazu braucht es die volle Kraft der negativen Gefühle, um solch eine tragfähige Versöhnung überzeugend entstehen zu lassen: Der einzige Weg hinaus führt hindurch.

Um sie zu bewirken, reichen vorbildliche Ich-Botschaften, gewaltfreie Kommunikationsumformulierungen oder «VW-Moderations-Ansätze» (vom **V**orwurf zum **W**unsch) nicht aus. Die Verletzungen aus der Konflikthistorie und die aktuellen Enttäuschungen fallen dabei zwischen Stuhl und Bank, zwischen Vorwurf und Wunsch ins Bodenlose und wirken von dort unerlöst weiter ...

Nur noch eine Wahrheit pro Person
Wenn hingegen kein inhaltliches Vorgespräch stattfindet, dann haben die Parteien in der ersten gemeinsamen Sitzung immer noch das ungestillte Bedürfnis, vom Klärungshelfer verstanden zu werden. Die Situation, die daraus entsteht, hat zwei Vorteile:
1. Jede Konfliktpartei gibt nur noch eine offizielle Version des

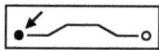

Konflikterlebens von sich. Die ist dann eine Mischung aus dem,
— wie sie die Situation subjektiv empfindet,
— was sie vor der Gegenpartei als Kontrollinstanz für vertretbar hält und
— was sie dem «Feind» zumuten oder antun will.

Der Klärungshelfer kann so nicht mehr um den Finger gewickelt werden, da auch betroffene Beobachter anwesend sind, von denen der Sprecher weiß, dass sie bei abwegigen Schilderungen protestieren würden.

2. Der Klärungshelfer ist frei, alles zu fragen, was ihm wichtig erscheint – «heilige Kühe», Tabuthemen und andere unberührbare Schattenpunkte können dadurch angesprochen werden. Durch das erstmalige und daher wirklich interessierte und neutrale Zuhören beruhigt er die allgemeine Stimmung. Und all dies geschieht ohne die implizite oder explizite Aufforderung, die schlimme Wahrheit auf Schönheit zu schminken. Im Gegenteil: **Nur schlimme Empfindungen erklären furchtbare Eskalationen befriedigend.** Das schwierige, scheinbare Ende der Beziehung wird durch den Klärungsdialog zum tragfähigen, neuen Fundament.

Zusammenfassung

Bei kollegialen Konflikten auf gleicher Ebene: keine inhaltlichen Vorgespräche, nur strukturelle, damit Zeitbedarf und Teilnehmerkreis geplant werden können (siehe Checkliste Auftragsklärung kollegiale Konfliktsituation [ohne Führungskraft], S. 355).

Bei hierarchischen Konfliktkonstellationen wird ausschließlich mit der zuständigen Führungskraft ein ausführliches Auftragsklärungsgespräch durchgeführt, damit (neben aller Planung) eine besonders tragfähige Beziehung entstehen kann (siehe Checkliste Auftragsklärung hierarchische Konfliktsituation [mit Führungskraft], S. 354).

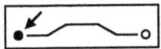

EXKURS: Keine Einzelvorgespräche!

Es ist also Zurückhaltung für meine Neugierde angesagt, was die Hintergründe seiner «eskalierten Situation» anbelangt. Stattdessen arbeite ich die Checkliste «kollegiale Konfliktsituationen» ab.

KH: Aha, verstehe. Und was denken Ihre beiden Kollegen über die Idee, einen Externen zu dem Gespräch dazuzuholen? Wissen die von unserem jetzigen Gespräch?

LUFTMEIER: Von meinem Anruf heute bei Ihnen wissen sie nichts. Wir haben ausgemacht, dass jeder sich nach einem geeigneten Begleiter umschaut und wir dann auf Basis der Vorschläge gemeinsam entscheiden, wen wir nehmen.

KH: Ja gut. Das heißt aber, dass die beiden anderen auch das Gespräch wollen?

LUFTMEIER: Ja, auf jeden Fall.

KH: Haben Sie sich auch über die Verteilung der Kosten Gedanken gemacht?

LUFTMEIER: Das ist kein Problem. Das fällt unter die üblichen Betriebskosten ...

Bedingungen für eine Auftragsklärung bei kollegialer Konfliktkonstellation

Mit diesen Punkten ist die Ausgangssituation gegeben, um Klärungshilfe auf gleicher Ebene durchzuführen:
1. Es gibt keinen Chef darüber,
2. alle kommen zu einer Klärungssitzung,
3. der Personenkreis ist umrissen (die drei Chefärzte – ob eventuell noch weitere entscheidende Personen dazukommen sollen, wird noch überprüft), und
4. die Bezahlung ist geregelt.

Wenn nur Luftmeier eine Klärung gewollt hätte und die anderen nicht dazu bereit wären, dann wäre das weitere Gespräch eine Beratung, was er persönlich in der Situation machen könnte.

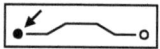

Freiwilligkeit muss nicht sein
Er könnte allerdings auch versuchen, die anderen zu einem Gespräch zu zwingen («Ich steige aus, wenn ihr nicht zu einem Klärungsgespräch kommt»). Das wäre zwar kein «schöner» Ausgangspunkt für die Anfangsphase, durchaus aber tolerierbar.

Die Konfliktbeteiligten müssen weder in kollegialen noch in hierarchischen Konfliktkonstellationen freiwillig zu einer Klärung erscheinen. Bedingung ist nur, dass sie bei der Sitzung anwesend sind. Ihr begreiflicher Widerstand wird thematisiert und akzeptiert. («Ich sehe, dass Sie gezwungen sind, hier zu sein, und verstehe, dass Sie sich weigern, sich zu äußern. Bitte rücken Sie mit dem Stuhl einen Meter zurück, um deutlich auszudrücken, dass Sie nichts sagen werden. Danke, dass Sie trotzdem gekommen sind.») Erfahrungsgemäß dauert es nicht länger als eine halbe Stunde, bis der «Schweigende» ebenfalls das Bedürfnis hat, sich zu äußern, um ebenso «schön» verstanden zu werden wie die anderen – also seine Sichtweise auch darstellen zu können.

> LUFTMEIER: ... Ich würde gerne mit Ihnen abklären, ob Sie es machen würden, ob Sie überhaupt Zeit haben und wie das so ablaufen würde.
> KH: Gerne. Darf ich Ihnen ein paar Fragen stellen, um noch etwas vertrauter mit Ihrer Situation zu werden? Ich möchte dabei bewusst noch nicht in die Inhalte Ihrer Auseinandersetzung einsteigen, aber noch etwas genauer den Rahmen verstehen. Sie sind nur drei Partner, es gibt keine weiteren?
> LUFTMEIER: Ganz genau, wir sind nur zu dritt.

Arbeitskonflikte gehen das gesamte Team an
Wären da noch weitere Partner, dann müsste genau überlegt werden, ob es nicht ratsam ist, dass auch diese an dem Gespräch teilnehmen. Allgemein gesagt: Die offiziellen Arbeitsorganisationseinheiten (Abteilung «Arbeitsvorbereitung», Team «Motor

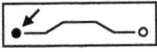 *Der Fall beginnt: Vorgespräch mit PD Dr. Luftmeier*

23z», Projektteam «Kreditvergabe Ost» ...) sollen vollständig eingeladen werden.

Warum?

Arbeitskonflikte sind keine Privat-, sondern Gruppen- und Chefsache:

— Sie sind keine Privatsache. Die Gefühle der Arbeit und der Zusammenarbeit gegenüber sind ein wesentlicher Teil der Arbeitsmotivation und der Kommunikationsbereitschaft, die beide auf die Zusammenarbeit und das Klima einen direkten Einfluss haben.

— Sie sind Gruppensache. Alle sind von den Auswirkungen eines Konflikts betroffen und können und müssen etwas zur Klärung, Lösung und Umsetzung im Alltag beitragen.

— Chefsache. Die Führungskraft ist zuständig für die Beseitigung von Störungen in der Arbeit und Zusammenarbeit. Konfliktklärung ist eine Führungsfunktion.

— Konfliktklärungen wirken – zusätzlich zur konkreten Problembeseitigung – auch noch generell wie eine Teamentwicklung. Auch deswegen soll das gesamte Team dabei sein. Es entsteht wie nebenbei eine positive Streitkultur.

> KH: Vor kurzem, Sie sagten vor eineinhalb Wochen, ist die Situation eskaliert.
> LUFTMEIER: Genau.
> KH: Gab es bereits in Ihrer bisherigen Geschichte eine ähnlich schwierige Entwicklung?
> LUFTMEIER: Nein, definitiv noch nicht.

Systemressourcen nutzen

Hätte es eine vergleichbare Situation schon einmal gegeben, dann wäre die nächste Frage, was sie damals gemacht haben und warum Sie jetzt nicht so verfahren wollen. Damit würde der Klärungshelfer wichtige Hinweise auf die Selbstorganisierungs-

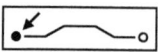

kräfte des Systems bekommen und darauf, warum die drei aktuell keinen Zugang dazu haben.

KH: Was haben Sie bisher – in den eineinhalb Wochen – unternommen bezüglich dieser schwierigen Situation, außer, dass Sie jetzt nach einem Begleiter suchen?

LUFTMEIER: Wir haben versucht, miteinander zu reden, aber es wurde nur immer schlimmer, weswegen wir jetzt nicht mehr ohne Konfliktexperten sprechen wollen.

Mehr über die Situation muss ich nicht wissen. Es ist etwas geschehen, was die drei ohne externe Begleitung nicht meistern können. Selbständige Lösungsversuche sind gescheitert, alle drei werden kommen, sind sogar motiviert, grundsätzlich ist die Bezahlung geregelt, und es sind keine weiteren Berater im Spiel, mit denen ich mich abstimmen müsste – für eine Klärung eine akzeptable Ausgangssituation. Jetzt gilt es, Luftmeier die Besonderheiten im Vorgehen der Klärungshilfe zu vermitteln.

Klärungshelfer erklärt Klärungshilfe

KH: Okay. Was wissen Sie denn bereits von meinem Vorgehen? Was hat Ihnen der Kollege erzählt?

LUFTMEIER: Ich habe das damals lediglich am Rande mitbekommen – ich weiß nur, dass er sehr zufrieden war. Wie genau das abgelaufen ist, davon habe ich keine Ahnung.

KH: Gut. Dann sage ich ihnen etwas zu meiner Methode. Ich versuche das anhand von drei Punkten zu schildern.

Als Erstes: Sie sind drei Partner und gleichberechtigt. In einem solchen Fall möchte ich von keinem von Ihnen vor dem ersten gemeinsamen Gespräch etwas über die Inhalte Ihres Konfliktes wissen. Oder anders gesagt, ich möchte keine Einzelgespräche mit Ihnen führen, wie dies manchmal andere Kollegen in Konfliktfällen machen.

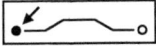 *Der Fall beginnt: Vorgespräch mit PD Dr. Luftmeier*

LUFTMEIER: Warum denn nicht? Ich habe gedacht, dass das wichtig ist.

Neutralität als offizielles Argument (für die Vermeidung von inhaltlichen Vorgesprächen in kollegialen Konfliktsituationen)

Jetzt nennt der Klärungshelfer dem Anrufer nicht die theoretischen Hintergründe für dieses Vorgehen, wie sie oben ausführlich dargestellt wurden (siehe Exkurs: Keine Einzelvorgespräche!, S. 38), sondern erklärt lediglich, dass er seine Neutralität nicht verlieren möchte. Dieses Argument ist nachvollziehbar, zumeist ausreichend und überzeugend, ohne zu überfordern oder abzulenken.

> KH: Dies hat mehrere Gründe. Im Wesentlichen steht für mich im Vordergrund, dass ich meine Neutralität nicht durch Vieraugengespräche gefährden möchte. Sie erzählen mir etwas, dann Ihre Kollegen, und Sie wissen dann nicht voneinander, was jeder Einzelne mir mitgeteilt hat. Wenn aber dieses erste Erzählen in einer gemeinsamen Sitzung geschieht, dann sind alle dabei, und es gibt keine Geheimnisse. Deswegen frage ich Sie auch jetzt nicht nach Einzelheiten Ihrer Geschichte.
>
> LUFTMEIER: Verstehe.
>
> KH: Ein zweites Merkmal meines Vorgehens ist, dass ich für dieses erste Gespräch mit Ihnen dreien so viel Zeit haben möchte, dass wir zu den tieferen Ursachen Ihrer Situation vordringen können. Das heißt, ich empfehle Ihnen, einen ganzen bis eineinhalb Tage Zeit einzuplanen.

Zeitplanung für diese Klärung

Hier handelt es sich um drei Personen, die offensichtlich in einem heftigen Konflikt stecken. Dafür braucht man mindestens einen bis eineinhalb Tage Zeit. Optimal ist es, wenn eine Nacht

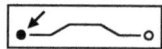

dazwischen liegt. In der ersten Sitzung sollte jeder der drei die Möglichkeit erhalten, ausführlich (zwanzig Minuten plus/minus zehn Minuten) seine Perspektive darzustellen. Dann präsentiert der Klärungshelfer seine eben gewonnene Sicht auf die Konfliktlandschaft zusammen mit einem Vorschlag, wie jetzt weitergemacht werden soll. Der Dialog der strittigen Punkte und belastenden Vorfälle benötigt dann einen weiteren halben Tag. Für Lösungssuche und Abschluss werden nochmal zwei bis drei Stunden reserviert. (Für andere Situationen: siehe «Klärungshilfe 2», S. 67.)

LUFTMEIER: Am Stück eineinhalb Tage?

KH: Ja, zusammenhängend. Idealerweise beginnen wir an einem Nachmittag und schließen den darauf folgenden Vormittag an. Wenn wir dann, je nach aktuellem Zeitbedarf, auch noch den Nachmittag nutzen können, so wäre das optimal. Dies ist anders als vielleicht fünf Sitzungen mit je zwei Stunden, hat sich aber als notwendig herausgestellt.

LUFTMEIER: Ich habe mir eher mehrere kurze Sitzungen vorgestellt.

KH: Ich halte meinen Vorschlag deshalb für sinnvoll, um möglichst effektiv zu des Pudels Kern zu gelangen und dann noch Zeit für Entscheidungen zu haben.

LUFTMEIER: Klar, verstehe.

KH: Und als dritter Punkt noch kurz zur Philosophie, die hinter der Klärungshilfe steht – «Klärungshilfe», so wird das Vorgehen nämlich genannt. Die Klarheit erreichen wir, indem ich mir von jedem von Ihnen ausführlich schildern lasse, wie er die Situation erlebt, und dann erst reden wir gemeinsam darüber.

LUFTMEIER: Aber da sind die anderen schon dabei?

KH: Ja, genau. Ich höre in Anwesenheit der anderen so lange zu, bis ich die einzelnen Perspektiven und Positionen ganz verstanden habe. Erst wenn die sachlichen und emotionalen Verwicklungen im Gespräch mit allen klargeworden sind, dann treffen Sie die notwendigen Entscheidungen. So erhält Ihr weiterer Weg ein stabiles, gutes Fundament. Wo der Weg aber hinführt, das kann ich Ihnen nicht voraussagen – Sie kriegen also keine Garantie von mir für ein schönes Ende. Die Bereitschaft, der Wahrheit Ihrer Situation ins Auge zu sehen, die müssen Sie alle drei mitbringen. Ich garantiere nur für die Klarheit am Schluss.

LUFTMEIER: Was meinen Sie genau mit «Wahrheit der Situation»?

KH: Mit «Wahrheit der Situation» meine ich, dass Sie zuerst bereit sein müssen, hinzuschauen auf das, was sich bei Ihnen alles abgespielt hat und noch immer abspielt – und nicht nur sachlich, sondern auch zwischenmenschlich. Was dann aus der Klarheit heraus möglich wird, also ein weiteres Zusammenarbeiten oder eine Trennung, das ist die gegenwärtige Wahrheit Ihrer Situation. Die müssen Sie alle drei sehen wollen.

LUFTMEIER: Verstehe.

KH: So, das waren die drei Punkte. Keine Einzelgespräche, genug Zeit für eine ausführliche Klärung am Stück und die Bedingung: Wahrheit statt Schönheit. Haben Sie noch Fragen dazu?

LUFTMEIER: Das ist, wie erwähnt, in der Tat anders, als mir ein Beraterkollege von Ihnen vorgeschlagen hat ... Wäre es denn auch möglich, dass wir diese eineinhalb Tage auf einen Freitagnachmittag und Samstagvormittag legen, um dann eventuell auch den Nachmittag zu nutzen?

KH: Ja, aus meiner Sicht ist das möglich. Wir müssen es einfach nur rechtzeitig koordinieren.

LUFTMEIER: Guter Punkt, denn es müsste aus meiner Sicht relativ bald sein ...

50   *Auftragsklärung*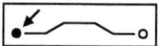

Luftmeier möchte wegen der Dramatik der Situation am liebsten gleich für die nächste Woche, Freitag und Samstag, das klärende Gespräch festlegen. Der Klärungshelfer kann dies durch kleine Verschiebungen auch möglich machen. Dann fragt Luftmeier nach dem Honorar, das er seinen beiden Partnern am nächsten Tag mit dem Ergebnis des heutigen Gesprächs mitteilen möchte. Sie vereinbaren, dass auch die beiden Kollegen, PD Dr. Basil Bauch und Prof. Herbert Herzle, wenn sie das wollen, sich möglichst zeitnah beim Klärungshelfer telefonisch melden, um ein Kennenlernen zu ermöglichen. Das dürfe dann aber kein inhaltliches Vorgespräch werden. Danach sollen sich die drei gemeinsam entscheiden, ob das Gespräch stattfinden soll.

KH: Eins noch: Ich möchte mit jedem von Ihnen nach der Klärung auf jeden Fall noch ein Nachgespräch führen. Das wird wahrscheinlich am Telefon sein. Ich möchte hören, wie sich die Klärung in Ihrem Alltag ausgewirkt hat, was sich verändert hat usw. Das gehört für mich dazu, und Sie müssen es nicht extra bezahlen.

LUFTMEIER: Ja, gerne, finde ich überhaupt gut, wenn Sie danach nicht verschwinden, sondern das noch begleiten.

KH: Genau, darum geht es mir.

LUFTMEIER: Gut. Danke für das ausführliche Gespräch und auf Wiederhören.

KH: Auf Wiederhören, Herr Luftmeier.

Ich freue mich über die Anfrage. Jeder Auftrag bringt Herausforderungen und neues Leben mit sich, neue Menschen, Begegnungen. Außerdem bin ich neugierig auf die anderen beiden und die Hintergründe.

Aber habe ich nicht zu apodiktisch meine Bedingungen genannt (keine Vorgespräche, keine Inhalte, eineinhalb Tage am Stück und Wahrheit statt Schönheit)? Was, wenn es

Luftmeier abschreckt, weil es nicht mit seinen Vorstellungen übereinstimmt? Jedes Mal wieder frage ich mich danach, ob ich nicht bedächtiger nach den Vorstellungen des Auftraggebers fragen und darauf abgestimmt dann erst mit meinen Prinzipien kommen sollte.

Aber aus Erfahrung weiß ich mittlerweile, dass mein Vorgehen wirkungsvoll ist und in diesen zentralen Punkten keine Kompromissbereitschaft signalisiert werden darf, nur um dem Auftraggeber und seinem Auftrag hinterherzuhecheln. Wenn ich in der Auftragsklärung zu wenig auf diese Aspekte achte, dann muss ich es in der Regel danach ausbaden. Wer nicht so viel Zeit oder Bereitschaft zur «Wahrheit» aufbringt, der passt eben auch nicht zu mir und dem Vorgehen der Klärungshilfe.

Ich erzähle am Abend meiner Frau von der Anfrage und lasse mir bei ihrem aufmerksamen Zuhören nochmal alles durch Kopf und Bauch gehen. Wenn auch dann ein gutes Gefühl übrig bleibt, bin ich bereit für die Begleitung. Ohne sie auf die leichte Schulter zu nehmen, freue ich mich darauf.

4.4 Vorgespräch mit PD Dr. Bauch

Am Donnerstag, zwei Tage später, kommt ein zweiter Anruf.

BAUCH: Mein Name ist Bauch. Ich bin Kollege von Herrn Luftmeier, der mit Ihnen am Dienstag ja über unsere Situation in der Klinik telefoniert hat.
KH: Ja, ich bin im Bilde. Schön, dass Sie anrufen.
BAUCH: Wir haben uns gestern entschieden, dass wir wahrscheinlich mit Ihnen das Gespräch machen wollen. Mir geht es jetzt darum, mal Ihre Stimme zu hören und mit Ihnen kurz zu sprechen.

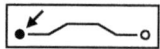

KH: Gerne. Haben Sie denn Fragen zum Vorgehen oder zu meiner Person?

Dass sie sich wahrscheinlich von mir begleiten lassen wollen, entspannt das Gespräch für mich – nett, dass er dies gleich zu Beginn sagt. Ich bin auf die Fragen gespannt.

BAUCH: Nicht wirklich. Ich habe im Internet über Sie etwas gelesen, und mein Kollege hat mir erzählt. Gefällt mir. Aber eine Frage habe ich mir dann doch überlegt. Wie läuft das, wenn gegen Ende eine Entscheidung ansteht, wer trifft die? Sagen Sie uns, was wir machen sollen?

KH: Nein. Ziel der Klärung ist es, dass Sie gemeinsam aus der entstandenen Klarheit heraus entscheiden, was Sie mit Ihrer Situation machen wollen. Ich helfe Ihnen zu dieser Klarheit und dann natürlich auch im Entscheidungsprozess, aber treffen müssen Sie die Entscheidung schon selber. Ich teile Ihnen meinen Eindruck mit, gebe Ihnen sozusagen Feedback aus meiner Außenperspektive und biete Ihnen grundsätzlich einen Rahmen, aber die inhaltliche Ausgestaltung ist ganz und gar Ihre Sache. Nur Sie, alle drei zusammen, sind letztlich die Experten für Ihren Weg.

BAUCH: Ah ja, das klingt gut. Gefällt mir. Ich hatte ein bisschen die Befürchtung, dass, wenn wir uns einen dazuholen, der sich in unsere Angelegenheiten mit schlauen Tipps einmischt. Aber so ist das für mich gut. Und sagen Sie nochmal, warum brauchen wir so viel Zeit dafür? Eineinhalb Tage?

KH: Die brauchen wir, um Ihre sicher komplexe Situation sachlich und zwischenmenschlich angemessen zu verstehen und zu klären. Denn um eine passende, solide Entscheidung am Schluss treffen zu können, brauchen wir Klarheit. Und der Weg dahin braucht Gründlichkeit – Gründlichkeit im Verstehen der aktuellen Gefühle und der dazugehörigen Geschichten. Und die eineinhalb Tage sind

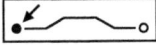

da ein Erfahrungswert. Wenn wir gut vorankommen, dann hören wir schon Samstagmittag auf. Das wäre dann ein Tag insgesamt, aber es ist gut, wenn wir uns auch den Nachmittag freihalten. Sie brauchen nur das zu bezahlen, was wir wirklich gearbeitet haben.
BAUCH: Passt, wenn das Ihre Erfahrung ist. Noch eine Frage: Ich habe gelesen, Sie haben vorher E-Technik studiert. Warum?

Was will er denn jetzt? Es geht kräftig ins Private und hat was von einer Prüfung, aber da ich mit meiner Geschichte auf gutem Fuße stehe, antworte ich gerne.

KH: Das hat sich aus meinem Weg so ergeben. Ich habe erst eine Lehre gemacht und bin dann automatisch zum Ingenieur gekommen. Danach habe ich mich dann ganz meinem eigentlichen Interesse zugewendet, der Psychologie. Heute bin ich froh über die technische Vergangenheit, denn sie bringt mir Bodenhaftung.
BAUCH: Interessant. Ich habe während meines Studiums auf dem Bau gearbeitet, war eine ziemliche Plackerei, aber heute bin ich auch froh drum. Ich hab eigentlich keine weiteren Fragen mehr. Der Dritte in unserem Bunde wird sich auch noch bei Ihnen melden, eigentlich heute noch. Wenn es nicht so ein unangenehmer Termin wäre, würde ich fast sagen, ich freue mich auf die Begegnung mit Ihnen.
KH: Ja, und vielen Dank für Ihren Anruf.

In seiner Stimme und Art zu fragen lag etwas Direktes, Frechtes, aber auch Kühles, was mich aufmerken ließ. Letztlich aber war mir sein gesamter Anruf sympathisch, auch dadurch, wie er am Schluss von seiner Tätigkeit am Bau erzählt hat – meine Neugierde wächst...

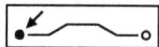

4.5 Vorgespräch mit Prof. Dr. Herzle

Am nächsten Tag, Freitagabend, ist ein Anruf mit unbekannter Nummer auf dem Handy. Beim Rückruf meldet sich Prof. Herbert Herzle. Er hat aber gegenwärtig keine Zeit zum Telefonieren und schlägt den Samstagvormittag um zehn Uhr vor – er wolle anrufen.

Am nächsten Morgen wartet der Klärungshelfer um Punkt zehn auf Herzles Anruf, der aber erst mit einer Verspätung von vierzig Minuten erfolgt.

HERZLE: Hallo, Herr Prior, Herzle am Apparat. Meine Kollegen haben ja bereits mit Ihnen gesprochen, und nun bin ich an der Reihe. Ich habe mir ein paar Fragen an Sie vorbereitet ...

Er verliert kein Wort darüber, dass er sich um mehr als eine halbe Stunde verspätet hat, was mich etwas ärgert. Ich überlege kurz, ob ich ihn darauf ansprechen soll, lass es dann aber, weil ich die sensible Kontaktaufnahme nicht irritieren möchte.

HERZLE: ... ist es für Sie in Ordnung, wenn ich sie einfach so und direkt stelle?
KH: Ja, bitte.
HERZLE: Die erste lautet: «Wenn Sie an meiner Stelle wären, wie würden Sie dann vorgehen, um einen guten, passenden Begleiter auszusuchen?»

Fühle mich kurz etwas gestresst, wie bei einer Prüfung. Finde dann aber die Frage gut.

KH: Tja, äh ... Also, ich würde mir ein paar aussuchen, nach persönlicher Empfehlung oder im Internet, und dann mit al-

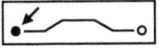

len persönlich sprechen. Dabei würde ich wahrscheinlich hauptsächlich darauf achten, wie sympathisch mir jeder beim ersten Kontakt ist. Dass ich das Gefühl habe, ich kann mit dem reden und der hört mir zu und versteht, um was es mir geht. Dann würde ich darauf achten, dass er kompetent ist, das heißt, ich würde mir anschauen, welchen Hintergrund hat er. Und mir wäre wichtig, dass er mit einer größtmöglichen Neutralität an die Sache herangeht, also keine Einzelgespräche vorher führt. Aus diesem Gesamteindruck heraus würde ich dann entscheiden.

HERZLE: Entschuldigung, aber: Wie alt sind Sie?

Was will er denn jetzt? Klingt misstrauisch, wie er fragt – die Prüfung geht weiter. Er muss ziemlich Angst haben. Hier trifft er auf einen neuralgischen Punkt von mir. Für mich war es gerade in der Anfangszeit meiner Tätigkeit (ich war Mitte/Ende zwanzig) nicht so einfach, wenn meine Klienten deutlich älter waren als ich. Damals war ich unsicher, ob ich Älteren überhaupt auf Ihrem Weg durch so schwierige innere Fahrwasser helfen kann/darf.

Durch meine Supervision mit Christoph Thomann hat sich für mich das Thema allmählich entspannt. In mir ist ein Bewusstsein gewachsen, dass meine Fachkompetenz, einen Klärungsprozess zu leiten, vergleichbar ist mit der Fachkompetenz eines Kfz-Mechanikers oder Filmregisseurs. Und bei beiden kommt es auch auf Begabung und Können und nicht nur aufs Alter an. Deswegen fühle ich mich hier jetzt sicher.

Grundsätzlich nehme ich seine direkten, offensiven Fragen als Signal, dass er bereit ist, sich einzulassen und sich zu zeigen – nach dem Motto: «Drum prüfe, wer sich (ewig) bindet.»

KH: Ich bin 36 Jahre alt.
HERZLE: Das ist ja noch recht jung. Wie erklären Sie sich,

dass Sie uns durch so einen Prozess führen können, obwohl Sie noch nicht so viel Lebenserfahrung haben?

KH: Ich bin einverstanden, dass Sie mir in dieser Weise gründlich auf den Zahn fühlen. Also, grundsätzlich glaube ich, dass man für diese Art von Arbeit talentiert und gut ausgebildet sein muss, ähnlich wie für ein Handwerk oder vielleicht Ihren Beruf. Und wer dies ist, hat damit schon eine gute Basis. Und dann glaube ich, dass wir Jungen das, was uns an Erfahrung gegenüber alten Hasen noch fehlt, durch Enthusiasmus, Engagement und Herzblut ausgleichen. Aber so wenig Erfahrung habe ich gar nicht, denn ich mache diese Tätigkeit bereits seit knapp acht Jahren und habe dabei mittlerweile einiges erlebt.

HERZLE: Aha, danke.

KH: Haben Sie Fragen zum Vorgehen?

HERZLE: Ja. Für mich wäre es interessant, zu erfahren, wie Sie darauf reagieren werden, wenn Sie hören, dass mein Kollege Basil Bauch es als eine Bedrohung erfährt, wenn ich ein Projekt, genauer gesagt, das KaliTec-Projekt ...

Jetzt steigt er in die Inhalte ein. Ich muss ihn bremsen, denn sonst gerät mein Prinzip, vorab nichts zu erfahren, ins Wanken.

KH: Herr Prof. Herzle, ich unterbreche Sie an dieser Stelle, denn wie ich Ihren Kollegen bereits geschildert habe, möchte ich vor dem ersten gemeinsamen Gespräch nicht über Inhalte, also Vorfälle und Ereignisse und die dazugehörenden Gedanken und Gefühle usw., sprechen. Das habe ich nicht mit Ihren Kollegen gemacht, und deswegen möchte ich auch von Ihnen an dieser Stelle möglichst noch nichts Inhaltliches wissen.

Ich möchte Ihnen aber generell antworten auf die Frage, was mache ich, wenn ... Ich werde jeden von Ihnen,

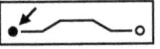

so gut ich kann, unterstützen, sich und seine Position so klar und umfassend wie möglich zu vertreten. Und ich werde jedem von Ihnen helfen, das zu hören, was die anderen ihm sagen müssen. Wenn Sie also über etwas erstaunt sind, entrüstet, enttäuscht oder wie auch immer, dann werde ich dafür sorgen, dass Sie damit bei den anderen Gehör finden werden. Reicht Ihnen dies als Antwort vorab?

HERZLE: ... gut, akzeptiere ich. Finde ich an sich auch gut, wenn Sie noch nicht in die Themen einsteigen. Ich habe dann keine weitere Frage mehr an Sie. Ich schlage vor, dass Sie am Montag nochmal mit meinem Partner Dr. Luftmeier sprechen. Rufen Sie ihn dazu am besten direkt an.

KH: Sprechen Sie nochmal miteinander, und dann rufen Sie mich bitte bis spätestens Montagabend an. Sie können mich auch gerne auf dem Handy anrufen.

HERZLE: Gut, dann machen wir das so. Ich wünsche Ihnen noch ein erholsames Wochenende. Auf Wiederhören, Herr Prior.

KH: Auf Wiederhören.

Das Gespräch hinterlässt bei mir ein Gefühl der Irritation. Es wäre ein ziemliches Machtgerangel geworden, wenn ich unbedingt den Auftrag haben wollte und deswegen von seinem Wohlwollen abhängig wäre. Da das Ganze aber vor dem Hintergrund stattfindet, dass er Hilfe braucht und ich der angefragte Fachmann bin, dem er sich ausliefern möchte, bin ich einverstanden mit dem Testaspekt seiner Fragen – das würde ich auch so machen. Mein Akzeptieren dieses prüfenden Vorgehens ist wichtig, um mir meine Souveränität zu bewahren, die ich später noch brauche.

Ungut war sein Einstieg in den Konflikt, sodass ich ihn ausbremsen musste, aber es klang zu sehr nach Inhalten, die ich jetzt noch nicht wissen will.

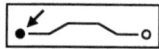

Am Montag nach dem Wochenende ruft abends Dr. Luftmeier an und bestätigt den Auftrag für den Freitag. Es werden die Raumbedingungen geklärt: ausreichende Größe, Tageslicht, ungestörte Lage, keine Tische, sondern Stuhlkreis (was bei ihm, wie auch überhaupt sehr häufig, zu einer sehr erstaunten Reaktion führt), Flipchart, Pinnwand, Moderationsmaterial. Der Anfang wird auf 15 Uhr terminiert, da die drei Ärzte den Klinikalltag nicht früher beenden können. Für den Abend wird «open end» (zeitlich offenes Ende der Sitzung) vereinbart. Den Samstag halten sich alle bis in den Abend hinein frei. Ein Hotel für den Klärungshelfer wird in der Nähe der Klinik von der Sekretärin gebucht.

Ich persönlich schätze es, wenn es möglich ist, ohne Begrenzung am Abend zu arbeiten und situativ je nach Gesprächsstand zu entscheiden, wie lange es noch gehen wird. Nicht selten habe ich erfahren, dass durch die Intensität der Themen alle Betroffenen noch weiter sprechen wollen, was dann durch ein vorab fixiertes Ende oder gar anderweitige Verpflichtungen nicht möglich wäre. Deswegen bitte ich um «open end», wo immer möglich.

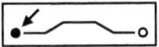

5 Anfangsphase

5.1 ZIEL: Optimale Bedingungen für eine Klärung schaffen

In der Anfangsphase treffen erstmalig alle Konfliktparteien mit dem Klärungshelfer zusammen. Es gilt nun, in Kontakt zu kommen und optimale Bedingungen für die Klärung zu schaffen:

1. Dazu bereitet der Klärungshelfer sich selber und den Raum so vor, dass es der Klärung dient (siehe S. 61).
2. Die «Wahrheit der Situation» (siehe S. 66) wird angesprochen: Rollen (der Klärungshelfer als Kommunikationsbrücke und «Anwalt von Klarheit und Wahrheit», ohne eigene Ambitionen), Historie des Auftrags, Themen, Ziele, Hindernisse, Vorgehen, Vereinbarungen und Zeitrahmen.
3. Ansprechen und Abklären von Neutralität und Oberhand: Der Klärungshelfer klärt ab, ob er von allen in seiner Rolle als hinlänglich neutral gesehen und uneingeschränkt als Prozessgestalter akzeptiert wird (da der Klärungshelfer diesen Punkt in der Anfangsphase dieser Klärung als unnötig erachtet und damit übergangen hat, geschieht es später als Störung in der Selbstklärungsphase, siehe S. 133).
4. Persönliche, direkte Kontaktaufnahme mit jedem Anwesenden in einer Vorstellungsrunde (siehe S. 70).
5. Suchen von Ängsten und Widerständen und deren Annahme in Form von Hindernissen und Bedingungen und daraus abgeleiteten Abmachungen, sogenannten Minikontrakten (siehe S. 78).

5.2 Die Klärungsgespräche beginnen: Die drei Ärzte treffen sich erstmalig mit dem Klärungshelfer

> *Ich reise am Freitagvormittag mit dem Zug an. Die Klärung findet in einem Seminarraum der St.-Kassian-Klinik statt. Als ich um ca. 14 Uhr die Klinik betrete, werde ich bereits von einer Dame aus der Verwaltung empfangen und in den Raum geführt. Es ist ein heller, modern eingerichteter Seminarraum, in dem sonst interne und externe Schulungen abgehalten werden.*

Vorbereitungen

Der Klärungshelfer gestaltet den Raum so, dass er seine Arbeit angemessen ausführen kann. Die Basis stellt ein Stuhlkreis dar, damit jeder jeden optimal sehen und der Klärungshelfer für das Doppeln einfach zu jedem treten kann, ohne durch Tische, Blumen oder andere Gegenstände behindert zu werden. Ferner braucht es in der Nähe des Sitzplatzes des Klärungshelfers ein Flipchart, eine Pinnwand oder Ähnliches, auf dem er für alle gut sichtbar visualisieren kann. Für die notwendigen Blätter, Stifte und Farben sorgt er und beschriftet, was bereits vorher vorzubereiten ist:

— allgemeiner Ablaufplan mit Zeiten,
— Fragen für die Vorstellungsrunde,
— Fragen für die Selbstklärungsphase,
— Beispiele für das Bildermalen (siehe S. 84).

Kekse, Häppchen und Getränke gehören aus dem Kreis verbannt! Eine Konfliktklärung soll keine Atmosphäre von gemütlichem Kaffeekränzchen oder Freundestreffen haben – selbst wenn es Freunde sind. Der Klärungshelfer muss das manchmal gegen die Kultur der Runde durchsetzen.

Er sollte mindestens eine halbe Stunde vorher den Raum so

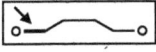

gestalten können, dass dieser seinen Ansprüchen für ein gutes Klima entspricht (Licht, frische Luft, Temperatur, Störungsfreiheit, Möbelstellung).

Des Weiteren klärt er mit dem Umfeld (Hausmeister, Bankettservice, Küche ...) die Rahmenbedingungen für den ganzen Tag: Sitzungszeiten, Pausen, Verpflegung, Essensauswahl, Schlüssel ...

> *Ich stelle einen Stuhlkreis ohne Tische und beschrifte die Flipcharts, wie ich es mir bereits zu Hause vorbereitet habe. Ansonsten gefällt mir der Raum erstaunlich gut. Ich muss hier nicht, wie sonst manchmal üblich, Möbel rücken, Bilder abhängen... Für Kaffee und Kekse ist vor dem Raum gesorgt. Für morgen Mittag ist ein kleines gemeinsames Essen vonseiten der Klinik bereits organisiert – die Zeit glücklicherweise flexibel handhabbar. Ich bin angemessen gekleidet in gepflegter Jeans und Jackett. Dann warte ich auf die drei.*

Smalltalk begrenzen

Falls eine Partei früher kommt, wird der Klärungshelfer ein längeres Einzelgespräch, das über einen kurzen höflichen Smalltalk hinausgeht, dezent unterbinden, indem er zum Beispiel an den eigentlich fertigen Flipcharts herumwerkelt. Die beiden, die später kommen, sollen nicht den Eindruck haben, dass bereits eine Nähe zum Ersten entstanden ist.

> *Dies ist heute allerdings nicht nötig, da alle drei fast gleichzeitig eintreffen. 14.55 Uhr kommt PD Dr. Luftmeier: ein mittelgroßer, muskulöser Herr Mitte vierzig mit weißem Kittel über einem klassisch geschnittenen grauen Anzug. Mit seinem kurzen Vollbart wirkt er pragmatisch und zugänglich. Sein volles dunkelbraunes Haar trägt er glatt nach hinten gekämmt. Die kleine runde Brille gibt ihm einen intellektuellen Touch.*

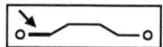

Luftmeier kommt etwas zögerlich auf mich zu. Grüßt mich mit der Frage «Herr Prior?» Es ist spürbar, dass er sich mich anders vorgestellt hat – wahrscheinlich älter und vielleicht im Anzug. Diese Rückmeldung erhalte ich ab und zu, wenn ich nach einer Klärung frage, wie sie denn den Anfang erlebt haben.

Gleich darauf kommt PD Dr. Bauch. Auch er Mitte vierzig, jünger, als ich es mir vorgestellt habe. Er ist drahtig schlank und groß. Seine kurzen blonden Stoppelhaare geben ihm eine jugendlich freche Ausstrahlung. Seine Stimme ist kraftvoll. Auch er trägt einen weißen Arztkittel, darunter einen etwas altmodischen zweireihigen Anzug, dunkelblau.

Er grüßt mich kurz und knapp und wendet sich dann Luftmeier zu, um mit ihm noch eine medizinische Frage zu besprechen.

So stehen wir zu dritt im Raum, ich rücke gerade nochmal das Flipchart zurecht, da kommt Punkt 15 Uhr Professor Herzle. Eine elegante, gewinnende Erscheinung. Knapp einen Meter neunzig, ergraute Schläfen. Die lockigen Haare modisch nach hinten gekämmt, im Nacken etwas länger. Sein Anzug ist geschmackvoll modern, die Krawatte farblich passend zum zartrosa Hemd. Er trägt keinen Arztkittel. Er kommt direkt auf mich zu mit einem wachen und forschenden Blick, der wohlwollend auf mir ruht. Er ist offensichtlich gewohnt, sich in Gesellschaft gewandt und gewinnend zu bewegen.

Mit sonorer Stimme begrüßt er mich und fragt, ob ich eine angenehme Anreise hatte und wie ich mit dem Hotel zufrieden wäre. Ich erzähle kurz von meiner Zugfahrt und dass mir das Hotel zusagt. Dann bitte ich die drei, im Kreis Platz zu nehmen.

KH: Bitte nehmen Sie Platz!
HERZLE: Haben Sie eine Sitzordnung vorgesehen?

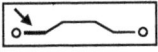   *Die Klärungsgespräche beginnen*

***Zwischenfrage:* Wie handhaben Sie die Sitzordnung?**
— Ich überlasse sie den Teilnehmern und nehme mir danach den noch freien Platz.
— Ich nehme mir den Platz, der mir genehm ist, und überlasse die anderen Plätze dem Spiel der freien Kräfte.
— Mir ist es wichtig, eine Sitzordnung vorzugeben. Deswegen verteile ich die Plätze ganz bewusst.

Sitzordnung
Die Wahl des Sitzplatzes überlässt der Klärungshelfer den dreien. Lediglich er sucht sich vorher seinen Platz aus, der sowohl praktisch für die Nutzung der Medien (Flipchart und Pinnwand) als auch für ihn persönlich angenehm sein sollte.

Wenn die Anzahl der Teilnehmer größer als fünfzehn bis zwanzig ist, kann es angebracht sein, dass er eine Sitzordnung vorschlägt. Dies geschieht sinnvollerweise nach Arbeits- oder Hierarchiegruppen (Assistenzärzte – Oberärzte – Chefärzte; Abteilungen zusammen; nach Interessengruppen ...). Der Zeitpunkt, wann diese Sitzplatzeinteilung erfolgen sollte, ist allerdings gut zu überlegen. Zu Beginn einer Klärung ist die unterschwellige Anspannung bei den meisten sehr hoch. In dieser Phase ist eine Diskussion über die Sitzordnung («Warum muss ich hier sitzen? Und warum darf der beim Chef sitzen? Wer hat sich das überhaupt ausgedacht?») wenig ratsam. Auch mag dem Klärungshelfer am Anfang nicht klar sein, nach welchen Kriterien die Teilnehmer sich gruppieren könnten – dies wird manchmal erst nach der Anfangsrunde oder gar nach der Selbstklärung deutlicher. Deswegen ist es ratsam, erst zu einem späteren Zeitpunkt und für alle nachvollziehbar die Sitzordnung zu ändern und am Anfang freie Platzwahl im Kreis zu lassen. Zudem kann es aufschlussreich sein, wer spontan neben wem sitzt und wen meidet.

KH: Hier möchte ich sitzen, ansonsten können Sie es sich aussuchen, wie Sie wollen!

Herzle nimmt sich als Erster den Platz dem Klärungshelfer gegenüber, Bauch und Luftmeier setzen sich danach auf die beiden anderen.

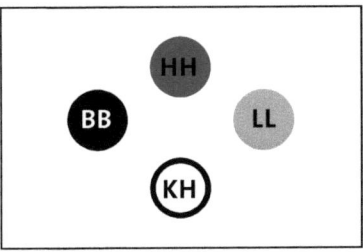

5.3 Offizielle Eröffnung

Zwischenfrage: **Wie beginnen Sie?**
— Mit der Frage: «Wie geht es Ihnen gerade?»
— Ich erkläre ihnen, wie ich vorgehen werde, damit sie sich orientieren können.
— Ich frage nach ihren Anliegen, steige also direkt ein. Diese bearbeite ich dann.

Sorgfältiger Einstieg
Der Anfang einer Klärung ist eine besonders sensible Phase. Die Teilnehmer stehen in der Regel emotional unter Druck, sie sind unsicher und wachsam. Im Falle einer hierarchischen Teamklärung mit Führungskraft hat keiner mit dem Klärungshelfer Kontakt gehabt, außer dem Chef. Der Klärungshelfer ist somit fremd, eventuell sogar bedrohlich für sie. Sie haben kaum eine Vorstellung davon, was nun geschehen wird, wie er seine

Rolle ausfüllen wird – als Vermittler, als Entscheidender, als Richter?

Aber auch wenn (wie hier) der Klärungshelfer mit allen Betroffenen bereits gesprochen und sein Vorgehen grundsätzlich erklärt hat, selbst dann ist am Anfang die innere Anspannung hoch, denn jetzt geht's zur Sache. Der Einzelne weiß kaum, was ihn erwartet. So ist sich möglicherweise einer unsicher, ob der Klärungshelfer nicht doch mit einem anderen mehr besprochen hat. Er wäre dann bereits jetzt ins Hintertreffen geraten. Ein anderer hat vielleicht verstanden, dass der Klärungshelfer entscheidet, wie am Schluss mit dem Ergebnis verfahren wird, und ist daher fälschlicherweise beruhigt (oder beunruhigt – je nach Erwartung). Oder jemand könnte bis gestern guter Dinge gewesen sein, hat aber die letzte Nacht überhaupt nicht geschlafen und möchte am liebsten jetzt die ganze Aktion abbrechen. Mit solchen und ähnlichen Gedanken und Ängsten sitzen die Betroffenen hier.

All diese Stimmungen und Gedanken sind dem Klärungshelfer verborgen, haben aber entscheidenden Einfluss auf die entstehende Atmosphäre und die Bereitschaft, sich auf die Klärung einzulassen. Die Wichtigkeit eines gelungenen Anfangs betonte schon Goethe: «Wer das erste Knopfloch verfehlt, kommt mit dem Zuknöpfen nicht zurande.» Deswegen ist es wichtig vor dem Einstieg in die Thematik diese und andere Themen anzusprechen.

Wahrheit der Situation

Der Klärungshelfer macht dies, indem er nach einer kurzen Begrüßung, die im Falle einer hierarchischen Teamklärung vom Chef ausgesprochen werden muss, möglichst deutlich sagt, was die Teilnehmer erwartet. Vereinfacht dargestellt in dem Satz

— Wie kommt es (Vorgeschichte) und
— welchen Sinn macht es (Zielsetzung),
— dass ausgerechnet ich (warum und in welcher Rolle?),

— ausgerechnet mit Ihnen (warum diese Personen und andere nicht – und wer hat das entschieden?),
— ausgerechnet zu diesem Thema (wie hat es sich ergeben?),
— ausgerechnet so (Vorgehen) zusammenkomme?

Dies geschieht nach dem Modell: «Wahrheit der Situation» (Schulz von Thun: Miteinander reden 3, S. 284 ff.). Der Klärungshelfer spricht also klar an, was er bereits von wem erfahren hat, wie er sich das Vorgehen im Groben vorstellt und was seine Rolle und sein Ziel dabei ist. Dies alles macht er in sachlichem Ton, ohne jemanden vor den Kopf zu stoßen: weder ein «Herzlich willkommen zur Konfliktbearbeitung, ich gratuliere Ihnen schon mal vorweg zu Ihrem Mut ...» noch ein «... es wird bei Ihnen ja auch höchste Zeit, dass Sie sich mal Ihrem Schlamassel stellen».

Meine Anfangsworte bereite ich sehr genau vor. Ich schreibe mir stichwortartig auf, was ich ansprechen möchte. Diesen kleinen Zettel habe ich in der Brusttasche meines Jacketts. Ich habe ihn noch nie gebraucht, aber er beruhigt mich in der auch für mich angespannten Anfangsphase.

Der Klärungshelfer eröffnet

KH: Also, fangen wir an. Ich bin Christian Prior und begleite seit acht Jahren schwierige Gespräche in den unterschiedlichsten Branchen. Ich habe Klärungshilfe gelernt und eine Ausbildung zum Systemischen Berater gemacht. Studiert habe ich Psychologie und davor Ingenieurwissenschaft. Ich lebe in München mit meiner Frau und drei Kindern.

Wie ist es zu dieser Sitzung gekommen? Vor gut zwei Wochen haben Sie, Herr Dr. Luftmeier, mich angerufen und mir gesagt, dass Sie zu dritt in der Klinikleitung sind und miteinander in einer schwierigen Situation stecken. Meine Nummer haben Sie von einem fernen Kollegen. In dem Te-

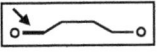

lefongespräch haben wir darüber gesprochen, wie ich arbeite. Wir haben dabei kein Wort über die Inhalte Ihrer Auseinandersetzung gesprochen, lediglich, dass die Situation aus Ihrer Sicht akut ist und es rasch einen Klärungsprozess geben sollte. Danach haben auch wir, Herr Dr. Bauch, und wir, Herr Prof. Herzle, miteinander telefoniert. Auch von Ihnen habe ich nichts über die Themen erfahren, das heißt, inhaltlich bin ich so unvoreingenommen, wie das meiner Meinung nach notwendig ist. Ich möchte erst heute von Ihnen im Beisein der anderen hören, um was es geht und wie Sie die Situation sehen.

Während des Sprechens, schaue ich alle drei an, um nonverbal zu erfassen, ob alle im Boot sind. Bei Irritationen würde ich nachfragen.

KH: Was ist das Ziel dieses Klärungsprozesses? Das Ziel ist Klarheit über Ihr Miteinander. Das Ziel ist nicht irgendein vorher bestimmtes Ergebnis – also nicht, dass Sie um jeden Preis zusammenbleiben oder Sie sich trennen müssen oder sonst etwas. Wenn wir diese Klarheit erreicht haben, dann entscheiden Sie – und nur Sie –, wie es weitergeht. Ich helfe Ihnen nur zur Klarheit und begleite Sie dann nur noch in der Entscheidung.

Wie kommen wir dahin? Dadurch, dass ich mir in einem ersten Schritt von jedem von Ihnen nacheinander ausführlich schildern lasse, wie er die gesamte Situation erlebt, was er denkt und fühlt. In einem zweiten Schritt erst werden wir dann darüber sprechen, wo Ihre Sichtweisen nicht zusammenpassen, also über das, was alles strittig ist, den anderen verletzt usw. Dieser Dialog wird voraussichtlich nicht einfach werden.

Klärung kommt dabei vor Lösung. Wir wenden uns erst der Lösungssuche zu, wenn alles klar ist, wenn jeder jeden verstanden hat. Ich werde Sie unterstützen. Ich will jeden dabei so gut wie möglich vertreten. Wenn einer von Ihnen den Eindruck hat, ich verstehe ihn nicht ganz oder behandele ihn ungerecht, so sprechen Sie mich bitte sofort an.

Ein Wort zum möglichen Abbruch des Gesprächs. Sie sind alle drei freiwillig hier. Es gibt keinen Vorgesetzten, der Sie hierher beordert hat. Dementsprechend können Sie selbstverständlich jederzeit auch wieder gehen, die Klärung abbrechen. Es ist aber für die beiden, die bleiben, und für mich schwierig, wenn das mitten im Prozess passiert. Ich erwarte von Ihnen, dass Sie uns noch zehn Minuten Gesprächszeit zum Abschließen und Überdenken des weiteren Vorgehens geben. Sind Sie einverstanden?

Die drei bestätigen.

KH: Und wenn Sie den Raum verlassen wollen, wenn Sie kurz Abstand brauchen, dann machen wir anderen Pause. Wir unterbrechen also das Gespräch und warten, bis Sie wieder von selber nach maximal zehn Minuten zurückkommen. Es ist für mich wichtig, dass ich Sie nicht suchen gehen muss, sondern dass Sie selber wiederkommen. Sind Sie damit einverstanden?

Alle nicken.

KH: Noch zu den Zeiten. Wir haben ausgemacht, dass Sie sich heute und morgen Zeit nehmen für das Gespräch. Wie lange haben Sie heute am Abend Zeit?

Bauch und Luftmeier haben unbegrenzt Zeit, Herzle möchte um ca. 20 Uhr gehen.

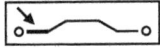

Offizielle Eröffnung

KH: Lassen Sie uns um etwa 18 Uhr schauen, wo wir im Gespräch stehen, und dann entscheiden, wie lange noch sinnvoll ist. Ebenso planen wir am besten erst heute Abend, wie wir es morgen machen werden. Sind Sie einverstanden?

Alle drei nicken.

Ich brauche diese sorgfältige Form des Einstiegs, auch wenn ich ahne, dass er für manche ungeduldige Teilnehmer zu langatmig ist ...

5.4 Vorstellungsrunde

Nach diesem Einstieg kommt die Vorstellungsrunde. Jeder soll
1. seinen Namen,
2. seine Funktion,
3. die Dauer seiner Organisations- und Teamzugehörigkeit,
4. seine momentane Befindlichkeit,
5. seine grundlegende Einstellung zum jetzigen Treffen und
6. allfällige Hindernisse und Bedingungen für eine konstruktive Mitarbeit nennen.

KH: Also, dann kommen wir zur Vorstellungsrunde. Orientieren Sie sich dazu an diesen Punkten hier am Flipchart. Für mich bitte kurz etwas zu Ihrer Person, seit wann sind Sie in der Klinik? Wie sitzen Sie innerlich jetzt hier? Ihre Einstellung zu diesem Treffen, Ihre körperliche Befindlichkeit. Vielleicht wollen Sie noch etwas zu Ihrem Ziel für heute, Ihren Bedingungen und Hindernissen sagen. Steigen Sie noch nicht in die Inhalte des Konflikts ein, das kommt danach erst dran. Pro Person ca. zwei bis drei Minuten.

Die Wortwahl ist wichtig
Zur Wortwahl: Bei dieser ersten gemeinsamen Kontaktaufnahme sind Formulierungen wie «Ihr Konflikt», «Ihre Probleme», «Welche Erwartungen haben Sie an mich?», «Welche Gefühle haben Sie?» zu vermeiden. Man kann sie ersetzen durch neutralere, weniger provozierende Begriffe:
— Ihr Konflikt/Problem ⇒ Ihre schwierige Situation, Ihre Situation der Zusammenarbeit.
— Ihre Erwartungen ⇒ Ihre Anliegen.
— Ihre Befürchtung und Ängste ⇒ Welche Hindernisse und Bedingungen haben Sie für eine konstruktive Mitarbeit?
— Wie sind Ihre Gefühle jetzt? ⇒ Mit welcher inneren Einstellung sitzen Sie hier? Wie sind Sie hier?

Reihenfolge in der Vorstellungsrunde
Es empfiehlt sich, es den dreien selber zu überlassen, in welcher Reihenfolge sie sich vorstellen wollen.

In größeren Runden ist es sinnvoll, einfach neben dem Klärungshelfer anzufangen und dann der Reihe nach vorzugehen.

| KH: Wer mag anfangen?

5.5 Vorstellung Luftmeier

| LUFTMEIER: Ich fange an. Ich heiße Ludwig Luftmeier, bin 47 Jahre alt, der Pneumologe hier im Haus. Ich bin verheiratet und habe zwei Kinder. Bin jetzt seit gut drei Jahren in der Klinik, als Letzter von uns dreien hier dazugekommen. Wie geht es mir heute? – Ich bin sehr angespannt! Auch schon die letzten Tage war ich einfach nur angespannt. Ich fühle mich körperlich nicht wohl, sehr verhärtet. Das Ganze geht mir an die Nieren.

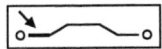

> KH: Darf ich fragen, ob Sie krank sind? Beeinträchtigt Sie das irgendwie für hier?

Umgang mit Krankheit und Klärungsunpässlichkeit
Es ist wichtig, jegliche Hindernisse für eine volle Anwesenheit und Mitarbeit ernst zu nehmen – hier die Aussage Luftmeiers zu seiner körperlichen Befindlichkeit. Dabei ist zu beachten, dass der Gesundheitszustand zum Bereich «privat» gehört und nicht weiter nachgebohrt werden darf, sobald jemand ein Symptom oder einen Zustand als seine Krankheit bezeichnet. Private Themen (Gesundheitszustand im Allgemeinen, Krankheiten und deren Therapiemaßnahmen im Besonderen, aber auch Ehe, Freizeit, Sexualität, Weltanschauung, Eigentumsverhältnisse...) sind wie ein Stoppschild mit Fahrverbot für das weitere Nachfragen bei beruflichen Konfliktklärungen. Das muss auf jeden Fall respektiert werden, bedeutet aber nicht automatisch das Ende eines Austauschs darüber. Der Klärungshelfer muss fragen, ob darüber weiter gesprochen werden darf, weil es privat ist.

Die aktuelle Arbeitsfähigkeit hingegen ist nicht privat, sondern eine Bedingung für eine Klärung und muss daher sorgfältig abgeklärt werden.

> LUFTMEIER: Nein, das ist jetzt nichts konkret Symptomatisches, aber ich bin generell sehr angespannt und voller Sorgen. Ich erhoffe mir, dass auf jeden Fall nach diesem Prozess morgen die Entscheidung da ist. So kann und will ich nicht weiterleben in dieser Konstellation, und wenn wir da nichts machen, dann ist für mich das Ganze verwirkt.

Zwischenfrage: Wie reagieren Sie auf «... die Entscheidung da ist.»?
— Stimmt für mich. Er will «die Entscheidung», und wenn wir Glück haben, werden wir sie auch treffen. Wenn nicht, wird er morgen von selber sehen, warum «die Entscheidung»

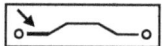

nicht getroffen wurde. Ich frage also einfach weiter nach seinen Bedingungen.
— Ich werde hellhörig. Was meint er mit «die Entscheidung»? Hat er ein heimliches Ziel im Auge? Ich frage auf jeden Fall nach, was er damit meint.

Klarheit ist das einzige Ziel
Das Prinzip der Klärungshilfe ist es, zuerst einmal die Situation auf all ihren Ebenen zu klären. Wenn dieses Ziel erreicht ist, wird meist ohne Probleme gemeinsam entschieden, was jetzt zu geschehen hat. Deswegen ist der Wunsch nach einer Entscheidung am Ende des Gesprächs angemessen und realistisch.

Ein Hinarbeiten auf ein von Anfang an feststehendes Ergebnis läuft den Grundwerten der Klärungshilfe diametral entgegen, denn dann wird das ganze Gespräch zu einer manipulativen Farce (was anscheinend und bedauerlicherweise ab und an im Unternehmensalltag geschieht, wo den Mitarbeitern in einem scheinbar offenen Workshop ein vorher festgelegtes Ergebnis psychologisch geschickt vermittelt werden soll). Klarheit ist und bleibt das einzige Ziel der Klärungshilfe.

Deswegen gilt es hier, auf jeden Fall zu klären, was Luftmeier mit «die Entscheidung» meint. Dabei ist aber darauf zu achten, noch nicht in die Inhalte einzusteigen. Falls Luftmeier ein inhaltliches Ziel nennt, wird der Klärungshelfer dieses als allgemein gültig ablehnen und als dessen subjektives benennen.

> KH: Was meinen Sie mit «die Entscheidung»?
> LUFTMEIER: Ja, also, wir müssen morgen ganz klar sagen: Was machen wir mit der Situation? Konkret: Unter den Bedingungen, wie sie jetzt bei uns herrschen, kann ich keine Partnerschaft führen, da muss sich deutlich etwas ändern in unserer Zusammenarbeit.
> KH: Aha. Was sind Ihre Bedingungen, Hindernisse für das Gespräch jetzt?

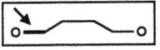

LUFTMEIER: Nein, ich habe keine Bedingungen, keine Hindernisse.

Er spricht direkt, klar und strukturiert, so, wie ich ihn auch schon in den Vorgesprächen erlebt habe. Mir ist diese Art grundsätzlich angenehm, auch wenn sie mich menschlich etwas auf Distanz hält. In der Regel sind Menschen, die so kommunizieren, dann hilfreich, wenn es gilt, wieder Abstand zu bekommen, die Situation auch von einer anderen Seite zu betrachten und Lösungen zu entwickeln. Wenn es hingegen darum geht, tiefer ins unmittelbare Verstehen zu gehen, dann sind sie mit ihrer eher intellektuellen Art eine Bremse.

KH: Vielen Dank, Herr Dr. Luftmeier. Wer möchte als Nächster von Ihnen beiden?

Bauch räuspert sich und deutet an, als Nächster zu sprechen, und beginnt in flottem Ton mit Tempo.

5.6   Vorstellung Bauch

BAUCH: Also mache ich weiter. Ich bin 44, Gastroenterologe und habe mit Herzle zusammen die Klinik gegründet. Das war vor sieben Jahren, und wir sind seither so manchen Weg miteinander gegangen, auch so manchen, der nicht einfach war, aber so wie es heute steht, da waren die letzten Jahre ein Kinderspiel, das muss ich schon sagen, denn was er sich in den letzten Wochen geleistet hat, das geht auf keine Kuhhaut ...

Hoppla, der legt ja los. Seine Art zu sprechen ist sehr kraftvoll, was für Klärungen oft dadurch sehr förderlich ist, dass

die schwierigen Dinge schnell, klar und direkt angesprochen werden. Allerdings droht er schon fast in die Inhalte der Auseinandersetzung einzusteigen, was er jetzt noch nicht soll. Das ist immer ein heikler Punkt für mich, denn diese Sätze in der Anfangsrunde sind für mich der erste richtige Kontakt mit dem Betroffenen, und da möchte ich ihn nur ungern sehr früh unterbrechen und korrigieren müssen. Auf der anderen Seite muss ich im Interesse des Prozesses und der anderen darauf achten, dass wir noch nicht in die Themen rutschen. Zwischen vorsichtigem Unterbrechen und Noch-reden-Lassen suche ich mir hier meinen Weg beim Zuhören. Lediglich wenn er jetzt direkt einen anderen anspricht oder anfängt, noch konkreter auf die Ereignisse der letzten Tage einzugehen, dann werde ich ihn unterbrechen und auf später verweisen.

BAUCH: ... denn der Brief, den du geschrieben hast, das ist eine Unverschämtheit ...

Und das ist jetzt schon zu viel. Ein Brief taucht auf, den ich noch nicht kenne, aber auf den Herzle sofort spürbar reagieren will, zumal er von Bauch auch direkt angesprochen, ja angegriffen wird. Würde Bauch weiterreden, wären wir schon mitten in der übernächsten Phase, im Dialog.

KH: Herr Dr. Bauch, ich möchte jetzt noch nicht weiter in die Details einsteigen: was wann geschehen ist und wie es den Einzelnen damit geht usw. Dafür haben wir nach dieser Runde ausführlich Zeit, aber jetzt will ich einfach noch mehr über Sie erfahren. Wie ist Ihre Einstellung zur Klärung und welche Bedingungen haben Sie usw.
BAUCH (spricht in kraftvollem Ton weiter, es ist keine Irritation bei ihm zu spüren): Gut. Private Situation: Ich bin verheiratet, und wir haben zwei Kinder. Wie geht es mir heute? Ja,

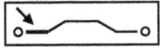

ich bin auch sehr angespannt, aber jetzt irgendwie gerade geht es mir ganz gut irgendwie, ich weiß auch nicht. Ich habe auch das Gefühl, es musste was passieren, da möchte ich Ludwig recht geben, es muss sich etwas verändern an der Situation. Das ist so nicht lebenswert. So geht das nicht. Sehr schwierig. Erwartungen: eben, dass sich etwas ändert. Bedingungen, Hindernisse habe ich nicht. So, das war's.

Wie ein Wirbelsturm ... und plötzlich Stille. Gefällt mir, ja imponiert mir sogar, wie er auftritt. Und gleichzeitig, wenn ich ganz genau hinspüre, dann merke ich auch, wie es mich etwas beängstigt, das hohe Tempo, die tendenziell aggressive Art. Bin gespannt, wie sich das weiterentwickelt ...

5.7 Vorstellung Herzle

KH: Okay, vielen Dank. Herr Prof. Herzle, darf ich Sie bitten?
HERZLE: Bitte lassen Sie den Professor weg. Ich möchte überhaupt anregen, dass wir die Titel hier weglassen, ist doch albern so. (Bauch und Luftmeier nicken bestätigend.) Also, ich heiße Herbert Herzle, bin hier der Kardiologe und der Senior mit meinen 55 Jahren. Habe vor der St.-Kassian-Klinik schon meine eigene Klinik gehabt, auf der hier jetzt alles im Prinzip aufbaut. Ich habe meine Frau, das ist meine zweite Ehe, vor zwölf Jahren kennengelernt, zwei Kinder mit ihr und aus der ersten Ehe eine Tochter, die jetzt gerade Medizin fertig studiert hat. Meine anderen beiden sind jetzt zwölf und neun Jahre alt. Ich bin nervös einerseits, also, Sie würden vielleicht sagen, es wohnen in meiner Brust zwei Seelen: Ich bin auch angespannt, habe auch Angst. Auf der anderen Seite liebe ich solche Prozesse. Dies kommt von meiner Erfahrung, die ich vor Jahren mit Psychotherapie ge-

macht habe. Ich bin also sehr neugierig, wie das laufen wird, wie Sie das gestalten und machen werden, und ich bin mir sicher, dass man sich aus so einem Prozess, unabhängig vom Ergebnis, immer auch was für sich persönlich mitnehmen kann. Darauf bin ich sehr neugierig und freue mich. Ich erwarte aber neben dem Ergebnis für uns alle auch ganz zentral eine Klärung für mich persönlich, denn ein Ziel habe ich im Leben: Ich möchte lustvoll arbeiten, und das kann ich hier nicht mehr, nicht in dieser Konstellation mit meinen beiden Partnern hier. Da erwarte ich auch in diesem Prozess, dass Sie mir helfen, dass ich selber klar werde, für mich, was ich will, um was es geht.

Herzles Stimme klingt angenehm, und seine Art zu sprechen ist einnehmend. Er lässt gleich mal den Titel weg, hat mit Psychotherapie Erfahrung, und zwar positive – ich würde gerne näher danach fragen, was aber nicht angemessen ist, da dies in die Privatsphäre fallen würde.

Als Ziel nennt er Klärung für sich, wozu ich ihm helfen soll, und generell ein lustvolles Arbeiten – gefällt mir beides gut.

KH: Haben Sie Bedingungen oder Hindernisse?

HERZLE: Was meinen Sie denn mit Bedingungen und Hindernissen?

KH: Bedingungen, Hindernisse, um hier teilzunehmen, sich einzulassen. Also zum Beispiel wenn Sie alle 15 Minuten rauchen oder wegen einer Krankheit immer wieder aufstehen müssten, wenn Sie eine ähnliche Veranstaltung schon mal erlebt hätten und aus den dort gemachten Erfahrungen heraus irgendwas Bestimmtes wollen oder nicht wollen ... Einfach Dinge, die ich wissen muss und die wir verhandeln sollten, damit Sie überhaupt gewillt sind, sich konstruktiv auf eine Klärung einzulassen.

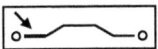

HERZLE: Verstehe Sie. Ist ein guter Punkt. Ich werde wahrscheinlich immer wieder mal aufstehen, wenn mir das Sitzen zu lange wird. Dies liegt an meiner Wirbelsäule. Ich hatte einen Unfall. Aber das wird nicht übertrieben oft geschehen. Sonst fällt mir nichts ein. Danke.

BAUCH (meldet sich flott zu Wort): Ich habe einen Nachtrag, wenn Sie das so ansprechen. Ich möchte nicht, dass wir hier Süßholz raspeln, sondern klar sagen, was Sache ist. Das ist meine Bedingung.

Prinzip: Den Bock zum Gärtner machen

Grundsätzlich gibt es zwei Arten von Bedingungen: eine, die sich an den Klärungshelfer richtet, die er erfüllen soll – zum Beispiel nicht zum Seelenstriptease auffordern –, und eine zweite, die sich an die anderen Teilnehmer richtet – hier kein Süßholzraspeln. Die erste Art der Bedingungen kann der Klärungshelfer natürlich direkt und frei nach seinem persönlichen Gusto mit der Konfliktpartei verhandeln, zum Beispiel jede Stunde mindestens eine Pause zu machen. Dies hat dort seine Grenze, wo es sich um die Grundlagen der Methode Klärungshilfe handelt, zum Beispiel Vergangenheitsbetrachtung unter Einbezug der schwierigen Gefühle. Das ist nicht verhandelbar und wurde daher bereits in der Auftragsklärung vereinbart.

Das Prinzip im Umgang mit Bedingungen von Konfliktparteien ist in allen Fällen das gleiche, nämlich «den Bock zum Gärtner machen». Das heißt, der Süßholzraspel-Allergiker wird eingeladen, Wächter der Süßholzraspel-Alarmanlage zu sein. Dieses Vorgehen wird «Minikontrakt» genannt und gilt auch für die Bedingungen, die sich an andere Teilnehmer richten. Es ist wirkungsvoll, weil die hinter den Bedingungen liegenden Ängste nicht direkt ausgesprochen werden müssen, aber trotzdem geschützt zum Zuge kommen.

KH: Ja, das wäre günstig. Jeder muss dabei aber für sich schauen, was für ihn stimmt, was er wie hier sagen möchte und was nicht. Wenn Sie dabei das Süßholzgefühl haben, dann melden Sie sich bitte sofort. Wir können es nämlich nicht erahnen, wann wir für Ihre Ohren so raspeln. Ich verspreche Ihnen, dass ich darauf eingehen werde. Ich verspreche Ihnen nicht, dass ich Ihnen dabei gehorchen werde, also, dass ich es genauso sehe oder andere tadele oder darauf bestehen würde, offener zu sprechen.

BAUCH (mit einem aggressiven Unterton in der Stimme): Ich meine das auch ganz speziell für einen hier in der Runde.

Aber hallo, hier kommt ja ein Ton ins Geschehen, der erahnen lässt, was noch alles kommen wird ...

Zwischenfrage: Wie gehen Sie auf diese Bemerkung ein?

— Ich greife die Bemerkung kurz auf, steige aber nicht in einen Dialog zwischen Bauch und dem Gemeinten ein, sondern bestehe auf meinem Vorgehen mit Minikontrakt und späterem Konflikt- und Klärungsdialog.
— Ich lasse sie stehen und mache weiter.
— Dies kann ich so nicht stehenlassen. Ich frage nach, wen er damit meint, und moderiere dann zwischen ihm und dem Betroffenen. Dabei schaue ich, was er denn noch alles damit aussagen möchte, und mache dies hörbar.

Leitungsautorität des Klärungshelfers: Er ist Chef im Ring

Hier wird schon in der Anfangsrunde die im Untergrund liegende Spannung spürbar. Wahrscheinlich meint er damit Herzle, der sich in seinen Augen wohl zu wenig klar äußert. Im späteren Dialogteil der Klärung würde der Klärungshelfer eine so unadressierte Aussage mit einer «Anschrift» versehen, indem er nachfragt, wen er denn damit meint.

In der Anfangsrunde geht es aber vor allem um ein umsich-

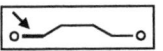

tiges Erarbeiten eines guten Fundaments für die folgenden Stunden. Dazu gehört unbedingt die Etablierung und Bewahrung der moderativen Oberhand des Klärungshelfers. Er ist jetzt der Chef im Ring. Er ist der Gesprächsleiter und hat die Verantwortung, die Klärung umsichtig durchzuführen und nichts aus dem Ruder laufen zu lassen. Das Umgehen mit so viel dynamischen und «dynamitischen» Kräften, die durch Konflikte freigesetzt werden können, erfordert ein klares und präzises Vorgehen. Abweichungen, Irrwege, Verführungen, vom Wege abzuweichen, müssen sofort bemerkt und korrigiert werden. Das gibt allen Sicherheit. Der Klärungshelfer darf sich diese Macht nicht aus der Hand nehmen lassen, sonst fliegt ihm und allen die gesamte Veranstaltung um die Ohren.

Hier ist es zu früh für eine Auseinandersetzung mit den Ursachen der Spannungen. Diese werden erst in der Selbstklärungsphase nacheinander erfragt und danach in den direkten Dialog geführt. Deswegen ist es jetzt nicht angezeigt, auf eine solche Äußerung einzusteigen.

Auf der anderen Seite aber könnte ein unkommentiertes Darüber-Hinweggehen den Eindruck entstehen lassen, dass hier im Untergrund Botschaften ausgetauscht werden können, ohne dass der Klärungshelfer es mitbekommt und darauf eingeht (für alle sichtbar macht, konkretisiert, adressiert, einordnet ...).

Aus diesen beiden Überlegungen heraus – hier noch nicht thematisieren, aber es auch nicht unbemerkt lassen – gilt es zu antworten.

> KH: Ich möchte jetzt nicht nachfragen, wen Sie damit meinen, denn damit wären wir schon ganz schnell bei den Spannungen, die Sie miteinander haben und die zu dem Gespräch geführt haben. Wie gesagt, jeder ist für sein Maß an Direktheit selbst verantwortlich, muss für sich entscheiden, was er sagt, was nicht. Wenn Ihnen, Herr Bauch, etwas nicht wahr-

haftig oder klar genug erscheint, dann sprechen Sie es bitte direkt in dem Moment an. Einverstanden?

BAUCH (wieder etwas ruhiger): Ja, passt.

KH: Dann lassen Sie mich mal überlegen, ob ich noch was sagen oder fragen möchte, bevor wir in die nächste Runde einsteigen.

Wie geht's mir gerade?

Durch die Aussagen der drei («So kann ich nicht weiterarbeiten») und die aggressiven Untertöne Bauchs habe ich jetzt ein Gefühl, wie ich es von einer Wasserrutsche in einem Erlebnisbad her kenne. Wie dort, wo ich nach dem Loslassen des Einstiegsgriffs der Schwerkraft ausgeliefert bin und durch all die noch nicht absehbaren Kurven und Steilstücke geschleudert werde, so fühle ich mich auch jetzt in diesem Gespräch. Es ist greifbar, dass es durch so manche schwierige Gefühlslagen gehen wird, die auch mich erfassen und mitnehmen werden und die jetzt nicht mehr abzuwenden sind – es ist zu spät zum Fliehen ...

Ich mache mich also innerlich auf heftige Spannungen gefasst. Ansonsten habe ich ein gutes Gefühl. Der Kontakt ist zu jedem gut gelungen, und sie akzeptieren meine Anweisungen. Ich habe das Gefühl, alles gesagt zu haben, was mir zu Beginn wichtig ist. Alle drei wollen Klarheit. Wir sitzen also alle weitgehend im selben Film, was die Klärung betrifft und soweit dies überhaupt möglich ist. Also los.

KH: Danke für die Runde. Gibt es noch was zu sagen, bevor wir jetzt inhaltlich einsteigen? (Alle verneinen.) Gehen wir also in die nächste Phase des Gesprächs über.

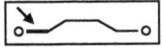

***Zwischenfrage:* Wie steigen Sie ein?**

— Mir ist wichtig, dass jeder so spontan und unreflektiert wie möglich seine Sicht auf die Situation darstellt, deswegen lasse ich nichts vorher aufschreiben, sondern sich im Erzählen entwickeln.

— Auf jeden Fall lasse ich jeden zuerst für sich selber klären, wie er die Situation erlebt. Dies soll er visuell festhalten, damit seine Sichtweise durch die Erzählungen der anderen nicht beeinflusst wird und nachträglich geändert werden kann.

***Zwischenfrage:* Mit wem beginnen Sie die Selbstklärungsphase?**

— Wer im Team am kürzesten dabei ist, ist der Richtige für den Einstieg in die Selbstklärung. Er hat bisher am wenigsten von der Geschichte mitbekommen und ist daher weniger von ihr eingenommen. An erster Position kann er von den alten Hasen unbeeinflusst sprechen.

— Ich lasse mir von dem, der als Erster möchte, erzählen, wie er die Situation erlebt.

— Sinnvoll ist es, zuerst den erzählen zu lassen, der am längsten dabei ist, denn er weiß ja auch am besten über die Geschichte Bescheid.

6 Selbstklärungsphase

6.1 ZIEL: Verstehen und Themen sammeln

Die jetzt kommende Phase «Selbstklärung» dient dazu, dass jeder am Konflikt Beteiligte zuerst für sich selbst klärt und dann den anderen erklärt, wie er subjektiv die Konfliktentwicklung erlebt hat und was heute davon noch als Wunde und Stolperstein übrig ist. Das Ziel des Klärungshelfers ist es, dass
1. er jeden ganz versteht,
2. sich jeder vom Klärungshelfer verstanden fühlt und
3. er die Knackpunkte identifiziert hat, die in der folgenden Dialogphase zum Austausch kommen sollen.

Zwei Prinzipien leiten den Einstieg: Die Reihenfolge ist umgekehrt zur Dauer der Zugehörigkeit zum anwesenden Team: Wer als Letzter dazukam, soll anfangen. Und zweitens: Jeder soll vorher für sich selber seine Sichtweise klären und visuell fixieren, bevor er den anderen davon berichtet.

Zuerst für sich selber klar werden
Es lohnt sich sehr, darauf zu drängen, dass die subjektiven Sichtweisen durch
— analoge (Bild statt Begriff) und
— parallele (gleichzeitig fixiert statt nacheinander reagiert)
Darstellungen erfasst werden. Dies geschieht meistens durch Malen eines Bildes. Bei vermutetem Widerstand dagegen verbindet der Klärungshelfer die Einführung ins Bildermalen mit der Vorwegnahme der möglichen Einwände.

In der Selbstklärung beginnt der Newcomer
Er hat die Geschichte des Teams zeitlich am kürzesten erlebt und kann deswegen eine für alle interessante Perspektive liefern: Wie geht es einem, der neu zu uns dazukommt? Fast wie eine Außensicht. Wenn er erst spricht, nachdem er die Teamälteren gehört hat, ist er vielleicht geneigt, sich an Tabus anzupassen und auf Machtverhältnisse und Betriebsblindheiten Rücksicht zu nehmen. Auch sind es oft Junge, die noch unverblümt und unbeschwert von ihren Erlebnissen und Gedanken berichten. Der Klärungshelfer bestimmt die Reihenfolge also nach der Zugehörigkeit und Hierarchie (zuerst die Jüngeren, dann die Älteren, zuerst die Unteren, dann die Oberen). Die dafür notwendigen Informationen hat er sich bereits in der Anfangsrunde erfragt und notiert.

6.2 Das Gespräch der drei Ärzte wendet sich dem Konflikt zu

KH: Wer von Ihnen kann gut malen?

Alle drei reagieren irritiert und weisen jegliche Malkunst von sich.

«Bildermalen» einführen
Solch ein intransparenter «Verblüffungssatz» ist sonst nicht typisch für das geradlinige und nicht manipulierende Vorgehen der Klärungshilfe. Hier ist er aber eine Abkürzung, um an den üblichen Widerständen gegen das Bildermalen vorbeizukommen, die allerlei alte negative Schulerfahrungen im Schlepptau haben. («Ich kann überhaupt nicht malen, bin doch kein Künstler, schon in der Schule hasste ich das Zeichnen. Mein Lehrer hat mir mal ...»)

In der Regel weisen die meisten jegliche Malkunst jetzt weit von sich. Die wenigen, die sich selber als Künstler outen oder geoutet werden, werden vom Klärungshelfer als die begrüßt, die es in der nächsten Runde etwas schwerer haben werden, da sie erst wieder den Schritt zurück auf ein kindliches Zeichnen- und Malniveau machen müssen. Die anderen, die sich selbst als sehr schlechte Zeichner einschätzen, beglückwünscht der Klärungshelfer, da es im Folgenden um ein Malen auf Kindergartenniveau gehen wird: Strichmännchen, Wolken, Sonne, Regen, Blitze, Autos, Verkehrsschilder, Wegweiser, Kreise, Verbindungslinien ... alles ohne Buchstaben.

KH: Wunderbar. Bitte ziehen Sie sich mal für 15 Minuten alleine zurück. Nehmen Sie Blatt und farbige Stifte, die ich hier für Sie vorbereitet habe, mit und setzen Sie sich dem Stress des leeren Blattes aus. Es geht nämlich jetzt um die Frage: Wie sehen Sie die Zusammenarbeit zwischen Ihnen dreien. Wo sind da die Knackpunkte in Gegenwart und Vergangenheit? Wie ist die Kommunikation? Wie ist das Vertrauen zwischen Ihnen? Wie ist die Situation insgesamt – fachlich, Beziehungen, Stimmungen, Empfindungen? Gibt es Verletzungen aus der Vergangenheit, die heute noch wichtig sind? Missverständnisse, Belastungspunkte? Einfach alles, was einer sachlichen und effizienten Arbeit und Zusammenarbeit im Wege steht.

So, dies alles sollen Sie nun aus Ihrer subjektiven Sicht auf das Papier bringen – ohne Worte und ohne Buchstaben bitte, dafür mit Farben, Symbolen, Fieberkurven, Organigrammen, Phasen der Entwicklungen usw., ganz wie Sie wollen. Das Ganze dient dazu, dass Sie nachher Ihre Sicht den anderen, aber im Wesentlichen mir, darstellen. Das Skizzierte ist für Sie dabei ein großer Spickzettel, damit Sie nichts vergessen. Zugleich setzt es die anderen ins Bild.

Je weniger Ansprüche Sie an Ihre Malkunst haben, desto leichter tun Sie sich beim Skizzieren Ihrer Sichtweise.

Es ist kein Test, kein Leistungsmalen. Es gibt keinen Preis, außer dass Sie verstanden werden. Und es wird nichts interpretiert.

Der Klärungshelfer blättert den Flipchart-Block um.

Es geht darum, welche Themen wir heute besprechen müssen. Nehmen Sie die Fragen, die ich hier notiert habe, lediglich als Anregung.
Also, wie hat sich aus Ihrer Sicht die Situation entwickelt?
Wie geht es Ihnen mit Ihren beiden Partnern?
Wie fühlen Sie sich von ihnen behandelt? Welche Irritationen, Verletzungen haben Sie erlitten oder bei anderen mitgekriegt?
Was werfen Sie einem oder beiden anderen vor? Nach dem Motto: So nicht!
Mir geht es darum, zu verstehen, wie es sich entwickelt hat und wie es Ihnen damit geht.
Ich bitte Sie jetzt, alles bildhaft, also symbolisch, darzustellen, in der primitiven Weise ungefähr, wie hier unten am Blatt angedeutet. Sie können drei Punkte machen und hinterher sagen: «Der eine bin ich, der andere ist der. Da gibt es eine Nähe, und da gibt es eine Ablehnung.» Oder: «Ich schleppe hier die ganze Last» oder »Ich fühle mich wie hinter einer Mauer», oder hier Spannung, Sonne, Regen, Strichmännchen, Verkehrsschilder, Bäume, Häuser, Computer, Autos ... So in dieser Richtung, und das muss nicht über diese Qualitätsstufe hinausgehen – kein Gemälde also. Und es muss nicht selbstredend sein, das heißt, Sie können, sollen hinterher dies noch in Worte kleiden. Und es wird mir und den anderen beiden helfen, Ihre innere Landkarte besser zu verstehen, Sie besser zu verstehen.
Dafür haben Sie fünfzehn Minuten Zeit. Sie können

jetzt unmöglich wissen, wie es am Schluss aussehen wird. Setzen Sie sich erst mal dem Stress des leeren Blattes aus. Haben Sie verstanden, was Sie tun sollen? Gibt es Fragen, Proteste?

BAUCH (skeptisch, ablehnend): Muss das mit dem Rummalen sein? Oder kann ich meine Gedanken nicht einfach aufschreiben?

KH: Nein. Bitte machen Sie sich die Arbeit und ringen Sie mit der ungewohnten Darstellungsform. Es dient dazu, dass Sie verstanden werden, mindestens von mir, wahrscheinlich aber auch von den anderen. Ein Bild sagt mehr als tausend Worte. Aus Erfahrung weiß ich, dass es sich auszahlt. Deswegen mute ich Ihnen dies überhaupt zu. Also, bitte zeichnen Sie. Okay?

Alle drei signalisieren ihre Bereitschaft, wenn auch nicht begeistert.

Meine Erfahrung lehrt mich, dass sich selbst die vorher sehr Skeptischen hinterher positiv und zufrieden äußern: «Hätte nicht gedacht, dass es mir doch relativ leichtfiel – und wie schnell wir durch das Zeichnen ins Thema gekommen sind, beeindruckt mich.» Das gibt mir Mut und Kraft, das Malen durchzusetzen.

KH: Gut, dann haben wir hier Flipchart-Blätter, da liegen Stifte herum. Setzen Sie sich irgendwohin! Bleiben Sie bitte für sich und sprechen Sie nicht.

Es entsteht Ruhe. Jeder zeichnet an seinem Platz. Bauch startet schnell und kraftvoll. Luftmeier überlegt und macht sich Notizen auf einem Extrablatt. Herzle sinniert länger, schaut aus dem Fenster und beginnt dann langsam von unten das Blatt zu füllen. Der Klärungshelfer sitzt auf seinem Platz und bereitet

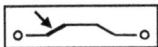 *Das Gespräch der drei Ärzte wendet sich dem Konflikt zu*

ein DIN-A4-Blatt vor, auf dem er die genannten Themen, Schlüsselworte und eventuell seine Wahrnehmungen während der Selbstklärung mitschreiben möchte. Ab und an stellt er Fragen in den Raum, die die drei anregen sollen, sich möglichst umfassend der Situation gewahr zu werden.

KH (mittellaut, während die anderen drei zeichnen): Gab es irgendeine besondere Situation, die Ihnen in Erinnerung ist? Wo es schwierig war? Wo etwas angefangen hat, sich zu verändern? ... Gab es mal eine Zeit, wo es gut war? ... Oder was würden Sie einem der beiden anderen mal am liebsten direkt sagen? Unverblümt? Du Idiot? Oder Ähnliches? ... Ich möchte Sie durch die Fragen ermuntern, noch deutlicher zu werden.

Es sind jetzt knapp fünfzehn Minuten vergangen. Bauch ist längst fertig und aufgestanden, um Obst zu essen und aus dem Fenster zu schauen. Luftmeier hat erst spät nach einer Aufforderung durch den Klärungshelfer angefangen, seine Gedankenskizzen von seinem Block auf das Flipchart zeichnerisch zu übertragen. Herzle zeichnet langsam und fast genüsslich vor sich hin.

KH: Jetzt haben wir noch ein paar Minuten. Wie viele brauchen Sie noch?
LUFTMEIER: Ja, ich brauche schon noch ein paar Minuten!
HERZLE: Ja, ich könnte hier schließen, aber ich kann ein bisschen mehr Zeit auch gut nutzen, wenn es möglich ist.
KH: Okay. Ich glaube, hier liegt in der Kürze die Würze. Also schauen Sie, dass Sie in maximal fünf Minuten fertig sind, rollen Sie Ihr Bild dann zusammen und kommen Sie an Ihren Platz zurück. Zeigen Sie es den anderen noch nicht!

Nach insgesamt etwa zwanzig Minuten kommen alle drei mit ihren gerollten Blättern wieder in den Kreis zurück. Es geht weiter. Erwartungsvoll schauen sie den Klärungshelfer an.

Klärungshelfer erklärt Selbstklärung

KH: So, in dieser Gesprächsphase möchte ich nach strengen und wahrscheinlich ungewöhnlichen Regeln mit Ihnen reden. Letztlich dienen sie der Beschleunigung des Prozesses. Ich möchte mit jedem von Ihnen über sein Bild sprechen. Wir sprechen so miteinander, als ob die anderen gar nicht da wären. Die anderen beiden hören zu, und ich werde so lange nachfragen, bis ich ganz verstanden habe, wie Sie die Situation sehen. Lediglich wenn einer der beiden anderen beim Zuhören Verständnisfragen hat, dann soll er diese stellen. Ansonsten hören Sie bitte einfach nur zu und sagen Sie nichts. Vielleicht haben Sie dabei das unwiderstehliche Bedürfnis, etwas richtigstellen zu müssen oder zu protestieren. Dann nehmen Sie sich bitte ein Blatt und einen Stift und schreiben Sie auf, was Sie sagen möchten. Sie haben später dann die Möglichkeit, das Gedachte und Geschriebene mitzuteilen. Haben Sie dazu eine Frage?

Alle drei verneinen und signalisieren Einverständnis.

KH: Vom zeitlichen Rahmen her: Peilen wir mal ca. zehn bis fünfzehn Minuten pro Person an. Wenn das nicht reicht, können wir es uns leisten, dass es auch etwas länger dauert.

Die Selbstklärung tut mir als Klärungshelfer gut – es ist eine einfache und leichte Phase –, ich muss nur verstehen wollen. Wenn ich dem Einzelnen ausführlich zuhöre, vertieft sich mein Verstehen, und dadurch wird der Kontakt zu ihm intensiver und tragfähiger. Dies zahlt sich oft in der anschließenden Dialogphase aus, in der ich auch in sehr schwierigen

Phasen den Einzelnen mit eventuell unangenehmem Feedback von meiner Seite konfrontieren kann. Deswegen lasse ich mir in der Selbstklärung meistens mehr Zeit, als nötig wäre, um lediglich die Themen zu erfassen. Vielleicht auch ein bisschen deswegen, weil ich noch die Ruhe vor dem «Sturm im Dialog» ausdehnen möchte.

Trotzdem kündige ich meistens zehn bis fünfzehn Minuten als Orientierung für die einzelne Selbstklärung an, denn erfahrungsgemäß verdichtet sich das Mitgeteilte zum Ende des kleinen Gesprächs hin deutlich, und mit dieser zeitlichen Vorgabe wird es im Gesamten viel früher dicht, als wenn von Anfang an eine halbe Stunde der angekündigte Rahmen wäre.

Wenn die Selbstklärung des Ersten erst nach dreißig Minuten vorbei ist, sage ich: «Es hat jetzt länger gedauert, aber aus meiner Sicht ist das in Ordnung und gut so. Ich glaube, dass wir das jetzt hier nicht hätten abkürzen können und dürfen, und ich will das auch nicht.» Und dann nicken alle. Der, der als Nächster dran ist, denkt: «Bei mir jetzt auf keinen Fall kürzen!», denn jeder will voll verstanden werden, was das Klima enorm beruhigt.

KH: So, jetzt möchte ich in einer ganz bestimmten Reihenfolge Ihre Berichte hören. Sie sollen anfangen, Herr Luftmeier, danach Sie, Herr Bauch, und als Letzter Sie, Herr Herzle.

Abweichung von der Reihenfolge in der Selbstklärung

Die Konfliktparteien reagieren in der Regel sehr bereitwillig auf eine vom Klärungshelfer vorgeschlagene Reihenfolge, wobei er zumeist nur den jeweilig Nächsten um seine Darstellung bittet. Sollten doch Einzelne etwas gegen die Festlegung der Reihenfolge einzuwenden haben («Ich möchte bitte beginnen, sonst sitze ich wie auf Kohlen»), so wird der Klärungshelfer eine Abweichung vom Prinzip (umgekehrt zur Teamzugehörigkeitsdauer und in der Hierarchie von unten nach oben) zumeist zulassen. Lediglich der Auftraggeber sollte zum Schluss sprechen, da seine Einschätzung alles Weitere stark beeinflussen könnte.

6.3 Selbstklärung Luftmeier

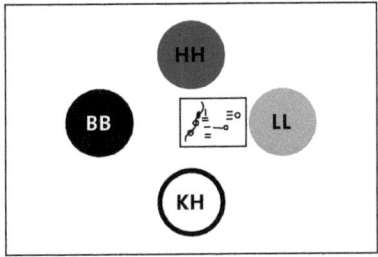

KH: Also, dann legen Sie bitte Ihr Blatt (siehe S. 92) so vor sich auf den Boden, dass Sie es so sehen können, wie Sie es gezeichnet haben, und nicht umgekehrt. Wir anderen schauen einfach mit rein. Kommen Sie ruhig etwas näher, damit Sie auch gut sehen können.

Es sitzen alle nach vorne gebeugt da und schauen auf das in der Mitte auf dem Boden liegende Blatt. Alleine diese Sitzkonstellation ist ein starkes Bild im schwierigen Miteinander: Die Sichtweise eines Einzelnen ist der Mittelpunkt allen Interesses und aller Aufmerksamkeit.

KH: Also, erzählen Sie!
LUFTMEIER: Ich sehe das so, dass da so ein Weg ist, den wir gemeinsam gehen. Der beginnt für mich natürlich erst vor drei Jahren, als ich eingestiegen bin. Und diese Wolke zwischen diesen Sonnen, die soll

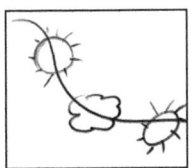

zeigen, dass wir drei es nicht immer nur leicht hatten. Es war immer schon ein bewegter Weg. Dass es hier abwärts geht, hier auf dem Bild, das soll nicht heißen, dass ich glaube, es wurde immer schlimmer – das ist nicht so. Dieser Strich soll einfach nur einen Weg darstellen. Aber wir hatten immer wieder auch Konflikte miteinander. Auseinandersetzungen, Spannungen, die aber haben wir gut gemeistert. Und wenn ich so überlege, also zurückschaue, dann ist es für mich so, dass wir mehr Sonne hatten als Regen. Die Wolke ist mir vielleicht ein bisschen zu groß geraten, denn eigentlich haben wir viel Sonne, viel Gutes geschafft, und wenn wir mal Meinungsverschiedenheiten hatten, dann haben wir die, finde ich, ganz gut auch hingekriegt. Ich sage gleich mal was zu den Meinungsverschiedenheiten. Das ist ja eine Dreierkonstellation, die wir haben, und da ist es ja immer auch schwirig: Wenn zwei unterschiedlicher Meinung sind in einer Frage – und dann kommt der Dritte und entscheidet mit seiner Stimme, was geschehen soll. Da könnte man meinen, ich bin da das Zünglein an der Waage. Das war aber nicht so. Mal sind wir zwei, Bauch und ich, also Basil und ich, sind wir beide einer Meinung, und Herbert hat eine andere Meinung. Dann ändert sich das wieder, und wir zwei (deutet auf Herzle und sich) sind einer Meinung. So weit mal dazu. Wenn …

Er ist in Fahrt und will schon zu einem nächsten Punkt weitergehen, ich habe aber noch nicht ganz verstanden und unterbreche ihn.

KH (unterbricht Luftmeiers Redefluss): Darf ich nachfragen?
LUFTMEIER (reagiert zuerst irritiert): Bitte? Ach so. Ja, klar.
KH: Sie sagen, «das war aber nicht so». Warum «war», wie ist es denn jetzt?
LUFTMEIER: Ja, ich sage «war», denn jetzt geht es für mich hier auf dem Weg in so eine Art Nebel hinein. Da weiß ich nicht, was vorgefallen ist – eigentlich stimmt Nebel so nicht ganz, denn ich habe davon nichts bemerkt, für mich ging in die- 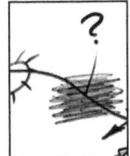 sen Wochen das Arbeiten ganz normal weiter, viel zu tun, mal Sonne miteinander, mal etwas angespannter, Wolken eben, aber eigentlich ganz normal. Im Nachhinein muss ich sagen, dass es eine Nebelzeit gewesen sein muss, zumindest für Herbert (Herzle). Ich weiß nicht im Geringsten, was da in ihm vorgegangen sein könnte, deswegen auch dieses Fragezeichen. Ich erkläre jetzt mal, damit Sie das besser verste-

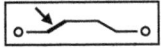

hen können. Also, da ist dieser Pfeil. Der steht für einen Blitzeinschlag wie aus heiterem Himmel, deswegen auch nochmal die Sonne mit den Wolken, die für mich einen normalen, heiteren Himmel zeigen sollen. Und dann kommt dieser Tritt unter die Gürtellinie, das sind hier die zwei Männchen. Der eine, der zutritt, ist der Herbert, der andere bin ich, eigentlich aber wir beide, Basil und ich, denn es

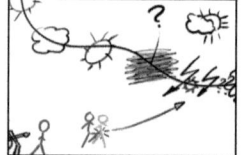

ging gegen uns beide, aber ich habe hier mal mich gemalt. Und eben wie aus dem Nichts, könnte man auch sagen. Und so ein Schlag ist heftig, wenn man überhaupt nicht damit rechnet.

Ich will Luftmeier hier etwas vom bildhaften zum realen Geschehen führen, damit er mehr konkreten Klartext spricht und ich besser verstehe, was vorgefallen ist.

KH: Was war denn dieser Tritt unter die Gürtellinie, den Sie so völlig unvorhersehbar mit voller Wucht abbekommen haben? Was ist da genau geschehen?

LUFTMEIER: Das war so: Vor etwa vier Wochen kommt abends, ich will gerade nach Hause gehen, ein Mitarbeiter, ein Oberarzt, der mir sozusagen zuarbeitet ...

KH: Wer war das?

LUFTMEIER: Kohler. Also, der Kohler kommt in mein Büro und erzählt mir, dass Herzle dem Otto, einem anderen Oberarzt, heute tagsüber gekündigt hat. Einfach so. Sie müssen dazu verstehen, dass Otto dem Basil Bauch zugeordnet ist, so wie der Kohler mir. Und dem hat er einfach so gekündigt. Das hat natürlich sehr für Aufregung bei denen gesorgt, die davon erfahren haben, können Sie sich ja vorstellen. Ich konnte Herbert aber an diesem Tag nicht mehr ansprechen, da er schon gegangen war. Deswegen kam es erst am nächsten Tag zu dem direkten Gespräch.

KH (forschend): Ich verstehe nicht, wieso haben Sie erst am Abend davon erfahren, wenn es so für Aufruhr gesorgt hat, und wie heißt dieser Otto denn mit Nachnamen?

LUFTMEIER: Otto ist sein Nachname, Oskar Otto. Ich war mit Basil unterwegs an diesem Tag. Wir waren auf einem Kongress in der Stadt, wo wir beide einen Vortrag gehalten haben. Basil ist selber gar nicht mehr in die Klinik gefahren, aber ich musste noch dies und das erledigen, und als ich gerade wieder heimgehen möchte, kommt eben Kohler, der immer länger da ist, und erzählt mir von der Kündigung.

KH: Wie haben Sie darauf reagiert und warum haben Sie Herrn Herzle nicht noch am selben Abend angerufen, wenn es schon so für Aufregung gesorgt hat?

LUFTMEIER: Ich war geschockt. Das geht gar nicht, dass er einfach so dem Otto kündigt, schon vom Vertrag her nicht, denn da müssen wir drei uns einig sein. Ich wollte nicht mit ihm sprechen, weil ich mich erst mal wieder fangen wollte, ich hätte ihm einfach am Telefon nicht richtig begegnen können, ich war innerlich wie erstarrt, Totstellreflex, unfähig, das zu glauben. Ich habe dann noch den Basil angerufen und ihm erzählt. Der wollte gleich bei Herbert anrufen, aber da konnte ich ihn bremsen, denn er war ebenfalls total geschockt, dann aber einfach nur sauer, und das wäre nicht gut gewesen. Wir haben Herbert dann am nächsten Tag angesprochen. Gleich in der Früh. Erst ist er heftig geworden, von wegen, der Otto muss schon lange weg, denn er stört nur einen geordneten Ablauf, und was er sich geleistet hätte, das ginge so wirklich nicht ...

KH: Was hat er sich denn geleistet?

HERZLE (platzt plötzlich erregt ins Gespräch, nachdem er die ganze Zeit zwar zurückgelehnt, aber ganz genau zuhörend das Gespräch verfolgt hat): Also, wenn ich mal erklären ...

KH (ihn klar und kraftvoll unterbrechend): Nein, bitte jetzt noch nicht. Jetzt möchte ich erst mal von Herrn Luftmeier hören, wie er sich die Situation erklärt, danach dann von Ihnen. Geht das für Sie?

HERZLE: Jaja; aber es fällt mir nicht leicht, mir das so anzuhören, von wegen Nebel ... (Er wird immer lauter mit seiner Stimme, droht sich weiter hineinzusteigern.)

KH (ihn strikt unterbrechend): Das ist jetzt seine Sichtweise und damit ein Teil der Wahrheit. Ich bin auch sehr an Ihren Reaktionen und Gedanken interessiert – aber später, nicht jetzt. Bitte schreiben Sie sich auf, was Sie zu vergessen fürchten. Jetzt möchte ich erst Ihrem Kollegen zuhören und verstehen, auch wenn es aus Ihrer Sicht falsch ist. (Herzle nickt und lässt sich eine Moderationskarte und einen Kugelschreiber geben. Dann wendet sich der Klärungshelfer wieder Luftmeier zu): Was war denn der Grund für die Kündigung. Was haben Sie erfahren?

LUFTMEIER: Otto hat angeblich einfach so einen operativen endoskopischen Eingriff durchgeführt bei einem Patienten von Herbert, was aber überhaupt kein Grund für eine Kündigung sein kann. Das haben wir ihm in dem Gespräch auch klargemacht.

KH: Das verstehe ich noch nicht. Was hat Otto angeblich oder tatsächlich durchgeführt?

LUFTMEIER: Also, Bauch und Otto sind bei uns die Fachmänner für interventionelle Endoskopie, das heißt, die beiden machen nicht nur endoskopische Untersuchungen, wie Bauch- oder Darmspiegelungen, sondern sie operieren auch mit dem Endoskop. Bei einem Privatpatienten von Herbert kam es zu einer heiklen Situation, in der Otto sich blitzschnell dazu entschlossen hat, einen solchen Eingriff durchzuführen. Und Herbert, der den Patienten behandelt hat, wurde dabei von Otto nicht gefragt oder hinterher informiert, was er aber auch nicht musste, denn wenn sich ein bestimmter Blutwert so rapide verändert, dann ist es klar und ausgemacht, dass wir sofort operieren. So. Das Dumme war, dass Herbert aber zu dem Zeitpunkt nicht gewusst hatte, dass sich der Wert so verändert hat, und deswegen davon ausgegangen ist, dass Otto sich eigenmächtig in seine Arbeit eingemischt hat, ohne ihn zu fragen. Und dann hat Herbert Otto einfach gekündigt.

KH: Verstehe. Sie haben gesagt, dass Sie zu dritt nach der Kündigung gesprochen haben. Wie verlief das Gespräch von der Atmosphäre her und was war das Ergebnis?

LUFTMEIER: Zuerst war es heftig zwischen uns dreien, dann aber hat Herbert voll eingelenkt, hat sich sogar bei uns entschuldigt und sein Beharren auf der Kündigung zurückgenommen. Am Schluss war aus meiner Sicht alles wieder in Ordnung. Das zeigt auch die kleine Sonne zwischen den Gewitterpfeilen hier im Bild.  Ich habe es bei mir abgespeichert als Ausrutscher von ihm und bin dann ganz normal meinem Tagesgeschäft nachgegangen. Basil hat es Otto mitgeteilt, und für uns war die Welt wieder in Ordnung. Wir waren zwar schon sehr irritiert, aber mit der Entschuldigung von Herbert war das für mich gut.

KH: Und das war für Sie der Tritt unter die Gürtellinie?

LUFTMEIER: Das war ja erst der Anfang davon. Am nächsten Tag kommt Herbert nicht in die Klinik, hat sich krankgemeldet. Ich habe gedacht, etwas mit seiner Wirbelsäule. Das kommt seit seinem Unfall immer wieder mal vor. Auch am nächsten Tag kommt er nicht, dafür aber ein Brief von ihm, in dem er von uns Dinge fordert, die ich erst nicht glauben konnte und wollte, und als er ...

KH: Was forderte er denn?

LUFTMEIER: Drei Punkte: Änderung unseres Gesellschaftsvertrages dahin gehend, dass, wenn er nein bei einer Entscheidung sagt, die Sache dann auch nicht mit unseren zwei Jastimmen beschlossen werden kann, also ein volles Vetorecht für ihn. Zweitens, er erhält mehr aus dem gemeinsa-

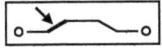

men Geld-Pool und drittens Änderung des Kliniknamens in Prof.-Herzle-Klinik.

KH: Das sind massive Veränderungen für Sie. In welchem Ton war der Brief gehalten?

LUFTMEIER: Er war zwar höflich, aber sachlich scharf formuliert. Es gab keine Begründung dafür, keine Argumente, aber dafür eine Drohung. Wenn wir das nicht akzeptieren, dann würde er die Verhandlungen mit KaliTec abbrechen.

KaliTec??? Ist das nicht ein Schokoriegel? Langsam wird es kompliziert, aber jetzt nicht aufgeben. Ich bin hier nun mal «der Dümmste und Langsamste», wie Thomann immer sagt, und muss nachfragen, bis ich es verstanden habe, auch wenn ich ein wenig beschränkt wirken sollte. Bloß nicht aufhören, alles verstehen zu wollen, bis ich es wirklich verstanden habe. Also ohne Ende weiterfragen ...

KH: Was sind das für Verhandlungen?

LUFTMEIER: Das ist eine Firma, die hochspezialisierte Medizintechnik herstellt, und Herbert hat persönliche Kontakte zum Geschäftsführer. Die entwickeln gerade eine neue Technologie im Bereich Kardiologie, und wir sind über ihn im Gespräch, ein solches Gerät zu erhalten. Das Besondere daran ist, dass wir dieses Gerät für Forschungszwecke durch staatliche Zuschüsse praktisch kostenfrei erhalten würden, nach Abschluss der Forschungen auch behalten dürften und dabei auch unser Renommee bei dem Projekt deutlich verbessern könnten. Wir wären gut in den Zeitungen vertreten, Minister auf Besuch usw. – also sehr wichtig für uns. Und er hat genau damit gedroht, dass er nämlich dieses Projekt platzen lassen würde, wenn wir seine Bedingungen nicht erfüllen. Und er hat eine Frist gesetzt, da die Verhandlungen mit KaliTec bereits kurz vor einem erfolgreichen Abschluss standen.

KH: Und wie hätte er die scheitern lassen können?

LUFTMEIER: Die kann er immer noch scheitern lassen, denn die Verhandlungen laufen im Hintergrund immer noch. Da hat sich, wie so oft, etwas verzögert.

KH: Bisher hat er sie also noch nicht gestoppt?

LUFTMEIER: Nein. Der Termin für KaliTec ist um sechs Wochen verschoben worden, und wir sind nach wie vor gut im Rennen. Aber Herbert kann die Sache jederzeit scheitern lassen.

KH: Wie ging es dann weiter?

LUFTMEIER: Wir, Basil und ich, haben uns sofort an einen Anwalt gewandt. Nicht an unseren gemeinsamen von der Klinik, das wollten wir nicht, da er gerade mit Herbert schon sehr lange auch persönlich bekannt ist.

KH (sachlich nachfragend): Gleich noch an dem Tag zum Anwalt?

LUFTMEIER: Ja, gleich an dem Tag – Moment, das war ungefähr vor drei Wochen, ganz genau am 16. Oktober. Dieser Anwalt hat uns juristisch erklärt, dass das so einfach nicht geht, was Herbert fordert. Er hat uns erklärt, dass wir ganz gute Chancen hätten, wenn wir vor Gericht streiten wollten, denn der Gesellschaftsvertrag kann von einem Partner nicht so einfach geändert werden. Es käme jetzt sehr auf die Argumente an, die er aber nicht im Brief genannt hat. Wir haben am gleichen Tag gegen Abend dann Herbert angerufen und vereinbart, wann wir reden können, denn es war uns nicht klar, ob er am nächsten Tag wieder in die Klinik kommen wird. Wir haben ihn erreicht und mit ihm ein Gespräch vereinbart. Von dem Anwalt haben wir nichts gesagt.

KH: Wann fand dann dieses Gespräch statt?

LUFTMEIER: Am nächsten Tag. Er kam in die Klinik, und wir haben uns am Morgen gleich hingesetzt. Wir haben ihn gefragt, was denn in ihn gefahren sei. Er reagierte anfangs auch wieder ganz verständnisvoll, fragte, ob uns der Brief sehr ge-

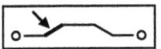

schockt hätte. Hat dabei so gewirkt, als ob er das niemals gewollt hätte, zeigte dann aber keinerlei Bereitschaft, von seinen Forderungen abzuweichen. Und dann ist das Ganze eskaliert, bis wir türknallend das Zimmer verlassen haben.

KH: Was hat denn zur Eskalation geführt?

LUFTMEIER: Es wurde einfach immer unsachlicher im Gespräch. Herbert und Basil haben sich immer weiter gegenseitig aufgeschaukelt, und mir ist es dann einfach zu viel geworden. Ich bin dann einfach gegangen, und der Basil ist kurz darauf dann auch gekommen und hat dabei die Türe so knallen lassen, dass wahrscheinlich die gesamte Klinik dies gehört hat. Herbert ist danach gleich wieder gefahren. Wir haben sofort mit unserem Anwalt gesprochen, und der hat uns geraten, gegen ihn gerichtlich vorzugehen.

KH: Sie haben es bis heute offensichtlich nicht gemacht. Was hat Sie davon abgebracht?

LUFTMEIER: Ja also, das wollten wir dann erst mal nicht, nachdem wir uns beruhigt hatten. Wir haben vorerst das Alltagsgeschäft erledigt, und dann war Wochenende. Samstag, Sonntag haben wir zwei, Basil und ich, ein paar Mal telefoniert und beschlossen, ihm vorzuschlagen, dass wir einen Moderator zu einem Gespräch dazuholen und versuchen, die Situation zu verstehen. Und so kamen wir auf Sie.

KH: Wie kam das genau? Hat er sich einfach bereit erklärt?

LUFTMEIER: Im Prinzip ja. Ich habe es ihm am Montag ... er kam, als wäre nichts geschehen, hat gegrüßt und seine Arbeit aufgenommen – da bin ich dann zu ihm hin und habe ihm das vorgeschlagen. Er hat sofort ja gesagt und dann seinerseits vorgeschlagen, dass jeder sich mal umhört, wer es denn machen könnte. Ich habe damals schon über meinen entfernten Kollegen Waldmann von Ihnen gehört und mich daran erinnert und Sie dann vorgeschlagen. Nachdem Sie mit jedem gesprochen hatten, erschienen Sie uns mit Ihrem Ansatz und den Referenzen am besten passend.

KH: Was ist bis heute mit den Forderungen geschehen?
LUFTMEIER: Die stehen nach wie vor im Raum. Wir haben weitergearbeitet wie zuvor. Durch unseren Termin hier haben wir alles Weitere auf heute verschoben.
KH: Und Otto?
LUFTMEIER: Nach wie vor im Dienst.

Ich lasse kurz Stille entstehen. Es ist einfach unglaublich für mich, dass Luftmeier nicht weiß, warum Herzle so massiv agiert. Das kommt mir spanisch vor. Daher frage ich nochmal verwundert.

KH: Ich muss da nochmal direkt nachfragen. Sie sagen, Sie haben keine Ahnung, warum er das jetzt fordert?
LUFTMEIER: Nein. Es gibt für mich keine Vorgeschichte, wo erst dieses und dann jenes passiert und deswegen jetzt diese Reaktion erfolgen könnte. Ich kann mir das nicht erklären, für mich ist das wie ein Schlag aus heiterem Himmel. Ich frage mich, was da in ihm geschieht, aber ich kann das nicht einordnen. Ich bin deswegen auch total frustriert und verschlossen. Wir schützen uns jetzt, sind ihm gegenüber sehr verschlossen. Ich glaube, er hat mit dieser Aktion im Prinzip das jetzt geschaffen, wovor er Angst hat.
KH: Was meinen Sie, wovor er Angst hat?
LUFTMEIER: Das weiß ich nicht genau. Kann ja nicht in ihn hineinschauen.

Realen Kontakt fördern: Zum Phantasieren einladen!

Es kommt immer wieder vor, dass die Konfliktparteien sich nicht trauen, sich über die Motive, Bedürfnisse und verheimlichten Ziele der anderen zu äußern. Sie haben offensichtlich ihre Vermutungen, wollen diese aber aus unterschiedlichen Gründen nicht offenbaren – wollen nicht zu nahe treten, sich damit nicht selber verraten, nichts unterstellen, nicht eine be-

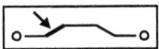

Selbstklärung Luftmeier

fürchtete Reaktion auslösen, sind überzeugt, dass sich das nicht gehört, usw. Für das gegenseitige Verstehen aber ist es hilfreich, diese Gedanken und Phantasien auszudrücken, da sie sowieso die Wahrnehmung und die Handlungen leiten (siehe Schulz von Thun: Miteinander reden 1, S. 75). Der andere kann sie erst dadurch korrigieren oder bestätigen und bekommt auch etwas davon mit, was im anderen an Ängsten ausgelöst wurde. Vielleicht bestätigt es sich, vielleicht nicht – in jedem Fall wird der reale Kontakt gefördert.

Um dies zu erreichen, kann der Klärungshelfer den Betroffenen dazu auffordern, einfach mal zu «phantasieren», also damit deutlich machen, dass es auch absurd sein kann. Eine solche «Phantasie» muss nicht dem Anspruch einer ernsten, begründbaren und nachweisbaren Aussage entsprechen. Nicht selten kommen so Missverständnisse, Interpretationen und unterschwellige Ängste ans Licht.

> KH: Phantasieren Sie einfach mal.
> LUFTMEIER: Also, meine Phantasie ist, dass er Angst hat, dass wir beide, Basil und ich, uns sehr nahe sind – wir sind auch sehr nahe, wir sind Freunde – und dass wir zwei uns gegen ihn verbünden und er dadurch keine Chance hat in der Geschäftsleitung. Bis vor kurzem hatte ich nicht den Eindruck, dass wir hier gegen ihn schießen oder irgendwie unfair sind. Ich habe, wie erwähnt, den Eindruck, es war sehr ausgeglichen, aber jetzt, durch diesen Brief, hat er genau das geschafft. Wir sind uns nahe, und er steht da draußen, außen vor. Und dieses Bild hier zeigt das.  Da stehen wir zwei hinter einer Mauer, und das soll ein Kanonenrohr sein. Die zwei hinter der Mauer, das sind wir, Basil und ich, und das vor der Mauer ist Herbert. Ich glaube, davor hatte er Angst und jetzt hat er genau die Situation. Basil und ich kommen uns immer näher, was aber schon immer so war, bei uns.

KH (aktiv zuhörend): Ihre Beziehung zu Herrn Bauch war schon immer gut – Sie sprechen sogar von Freundschaft –, und jetzt hat sie sich sogar noch intensiviert?

Ich frage ganz schön viel nach, mehr, als auf seinem Bild ist. Es dauert und dauert, aber ich muss einfach viel verstehen – nicht nur ihn, sondern auch noch die ganze Situation. Ich lass mir deswegen Zeit und bin ganz gründlich.

LUFTMEIER: Ja, ganz genau.
KH: Sind Sie eigentlich durch ihn in die Klinik gekommen?
LUFTMEIER: Ich kenne beide ganz gut – schon lange. Mit dem Basil habe ich zwar zeitgleich studiert, aber wir haben uns dann erst vor etwa zwanzig Jahren in der Uniklinik bei der Ausbildung zum Facharzt kennengelernt und uns angefreundet. Den Herbert kenne ich noch als jungen Dozenten während meines Studiums. Er war einer, der es wirklich spannend und unterhaltsam gemacht hat, sehr beliebt. Wir haben uns ein paar Mal unterhalten und irgendwie auch nie aus den Augen verloren – Kongresse, Fachtagungen. Außerdem wohnen wir beide jetzt in einem kleinen Vorort, nicht so weit auseinander. Wir, meine Familie, sind da vor sechs Jahren hingezogen. Unsere Kinder gehen auf dieselbe Schule. Über den Basil habe ich dann vor vier Jahren von den Überlegungen gehört, ein Schlaflabor einzurichten. Ich habe mich nämlich in einer Gemeinschaftspraxis vorher als Pneumologe intensiv mit dem Thema Schlafen beschäftigt. Und so kam es, dass wir Gespräche aufgenommen haben, und ein knappes Jahr später war's dann so weit.

Nachfragen nach Strukturen
Wie viel der Klärungshelfer in der Selbstklärung aktiv nachfragt oder sich nur passiv erzählen lässt, hängt wesentlich davon ab, wie viel er bereits über den gesamten Kontext weiß.

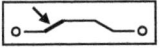

Handelt es sich um eine Teamklärung mit Chef, so erfährt der Klärungshelfer bereits im Vorgespräch der Auftragsklärung alles Wesentliche und kann dann jedem Einzelnen nur noch zuhören. Lediglich zwei, drei Fragen pro Person sind dann noch nötig, um individuelle Zusammenhänge zu verstehen.

Bei einer partnerschaftlichen Konstellation aber weiß er inhaltlich und strukturell noch fast nichts und muss entsprechend beim ersten Gesprächspartner in der Selbstklärung genau und zusätzlich nachfragen. Zum Beispiel:
— Wie stehen Sie geschäftlich genau zueinander?
— Wie werden Gewinne verteilt?
— Wer kam wann dazu, unter welchen Bedingungen?
— Wie wird entschieden – speziell bei Uneinigkeit?
— Wie sind die Aufgaben verteilt? ...

Die erste Selbstklärung dauert deswegen zumeist wesentlich länger als die folgenden.

> KH: Wie sind Sie eingestiegen? Haben Sie sich eingekauft? Wie verteilen Sie die Gewinne?
>
> LUFTMEIER: Wir haben einen gestaffelten Einstieg vereinbart, das heißt, ich bekomme weniger vom Gesamtgewinn als die beiden, und auch mein Gehalt ist geringer. Das verändert sich Jahr für Jahr, und in drei Jahren bekomme ich das Gleiche wie die beiden anderen. Trotzdem bin ich jetzt schon als gleichberechtigter Partner dabei. Das ist fair für mich und läuft ganz gut aus meiner Sicht. Ich weiß aber nicht genau, wie es Herbert damit geht. Bisher hatte ich den Eindruck, dass auch er zufrieden ist, aber seit ein paar Wochen bin ich mir darüber unsicher.
>
> KH: Verstehe ... (Notiert sich die Frage.) Ist das eine Bombe mit Fragezeichen?
>
> LUFTMEIER: Das ist keine Bombe, sondern ein Kopf, der von Herbert. Damit will ich nochmal ausdrücken, dass es mir ein völliges Rätsel ist, warum

er so handelt. Warum er plötzlich etwas von uns fordert, was wir ihm nicht gewähren können. Warum er damit alles gefährdet. Ich verstehe es einfach nicht.

KH: Und was bedeuten die drei Männchen mit der Uhr?

LUFTMEIER: Das bezieht sich auf Ihre Frage: Was wünsche ich mir? Ich erwarte mir, dass jeder seines macht. Ganz er selber ist und wir es auf den Nullpunkt drehen.

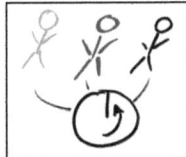

Verstehe ich nicht. Was will er damit sagen?

Genau verstehen ist unerlässlich

Gerade in der Selbstklärung ist es wichtig, dass der Klärungshelfer genau versteht, was jede Konfliktpartei ausdrücken möchte. Dies gilt für

— die Organisationsstrukturen: Hierarchien, Arbeitsabläufe und Zuständigkeiten,
— die sachlichen Inhalte: berufliches Fachwissen (nur soweit ein Verstehen für den Konflikt von Bedeutung ist),
— das Situative: das Besondere der speziellen Konstellation, das bei der Konfliktentstehung begünstigend wirkte,
— das Zwischenmenschliche: wer mit wem wie und warum aneinandergeriet, und
— das Persönliche: welche individuellen Umstände im Geschehen eine verschärfende Rolle spielen.

Hier so zu tun, als ob man verstünde, rächt sich später! Denn zum ersten Fragezeichen kommen lawinenartig schnell die nächsten. Daher: Genau zu verstehen, ist unerlässlich. Das unermüdliche Nachfragen signalisiert auch, wie ernst der Klärungshelfer seine Aufgabe nimmt.

Fachliche Fragestellungen muss der Klärungshelfer nicht bis ins Detail nachvollziehen können. Er sollte dann aber seine Verstehensgrenze explizit benennen. («Das und das verstehe ich noch, da aber hört es für mich auf. Für wie wichtig halten Sie es, dass ich diese Details jetzt nachvollziehen kann?«) Grundsätzlich ist gerade die fachliche Distanz hilfreich, die Aufmerksamkeit auf die Ebenen zu lenken, auf denen die eigentliche Ursache für alle Streitigkeiten liegt: die Vermischung der persönlichen, zwischenmenschlichen und sachlichen Ebene.

> KH: Wie meinen Sie das, das verstehe ich nicht?
> LUFTMEIER: Jeder macht seines. Jeder ist eine eigenständige Person. Wir fangen bei null nochmal an.
> KH: So ganz verstehe ich Ihren Wunsch immer noch nicht. Meinen Sie, dass jeder sein Fachgebiet betreut, die Aufgaben klar abgesteckt sind und Sie emotional sich so weit verzeihen, dass es wie ein Neuanfang ist?
> LUFTMEIER: Genau. Ein Neuanfang, ohne die alten Geschichten.
> KH: Jetzt verstehe ich. Wie schätzen Sie denn die Beziehung zwischen den beiden (Herzle und Bauch) ein?

Offen über Beziehungen Anwesender reden
Ziel des Klärungshelfers ist es, Herzle und Bauch hören zu lassen, wie Luftmeier ihre Beziehung einschätzt, um damit die unterschwelligen gegenseitigen Bilder voneinander besprechbar und korrigierbar machen zu können.

> LUFTMEIER: Jetzt sehr angespannt, wie bei mir ja auch.
> KH: Und vorher?
> LUFTMEIER: Hm, ja, ich würde nicht sagen, dass die Freunde sind. Das ist eine sehr gute Arbeitsbeziehung, das muss eine sehr gute Arbeitsbeziehung sein, weil, die beiden haben viel aufgebaut. Die Klinik steht top da, das haben die beiden geschafft. Und die haben auch wahrscheinlich eine ... eine große Nähe. Aber Freunde, würde ich sagen, sind sie nicht. Keine gemeinsamen Interessen oder so was. Was Privates,

so wie wir, Basil und ich, zusammen was Privates haben, das haben die nicht. Aber sehr gute Arbeitsbeziehung, aber auch schon immer schwierig zwischen den beiden, und ich habe da oft Situationen erlebt, wo ich vermittelt habe, versucht habe zu vermitteln.

KH: Aha, was sind das für Situationen?

LUFTMEIER: Ja, es gab mal ein Gespräch, und da habe ich versucht, das wird mir wahrscheinlich auch vorgeworfen, dass ich nämlich ...

Aussagen vervollständigen
Der Klärungshelfer achtet darauf, dass möglichst alle auch nur angedeuteten Botschaften greifbar und konkret werden, also hier ein Absender an den Vorwurf kommt: Er vervollständigt Sätze nach dem grammatikalischen Schema (Subjekt, Prädikat, Objekt usw.): Wer hat wem, wann, was und warum vorgeworfen?

KH: Von wem vorgeworfen?

LUFTMEIER: Von Herbert vorgeworfen, dass ich nämlich keine richtige Stellung bezogen habe. Wahrscheinlich. Das kann ich mir vorstellen, dass das als Vorwurf kommt.

KH (konkretisierend): Wie meinen Sie das, Stellung beziehen?

LUFTMEIER: Ja, also ich habe einfach versucht, mich in den Phasen der Wolken, hier, nicht zu positionieren, nicht zu sagen, du hast recht oder du hast recht. Nur beiden zuzuhören. Dir und dir (spricht beide an), und da einen Weg zu finden. Und ich glaube, ehrlich gesagt, dass ich da irgendwie einerseits keine richtige Stellung bezogen habe und mich andererseits auch nicht erfolgreich neutral verhalten habe. Aber ich habe das eben versucht als Vermittler.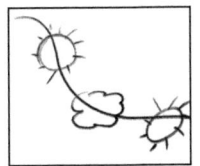

KH (zusammenfassend): Ach so. Sie haben in diesen Gesprächen versucht zu vermitteln, kamen aber bei den beiden nicht sehr gut an und waren dabei mit Ihrer Rolle auch selber nicht sehr glücklich.

LUFTMEIER: Ja, ich war nicht zufrieden. Wie das bei den beiden angekommen ist, weiß ich nicht wirklich, darüber haben wir bisher noch nicht gesprochen.

Der Klärungshelfer notiert sich auch diesen Punkt auf seinem Themenzettel (siehe Themenmitschrift S. 136).

KH: Wie war denn Ihre Beziehung bisher zu Herrn Herzle? Wie würden Sie die bezeichnen?

LUFTMEIER: Wir haben uns gut gekannt. Ich hatte immer Respekt vor ihm, schon weil ich ihn ja noch als Dozent kennengelernt habe. Unsere Familien haben miteinander immer wieder Kontakt durch unsere Kinder. Auch unsere Frauen kennen sich ganz gut, sind in der gleichen Kirchengemeinde tätig. Wir waren vielleicht keine Freunde, aber haben uns nahegestanden. Umso schockierender für mich jetzt, dass diese Katastrophe plötzlich hereinbricht. Auch meine Frau belastet das sehr, denn ich erzähle ihr natürlich alles, und Larissa weiß jetzt auch nicht, wie sie sich gegenüber Hannah, der Frau von Herbert, verhalten soll.

KH: Ist Larissa Ihre Frau?

LUFTMEIER: Ja. – Ich würde unsere Beziehung als weit über eine Arbeitsbeziehung hinausgehend bezeichnen.

KH (irritiert): Die Beziehung zu Ihrer Frau?

LUFTMEIER (lächelt): Nein, die Beziehung zu Herbert.

KH: Wie haben Sie bisher über Ihr Miteinander gesprochen? Ich meine, haben Sie regelmäßige Sitzungen, und was wird in denen thematisiert?

LUFTMEIER: Wir machen morgens mit allen Ärzten eine Morgenbesprechung, über die wir aber auch seit Monaten kontrovers diskutieren.

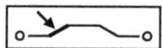

Das dauert einfach, bis ich alles verstanden habe ... so viele strukturelle und konflikthistorische Tatsachen spielen eine Rolle! Ich weiß zum Glück, dass Gründlichkeit hier später ein Zeitgewinn ist.

KH: Inwiefern?
LUFTMEIER: Basil und ich möchten die deutlich reduzieren, aber Herbert stellt sich quer. Wir drei Chefärzte haben keine regelmäßigen Sitzungen. Wir machen je nach Patient unregelmäßig gemeinsam Visite, wenn es medizinisch angebracht ist.
KH: Wie teilen Sie die Verantwortung als Geschäftsführer auf? Ich stelle es mir so vor, dass Sie ja irgendeine Vereinbarung über die Aufgabenfelder haben müssen.
LUFTMEIER: Jaja, das haben wir. Wir haben zwar viel an unseren Verwaltungsdirektor delegiert ...
KH: Es gibt einen Verwaltungsdirektor?
LUFTMEIER: Ja. Der ist nicht in der Geschäftsleitung. Er ist wie in einem normalen Krankenhaus verantwortlich für die Geschäftsführung, aber er berichtet uns dreien gleichzeitig. Wie wir die Aufgaben aufteilen, ist leider nicht ganz vernünftig geregelt und führt auch immer wieder zu Spannungen – Schnittstellenprobleme. Ich mache mehr mit den Finanzen, aber auch Herbert mischt da mit und natürlich auch Basil. Ähnlich ist es mit den Mitarbeitern. Da kümmert sich jeder und keiner vernünftig. Jeder natürlich um seine eigenen Leute, aber es gibt keine Einheitlichkeit. Und wenn ein neues Projekt ansteht, dann will das jeder von uns betreuen, was absolut nicht sinnvoll ist, wie jetzt bei KaliTec deutlich wird.
KH: Und wie läuft die Zusammenarbeit mit dem Verwaltungsmann? Wie heißt er?
LUFTMEIER: Kurt Konto. Er ist ein Glücksgriff für uns, sehr unkompliziert und hochmotiviert. Aber es gibt natürlich im-

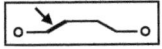

mer wieder schwierige Situationen, in denen er es uns allen dreien recht machen muss. Der leidet, wie auch die Oberärzte, unter unseren gegenwärtigen Spannungen sehr.

Auch Sachthemen mitschreiben
All diese Punkte,
— Spannungen in der Morgenbesprechung,
— gemeinsame Besprechungen,
— Aufgabenverteilung als Geschäftsführer,
— Verwaltungsdirektor Konto,
schreibt der Klärungshelfer auf, um sie nach der Selbstklärung als zu besprechende Sachthemen in der sogenannten «Diagnose des Ist-Zustands» benennen zu können.

KH: Gut. Lassen Sie mich nochmal überlegen, ob ich jetzt noch was wissen muss ... (Kurze Stille zum Überlegen.) Gibt es aus Ihrer Sicht noch was, was wichtig ist?
LUFTMEIER: Nein. Mir fällt jetzt gerade nichts mehr ein.
KH: Haben Sie (Herzle, Bauch) alles verstanden, wie er es sieht?

Beide nicken bedächtig.

KH: Okay. Dann belassen wir es jetzt mal dabei. Rollen Sie bitte Ihr Blatt wieder zusammen; und bevor wir mit Ihnen, Herr Bauch, weiterfahren, machen wir eine kleine Pause – drei bis fünf Minuten.

Ich bin zufrieden. Verstehe alles, was er erzählt hat. Da es so lange dauerte, mache ich jetzt ungewöhnlicherweise eine kleine Pause. Was wohl mit Herzle geschehen sein mag, dass Luftmeier es nicht nachvollziehen kann? Ich bin jetzt neugierig auf Bauch.

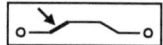

6.4 Selbstklärung Bauch

In der kleinen Pause bleibt jeder für sich, steht auf, trinkt, geht auf die Toilette. Die Atmosphäre ist wach und konzentriert. Der Klärungshelfer ruft alle wieder zurück.

KH: Machen wir weiter. Bitte sehr, Herr Bauch. Breiten Sie bitte ebenfalls Ihre Sichtweise vor sich hier in der Mitte auf dem Boden aus (siehe S. 112). Wie sehen Sie die Situation?

BAUCH: Es fängt vor sieben Jahren an. Ich habe das so der Reihe nach beantwortet, an Ihren Fragen orientiert: Wie hat sich aus Ihrer Sicht die Situation entwickelt? Hab mal versucht, das darzustellen, chronologisch. Also vor sieben Jahren beginnt alles mit der St.-Kassian-Klinik, die Herbert und ich gegründet haben. Wir kennen uns aber schon wesentlich länger, von der Uni, etwa zwanzig Jahre her. Er war und ist ja wirklich eine bekannte Größe in der internistischen Szene hier, und schon damals an der Uni waren seine Vorlesungen klasse. Da haben wir uns kennengelernt – Kardiologie. Ich war Student bei ihm. Von da an hatten wir immer wieder sporadisch Kontakt. Ich war dann als Facharzt an der Uniklinik. Da warst du (er spricht Herzle direkt an) vorher und kanntest alle noch als alte Kollegen. Ich habe mich dann noch habilitiert, und Herbert war daran beteiligt, sozusagen als mein zweiter geistiger Vater. Wir haben uns auch danach, zwar selten, aber über die gesamte Zeit hinweg, immer wieder abends mal auf ein Bier nach der Klinik getroffen. Da hattest du in der Großpraxis gearbeitet (spricht wieder Herzle direkt an).

KH: Das ist ja ein intensiver Kontakt und klingt recht vertraut miteinander.

LUFTMEIER (schaltet sich ganz unvermittelt ins Gespräch

ein): Ich bin ganz erstaunt. Ich wusste gar nicht, wie viel Kontakt ihr hattet ...

BAUCH: Ja. Ich erzähle es auch deswegen, weil in meinen Augen unser Kontakt recht gut war, was meinst du (er spricht wieder Herzle an)?

Selbstklärung: ein ausschließliches Zweiergespräch
Bauch spricht immer wieder Herzle direkt an. Am Anfang noch mehr erzählend, jetzt aber sogar zu einer Antwort auffordernd. Dies ist ungünstig, denn: In der Phase der Selbstklärung soll ein (fast) ausschließliches Einzelgespräch zwischen jeweils einer Konfliktpartei und dem Klärungshelfer stattfinden (natürlich in Anwesenheit der anderen). Wieso?

Erstens: Störungsfreiheit ermöglichen
Jede Konfliktpartei soll, wenn sie das erste Mal über den Konflikt spricht (was ja nicht unheikel ist, da die Gegenparteien anwesend sind), einen störungsfreien Raum zur ausführlichen Darstellung ihrer subjektiven Sichtweise haben. Alles andere würde zu permanenten Nachfragen, Korrekturen, Richtigstellungen, nonverbalen Kommentaren, Vorwürfen und Eskalationen führen. Dies alles gehört aber erst in die Dialogphase, wo es genutzt wird, um zu einer gemeinsamen Klarheit und Wahrheit vorzustoßen.

Zweitens: Unterschiede verstehen
Der Klärungshelfer muss sich erst selber orientieren können. Er soll in dieser Phase seine Einfühlung eichen, indem er jeden in seinem Erleben und Verhalten aus sich heraus zu verstehen trachtet. Dazu muss er ungestört seinem Interesse, seiner Neugierde und Intuition nachgehen können, ohne sich in dieser Zeit um die anderen kümmern zu müssen. Dadurch werden die Unterschiede zwischen den Sichtweisen der Parteien (oft schmerzhaft) deutlich, was für den anschließenden Dialog über wesentliche und bedeutungsvolle Inhalte grundlegend ist.

Drittens: Vertrauen aufbauen
Die einzelne Konfliktpartei kann durch das entgegengebrachte Verständnis eine Beziehung der Sicherheit und des Vertrauens zum Klärungshelfer aufbauen, die beim nachfolgenden Dialog

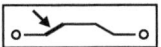

hilfreich ist, um Konfrontationen mit der Sichtweise der Gegenpartei zu überstehen und Feedback vom Klärungshelfer akzeptieren zu können.

Das Einzelgespräch in Anwesenheit der anderen ist für diese natürlich nicht immer leicht zu ertragen. Aus ihrer Sicht wird der Klärungshelfer mit verdrehten Tatsachen, Halbwahrheiten oder gar Lügen gefüttert. Verständlich daher, dass sie diesem Treiben nicht untätig zusehen können oder wollen. Der Klärungshelfer erklärt daher am Anfang der Selbstklärungsphase, was jetzt kommt (siehe Anfang Selbstklärung, S. 89).

Das reicht nicht immer. Es gibt Gegenparteien, die nicht an sich halten können, bis sie dran sind, sondern dazwischenreden. Der Klärungshelfer unterbindet dies sofort. Es gibt aber auch Konfliktparteien, die die Gegenpartei sogar direkt ansprechen und zu einer unmittelbaren Reaktion auffordern, wie dies Bauch tut. Herzle wird dadurch stets aufs Neue angeregt, aktiv zu reagieren, zumindest nonverbal – zu nicken, den Kopf zu schütteln, zu lächeln ... Auch hier ist es die Aufgabe des Klärungshelfers, die Kommunikationslinie weg von Herzle und hin auf sich zu lenken.

> KH: Bitte jetzt keine direkte Diskussion, dazu kommen wir im nächsten Schritt. Und sprechen Sie bitte zu mir und nicht direkt Herrn Herzle an, also sprechen Sie über ihn in der dritten Person. Sie hatten also aus Ihrer Sicht einen guten Kontakt ...
>
> BAUCH: Ganz genau. Wir hatten zwar über die Jahre uns eher zwei-, dreimal im Jahr gesehen, aber dann war es immer recht vertraut. Ich habe mitverfolgt, wie du deinen Weg (er spricht wieder Herzle an) ...
>
> KH (unterbricht ihn umgehend): Sprechen Sie ihn bitte nicht direkt an. Es fällt ihm so viel schwerer, einfach nur zuzuhören, gerade auch dann, wenn er nichts erwidern darf. (Hilft

ihm, wieder den Einstieg ins Gespräch zu finden.) Also, was haben Sie mitverfolgt?

BAUCH: ... wie er seinen Weg gemacht hat. Und als er dann vor acht Jahren überlegt hat, einen Partner dazuzunehmen, hat er mich gleich als Ersten angesprochen. Hat mich natürlich ziemlich gebauchpinselt. Ich war als Oberarzt in einem Krankenhaus, in der Endoskopie. Mir hat deine ... (unterbricht sich, korrigiert sich selber und wendet sich direkt an den Klärungshelfer) ... sorry, seine Art imponiert, fand ihn mutig und habe gerne ja gesagt, weil ich mich auch längst von dem städtischen Krankenhaus wegbewegen wollte. Wir haben dann gemeinsam angefangen. Es war zwar anfangs nicht leicht für mich, aber ich bin irgendwie gut reingekommen.

KH (konkretisierend): Was war nicht leicht für Sie?

BAUCH: Na die ganzen Umstellungen auf selbständig. Ich war ja auf einmal für viel mehr verantwortlich als vorher. Den Chefarzt spielen, als Unternehmer denken und handeln und so. Vorher war ich einfach nur Oberarzt. Aber ich bin da gut reingekommen, finde ich. Und dann kam der Unfall von Herbert mit den ganzen Behandlungen hinterher. Er war ja völlig geplättet. Die erste Diagnose ging dabei auch noch an der Sache vorbei, völlig in die Hose ...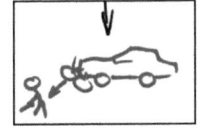

Zwischenfrage: **Wie gehen Sie mit den Themen «Unfall» und «Krankheit» um?**

— Das gehört ja zur Geschichte der drei – ist ein Aspekt wie Gefühle auch. Deswegen lasse ich ihn weiterreden.
— Ich unterbreche ihn jetzt und kläre erst einmal mit Herzle ab, ob es ihm überhaupt recht ist, wenn Bauch so offen darüber spricht. Wenn ja, dann weiter. Wenn nein, dann bleibt dieses Thema wie eine Black Box im Gespräch – über die Auswirkungen reden: ja, die Box aufmachen: nein.

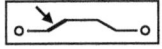

Privates und Persönliches unterscheiden
In der Klärungshilfe wird unterschieden zwischen privat und persönlich (siehe «Klärungshilfe 2», S. 109 ff.). **Privates** geht den Chef, die anderen und den Klärungshelfer nichts an. Dazu gehören alle Aspekte von Religion, Weltanschauung, private Beziehungen, Herkunft, Sexualität, Lebensideale, Einkommen und Besitz, Freizeitaktivitäten ... und eben Krankheiten.

Hingegen bestimmen die Gefühle zu Beruf und Zusammenarbeit das Klima (auch wenn sie ignoriert werden – dann sogar besonders). Sie sind daher ein wichtiger Inhalt der Klärung. Die Klärungshilfe bezeichnet sie nicht als privat, sondern als **persönlich**. Anders verhält es sich mit Gefühlen aus dem Privatleben (Eheprobleme, Sorgen, Launen ...), die die Arbeit zwar auch bestimmen, aber trotzdem nicht aktiv vom Klärungshelfer angesprochen werden dürfen.

Aus arbeitsrechtlicher Sicht gehören Krankheit und Unfall ins Private, auch wenn sie sich direkt auf die Zusammenarbeit auswirken können. Deswegen ist es angezeigt, Bauch zu unterbrechen und Herzle darauf anzusprechen, da nur er dieses private Thema freigeben kann.

> KH: Ich unterbreche Sie mal kurz. Sie sprechen den Unfall und die folgende Krankheit von Herrn Herzle offen an. Es scheint so, als ob das bei Ihnen drei sehr offen thematisiert wird. Trotzdem möchte ich Sie, Herr Herzle, fragen, ob das so okay ist für Sie?
> HERZLE: Ja, absolut. Ich mache daraus kein Geheimnis. Sie sind ja schließlich meine Partner. Da muss man schon offen sein.
> KH: Gut.

Schutz durch Sorgfalt – Sorgfalt durch Schutz
Diese vielleicht unnötig erscheinende Unterbrechung kompliziert zwar den Gesprächsverlauf, entfaltet aber Qualitäten wie Sorgfalt und Schutz des Einzelnen.

> KH: Dann machen Sie, Herr Bauch, bitte da weiter. Sie sagten, dass Sie das Gefühl haben, gut in die neue Aufgabe hineingewachsen zu sein. Dann der Unfall, falsche Diagnose ...
> BAUCH: Ja. Die erste Diagnose ging an der Sache vorbei. Dadurch ist Herbert länger außer Gefecht gesetzt gewesen, als es notwendig gewesen wäre. Er war letztlich dann fast ein Dreivierteljahr nicht in der Klinik. In der Zeit habe ich das ganze Ding hier alleine geschmissen. Das soll das Männchen hier sein, das das Haus trägt. War anstrengend, aber ich finde, ich habe es ganz gut gemacht. Dieses «Top» hier unten bezieht sich auf Ludwig und mich, denn vor drei Jahren kam er ja zu uns dazu und hat aus meiner Sicht sich sehr gut in das Ganze integriert.
> KH: Wie schätzen Sie Ihren Kontakt zu Herrn Luftmeier ein?
> BAUCH: Auch wie er. Ganz hervorragend. Freunde. Habe da eine innere Sicherheit, dass wir zueinanderstehen, da kann nichts dazwischenkommen.
> KH: Wie hat sich das Geschehen der letzten Wochen aus Ihrer Perspektive zugetragen?
>
> *Obwohl ich sonst die Selbstklärung eher kurz halte, strenger am Bild bleibe und erst am Schluss nachfrage, gebe ich hier meinem Bedürfnis nach, Bauch direkt zu der Kündigung zu befragen, da wir nur zu viert sind und dadurch Zeit haben. Außerdem ist es mir ein Anliegen, in dieser besonders zerrütteten Konstellation die Ruhe der Selbstklärung zu nutzen, um möglichst viel Information ins System zu «pumpen» und Akzeptieren durch Verstehen zu ermöglichen.*

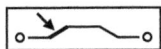

Selbstklärung Bauch

BAUCH: So wie Ludwig das erzählt hat, so habe ich das schon auch erlebt.

KH: Stellen Sie das mal genauer dar.

BAUCH: Also, die Entlassungsaktion von Otto war einfach Panne. Nicht gut überlegt von ihm, denn er hätte da ohne unser Abnicken überhaupt nichts machen dürfen. Hat ihm nur gebracht, dass er jetzt bei den Mitarbeitern etwas komisch dasteht. Und die Sache mit dem Brief und seinen Forderungen ist für mich Bahnhof ... (Er verstummt.)

KH: Was meinen Sie mit Bahnhof?

BAUCH: Ich verstehe es nicht ... (Schweigt kopfschüttelnd.) Und richtig getroffen hat mich, dass er nach dem Gespräch wegen der Spontanentlassung Ottos scheinbar wieder auf dem richtigen Weg war und jetzt aber in meinen Augen voll in die falsche Richtung fährt.

KH: Für Sie ein Hin und Her, nicht nachvollziehbar?

BAUCH: Ja, einfach nicht nachvollziehbar.

KH: Wie erleben Sie denn Ihre Beziehung mit Herrn Herzle über die Jahre betrachtet? Wie hat es sich wann verändert?

BAUCH: Wie ja schon zu Anfang ausgeführt, hatten wir eigentlich immer einen guten Draht zueinander. Das hat sich für mich noch verstärkt, als wir zusammen die Klinik aufgebaut haben. Und als Herbert dann am Boden war wegen des blö-

den Unfalls, da war es mir richtiggehend ein Bedürfnis, ihm zu helfen, ihn mitzutragen. Und jetzt dieses Verhalten. Ich kann es mir nur so erklären, dass Herbert sich die Krone aufsetzen möchte – dieses Bild hier zeigt das. Wir, die zwei kleinen Gestalten, werden einfach an den Rand gedrückt. Es ist ihm offenbar egal, was

bisher war, und er möchte jetzt alles für sich alleine haben. Das kann ich so nicht akzeptieren. Da kämpfe ich jetzt. Dieses hier soll zeigen, dass ich mich mit ihm nicht mehr verbun-

den fühle, da ist was abgebrochen für mich, hat mich tief verletzt.
KH: Und das ist einfach so aus heiterem Himmel für Sie gekommen? Keine Vorankündigung?
BAUCH: Nein, nichts Nennenswertes.

Aufforderung zum Phantasieren 2
Auch hier kann eine Aufforderung zum Phantasieren die hinter dem «nichts Nennenswertes» verborgenen Gedanken oder Gefühle ans Licht locken.

KH: Nennen Sie mal das nicht Nennenswerte.
BAUCH: Wir hatten es nicht immer nur leicht miteinander. Sind einfach unterschiedliche Typen.
KH (konkretisierend): Wie unterschiedlich?
BAUCH: Er will immer alle miteinbeziehen – ich entscheide gerne alleine und schnell. Das war nicht immer leicht für uns. Er eiert lange herum, bis er den anderen was sagt, ich knalle es direkt hin, dann ist es für mich auch wieder gut, während er noch damit herumhängt und manchmal Tage und Wochen später erst was sagt. Wir hatten schon beim Arbeiten so unsere Schwierigkeiten, aber es lief letztlich immer ganz gut miteinander. Im Juli hatten wir uns mal zu dritt zusammengesetzt und über uns gesprochen. Das hat Ludwig vorhin schon mal angesprochen.
KH: Um was ging es da?
BAUCH: Herbert hat sich beklagt, dass ich bei Visiten mich manchmal im Ton vergreife zum Beispiel. Oder: Wie wollen wir mit der Weiterbildung der Assistenten verfahren? Anschaffung neuer Geräte usw.
KH: Wer hat das Gespräch initiiert?
BAUCH: Ich glaube, es war Herbert, der das vorgeschlagen hat.
KH: Wie endete das Gespräch für Sie?
BAUCH: War gut damit für mich. Nichts übrig geblieben. Des-

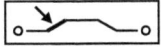

wegen verstehe ich auch seine heftige Aktion nicht und kann es mir nur so erklären, dass er halt nur an sich und seinen Gewinn denkt, sich die Krone aufsetzen möchte, während wir die Arbeit machen und ans Ganze denken. (Er wird immer wütender.) Das zeigt ja auch schon, dass er eiskalt bereit wäre, das KaliTec-Projekt zu kippen, nur um uns einzuheizen. Was dabei aus der Klinik wird, ist ihm völlig egal. Da wird seine egoistische Grundstruktur deutlich.

Zwischenfrage: **Was sagen Sie zu den Angriffen gegen Herzle?**
— Da wir in der Selbstklärungsphase sind, sage ich nicht viel (höchstens: «Ach, so erleben Sie das»), höre es mir an und versuche mehr und mehr zu verstehen, warum er sich so fühlt.
— Es ist eine Interpretation von ihm, wenn er von «egoistischer Grundstruktur» spricht. Das kann und will ich nicht so stehenlassen (es geht mir zu weit) und mache ihm deswegen deutlich, dass es lediglich seine subjektive Interpretation ist, wenn er von «egoistischer Grundstruktur» spricht.
— Ich appelliere an Bauch, dass er sich zusammennehmen soll, und erkläre ihm eine Kommunikationsform, die besser geeignet ist, schwierige Gefühle auf gute Weise mitzuteilen als mit seinen Vorwürfen. Zum Beispiel die Gewaltfreie Kommunikation nach M. Rosenberg: Beobachtung, Gefühlsreaktion, Bedürfnis, Wunsch. Hier also in etwa so: «Dein Brief mit deinen Forderungen (Beobachtung) geht mir über die Hutschnur. Ich bin richtig sauer (Gefühlsreaktion), weil mein Bedürfnis nach Sicherheit und Konstanz in unserer Partnerschaft, also mich auf dich verlassen zu können (Bedürfnis), verloren gegangen ist durch deine Aktion, und ich wünsche mir von dir (Wunsch), dass du dich erklärst und am besten alles zurücknimmst und dann deine sicherlich berechtigten Bedürfnisse auf andere Weise ins Spiel bringst.»

In der Selbstklärung kein Feedback, keine Belehrung

In der Selbstklärungsphase geht es darum, dass der Klärungshelfer den Betroffenen versteht. Feedback oder Versuche, den Kommunikationsstil durch Belehrung zu verbessern, sind in dieser Phase unangebracht, da erst einmal eine starke Verbindung zum Klärungshelfer entstehen soll. (In der Phase der Nachsorge kann es sinnvoll sein, den Parteien Werkzeuge in die Hand zu geben, mit deren Hilfe sie zukünftig deeskalierend kommunizieren können.)

Man kann hier die Hinter- und Untergründe der starken Gefühle erforschen: Was hat zu diesen heftigen Reaktionen geführt? Man muss dies hier aber nicht tun, später im Dialog kommen sie dann von selber. Es kann auch sinnvoll sein, die Gefühle aktiv zuhörend zu spiegeln.

> KH (aktiv zuhörend): Sie sind ziemlich sauer. Kommt das daher, dass er Sie so sehr getroffen hat?
> BAUCH (aufgebracht): Klar bin ich sauer, stinksauer. Ich frag mich, warum er alles aufs Spiel setzt.
> KH: Verstehe ... (Der KH schaut ihm in die Augen.) Da ist ganz schön Dampf dahinter ... (Bauch nickt, atmet deutlich  hörbar aus – dann schaut der Klärungshelfer wieder auf das Flipchartblatt vor den Füßen Bauchs und fragt:) Was bedeutet denn diese Fliegenklappe hier unten rechts?
> BAUCH (etwas amüsiert und wieder ruhiger): Das ist keine Fliegenklappe, das soll eine Fassade sein. Bezieht sich auf Ihre Frage: Was wünsche ich mir? Ich wünsche mir, dass Herbert spürbar wird für mich. Er hat ganz oft so eine glatte, nette Oberfläche, und ich weiß nicht, was wirklich drunter los ist. Die soll er weglassen.
> KH: Ich verstehe. Überlegen Sie mal, ob es noch was Wichtiges gibt aus Ihrer Sicht?

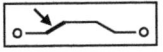

BAUCH (überlegt): Nein. Ist alles gesagt. Vielleicht noch dies, dass die angespannte Situation alle sehr belastet. Die Mitarbeiter spüren das ganz genau.

KH: Sprechen Sie darüber offen mit Ihren Mitarbeitern?

BAUCH (zögert): ... das ist ein schwieriges Thema. Als Herbert den Otto entlassen wollte, da habe ich natürlich mit ihm gesprochen, erklärt, dass es nicht so laufen wird. Er fordert ganz klar ein Gespräch mit Herbert, aber der verweigert sich bis heute, direkt mit ihm zu sprechen.

KH: Besteht da keine Notwendigkeit, da sie täglich miteinander arbeiten? Wie machen die zwei das denn?

BAUCH: Nein. Die müssen nicht direkt miteinander arbeiten. Otto ist ja sozusagen mein Oberarzt. Er arbeitet mir direkt zu. Wir müssen und können auch ganz gut. Aber dass Herbert nicht mit ihm spricht, macht natürlich keine gute Stimmung in der Truppe. Auch sonst ist die Stimmung unter den Mitarbeitern nicht gerade rosig. Deswegen haben wir auch schon im Juli in dem Gespräch zu dritt über die Weiterbildung unserer Ärzte gesprochen. Viel geschehen ist bisher nicht. Aber nicht nur bei den Mitarbeitern wirkt sich unsere Situation aus. Auch unsere Familien leiden darunter.

KH: Wie das?

BAUCH: Na, durch die Anspannung, die wir mit nach Hause bringen. Unsere Frauen haben ja immer wieder mal Kontakt miteinander, und jetzt ist da einfach der Wurm drinnen. Die wissen auch nicht, wie sie damit umgehen sollen. Ich rede sehr offen mit meiner Frau darüber. Wir müssen daran was ändern.

KH: Aha. Gibt es sonst noch was?

BAUCH: Nein ..., ich glaube, das war's jetzt.

KH: Ich überlege auch nochmal ... (Kurze Stille.) Ich hab den Eindruck, ich kenne jetzt Ihre Sicht der Situation. Sie können dann auch Ihr Bild zusammenrollen, und wir machen wieder eine kleine Pause – zirka drei Minuten.

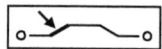

Die Selbstklärung lief nicht so rund. Immer wieder musste ich ihn am Anfang unterbrechen, damit er nicht direkt Herzle zum Reden auffordert. Auch steht er offensichtlich kräftig unter Druck. Es ist mir nicht so recht gelungen, ihn zu ergründen, ohne starke Emotionen zu wecken, was natürlich auch an meinen vielen Fragen lag, auf die ich aber nicht verzichten wollte. Eigentlich gehören diese in den Dialog, wo der Angesprochene gleich reagieren kann. Gegen Schluss hatte ich trotzdem den Eindruck, gut in Kontakt mit ihm gekommen zu sein.

6.5 Selbstklärung Herzle

Jetzt bin ich aber wirklich neugierig, wie Herzle das alles erlebt hat – warum handelt er so?

Selbstklärung des Angeschuldigten – Ausdruck statt Reaktion

In der Selbstklärung soll jeder aus sich heraus verstanden werden können. Wenn nun der bisher Angeschuldigte an die Reihe kommt, ist die Gefahr groß, dass er sich nur noch verteidigt, vielleicht sogar zum Gegenangriff übergeht. Das Gespräch wäre dann flugs im Dialog, ohne dass man den Angeschuldigten hätte in Ruhe kennenlernen und verstehen können.

KH: Herr Herzle, wie sieht das Ganze aus Ihrer Sicht aus? Bitte antworten Sie jetzt möglichst nicht auf Vorwürfe und Anschuldigungen, sondern stellen Sie bitte Ihre Sichtweise vor. Legen Sie bitte auch Ihr Blatt auf den Boden (s. S. 125).

Er legt es so hin, dass es die anderen lesen können, aber für ihn auf dem Kopf steht.

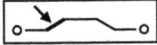

Bild als Spickzettel

Jeder soll seine Zeichnung so legen, dass sie für ihn selber richtig herum liegt, denn es ist sein Blatt und in erster Linie für ihn bestimmt. Die anderen sollen sich eindenken und «einsehen». Warum soll das so sein? Flapsig ausgedrückt: Das Bild dient als großer Spickzettel. Tatsächlich aber steht eine gedächtnispsychologische Begründung dahinter: Die während des Malens aktivierten Gefühle (um die es zentral geht) sind an Farben und Formen aus dieser Perspektive gebunden und sollen in Anwesenheit aller wieder aktiviert werden. Dies würde nicht in dem Maße geschehen, wenn das Bild auf dem Kopf stünde.

> KH: Drehen Sie Ihr Bild bitte um, sodass Sie es sehen, wie Sie es gemalt haben. Es ist Ihr Spickzettel und in erster Linie für Sie.
>
> HERZLE (dreht es um und beginnt): Ja. Wo fange ich an? Ich habe mir jetzt beim Zuhören meiner beiden Kollegen ein paar Punkte aufgeschrieben, mit denen ich so ganz und gar nicht einverstanden bin, wie es beide dargestellt haben. Ich überlege, ob ich mit diesen Punkten direkt anfangen sollte...
>
> KH: Mir ist es lieber, Sie beginnen mit den Gedanken und Bildern, die Sie hier auf dem Blatt dargestellt haben. Ich will Sie ja verstehen können. Lassen Sie, wenn es nötig ist, erst gegen Ende Ihre Reaktion auf die Vorwürfe einfließen. Am liebsten ist mir aber, Sie reagieren erst in der nächsten Phase. Denn dort geht es genau darum, dass Sie alle aufeinander reagieren.
>
> HERZLE: Dann fange ich einfach mit meinem Bild an. Es beginnt  hier unten im Bild mit meinem Abschluss des Medizinstudiums. Vor 27 Jahren war das. Ich bin dann an der Uni geblieben und habe mich nach meinem Facharzt auf Kardiologie spezialisiert und auch habilitiert. Acht Jahre

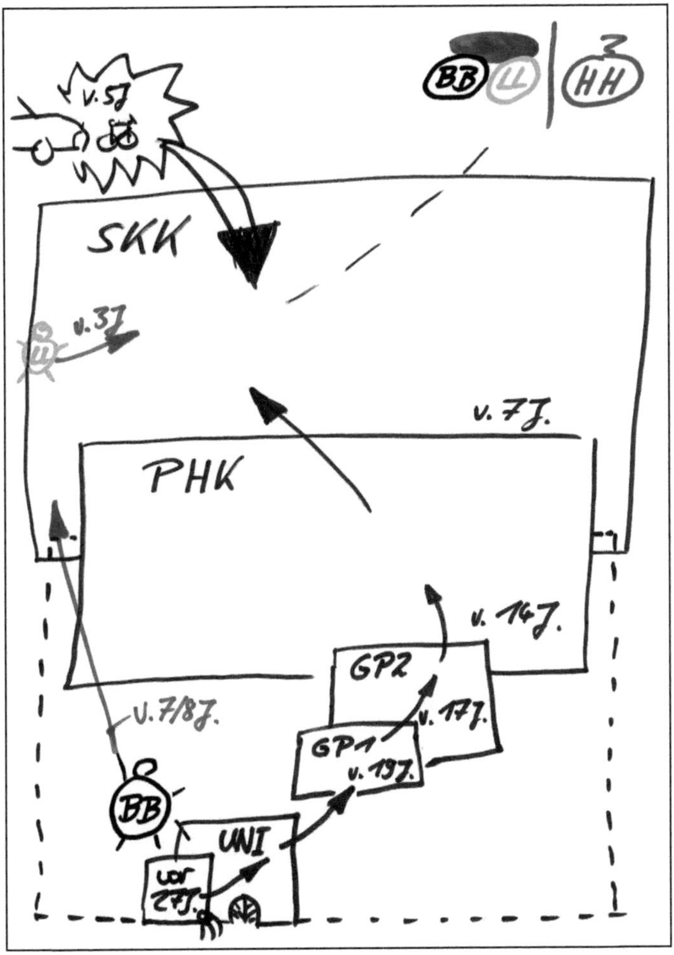

danach, im April vor 19 Jahren, bin ich dann in eine Großpraxis eingestiegen. Wir waren dort etwa sieben Ärzte, und es war eine gute Zeit, aber ich bin dann zwei Jahre später bereits weitergezogen und in eine ähnlich große Praxis in Beestadt gewechselt – das hatte private Gründe. Dort war ich für drei Jahre und bin vor 14 Jahren dann wieder hierher zu-

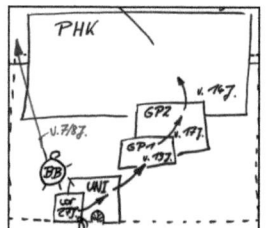

rückgekommen, wiederum aus privaten Gründen – ich habe meine zweite Frau kennengelernt, mit der ich auch heute noch verheiratet bin, glücklich. Wir haben zwei Kinder, der Junge ist zwölf, das Mädchen neun Jahre. Ich habe hier die Möglichkeit gehabt, eine Privatklinik zu gründen. Es war keine Übernahme, obwohl schon Strukturen da waren, also die Räumlichkeiten und Pflegepersonal. Die Ärzte aber waren alle gegangen. Ich habe dann mit Kollegen von der Uni, ich war ja immer noch in einem engen Kontakt mit meinen alten Kollegen, ich habe da ein paar mitgenommen, die alle wechseln wollten und gut waren. Ich habe dann mit fünf Ärzten und acht Pflegekräften eine Privatklinik eröffnet. Die anderen waren bei mir angestellt, und von den fünfen sind immer noch drei heute bei uns. Die anderen wollten weiter, was auch an meinen beiden Kollegen hier lag, aber dazu später. Gleich von Anfang an habe ich einen Mann für die Verwaltung eingestellt, der seine Sache auch gut gemacht hat ...

Zwischenfrage: **Herzle erzählt sehr ausführlich seinen beruflichen Werdegang und beginnt weit vor der St.-Kassian-Klinik. Wie gehen Sie damit um?**

— Da die anderen historisch nicht so ausführlich erzählt haben, unterbreche ich ihn möglichst früh und bitte ihn, sich auf die Geschichte der St.-Kassian-Klinik zu beschränken.
— Es scheint ihm wichtig zu sein, seinen gesamten Werdegang so detailliert zu schildern. Deswegen lasse ich ihn fortfahren und lenke ihn nur dann auf die aktuelle Situation, wenn er noch weiter abzuschweifen droht. Mir ist ein guter Kontakt zu Herzle wichtig für die nachfolgende Dialogphase.
— Da er gern zu reden scheint, es auch gewohnt ist, nicht un-

terbrochen zu werden, gewöhne ich ihn lieber gleich daran, dass ich ihn auch später immer wieder unterbrechen werden muss.

Nebensächlichem Raum geben
Herzle spricht zwar weit ausholend, aber er bleibt im Wesentlichen beim Thema – die historische Entwicklung der Situation. Diese hat für ihn offenbar bereits deutlich früher als vor sieben Jahren mit der Klinikgründung begonnen.

In langjähriger Erfahrung ist deutlich geworden, dass es zumeist wichtig ist, wenn Personen über scheinbare Nebensächlichkeiten sprechen – es lohnt sich immer, den Kern darin zu suchen. Zudem steuert er zügig auf die heutige Thematik zu. Es gibt keinen Grund, ihn zu unterbrechen. Auch dass seine beiden Partner interessiert dabei sind, ist zusätzlich ein gutes Zeichen.

Wenn die beiden anderen genervt zuhören würden, müsste der Klärungshelfer kurz erklären, warum er Herzle so ausführlich sprechen lässt. («Auch wenn es für Sie anstrengend zu sein scheint, möchte ich dies genau hören, um mir ein Bild machen zu können.»)

Wenn er sich verlieren würde, könnte es sinnvoll sein, Herzle durch eine Frage zu seinem Blatt wieder sanft in die Spur zu bringen.

KH: Was heißt dieses SKK I hier? GP steht wohl für «Großpraxis»?
HERZLE: Ja, Großpraxis. SKK I steht für «St.-Kassian-Klinik».
KH: Und warum die I dahinter?
HERZLE: Damit will ich die erste Phase von der zweiten abtrennen, als dann Kollege Bauch von mir dazugeholt wurde. Die Klinik hat sich nämlich prächtig entwickelt, aber es fehlte nach ein paar Jahren ein richtiger Experte für Endoskopie, da waren wir unterrepräsentiert. Vor etwa sieben

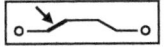

Selbstklärung Herzle

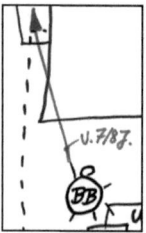

oder acht Jahren habe ich dann Dr. Bauch angesprochen, der mittlerweile einen ausgezeichneten Ruf genoss, was sein Fachgebiet, die Endoskopie, betrifft. Weil wir da dringend Bedarf hatten und weil ich ihn mochte, deswegen habe ich ihm auch gleich angeboten, mit mir gemeinsam als Chefarzt und Mitgesellschafter der GmbH einzusteigen – ich war es auch überdrüssig, ohne Partner alleine die Klinik zu führen. Wir kannten uns, ich mochte ihn, und ich hatte eben auch ein gutes Gefühl, was unser Miteinander angeht. Vor sieben Jahren ist er dann mit eingestiegen. Das bezeichne ich mit SKK II. Wir sind sehr gewachsen – er hat sich da kräftig mit der Decke gestreckt, ist hervorragend in seine Aufgabe hineingewachsen. Es war eine erfüllte, gute Zeit für mich, bis dann dieser alles verändernde Unfall geschah.

KH: Was ist da geschehen und was hat es verändert?

HERZLE: Ein Fahrradunfall. Ich bin von einem Auto erfasst

und unter anderem an der Wirbelsäule verletzt worden. Ich lag sechs Monate im Krankenhaus. Wie vorhin schon Basil erzählt hat, kam dies auch daher, dass die erste Diagnose an der Problematik vorbeiging. Es war eine schreckliche Zeit für mich. Es war unklar, wann ich wieder einsatzbereit sein würde. Da hat Basil wirklich die ganze Klinik fast alleine geführt. Nach genau acht Monaten und einer Woche kam ich dann wieder, hatte aber immer noch Schmerzen und konnte nicht voll einsteigen. Ich war anfangs nur drei Tage da und die restliche Zeit mit meiner Gesundheit beschäftigt. Und da muss es angefangen haben.

KH: Was denn?

HERZLE: Ich habe es anfangs gar nicht richtig bemerkt, aber irgendwie bin ich von Basil klein gehalten worden. Ich war natürlich auch nicht ganz einsatzfähig, aber ich kam nicht

mehr richtig in die Klinik hinein. Vor drei Jahren kam dann Ludwig dazu, denn wir sind weiter gewachsen, haben Räume günstig dazubekommen und mit ihm ein Schlaflabor eröffnet,
das sich bereits nach kurzer Zeit auf dem Gesundheitsmarkt behauptet hat. Bevor Sie fragen, wie meine Beziehung zu ihm gestaltet war, antworte ich gleich darauf: Ich mochte ihn, kannte ihn auch von früher, ein anständiger Mann. Unsere Kinder sind auf derselben Schule und dazu noch seine Freundschaft mit Basil, also was will man mehr für eine Partnerschaft zu dritt?

KH: Wie hat sich das Ganze dann entwickelt?

HERZLE: Ja, wie erwähnt, ich hatte den Eindruck, dass ich seit meinem Unfall nicht mehr richtig in die Klinik hineingekommen bin.
Hier die zwei Kugeln sind meine beiden Partner, und sie tragen die Klinik, das ist dieser Stein darüber. Sie sind die Klinik sozusagen, und ich bin außerhalb davon. Ich fühle mich wie hinter einer Mauer, fühle mich ausgegrenzt, abgeschnitten davon.

Mir ist es jetzt wichtig, diese «interpretationsweite» Aussage «ausgegrenzt, abgeschnitten» auf konkrete Beobachtungen und Erlebnisse zurückzuführen, um zu verhindern, dass ich oder die beiden anderen sich unzutreffende Bilder machen.

KH: Woran merken Sie dieses Ausgeschlossensein?

HERZLE: Es sind lauter Kleinigkeiten. Offiziell bin ich natürlich voll dabei, habe meine Position, meine Aufgaben, aber im Alltag kriege ich oft genug einen Schuss vor den Bug. Zum Beispiel bei der Visite. Wenn ich mal mit dem Kollegen Bauch gemeinsam gehe, was immer mal wieder sein muss aus meiner Sicht, was ich aber kaum noch mache, weil es mir mittlerweile so unangenehm ist, dann kommt es nicht

selten vor, dass er mich vor allen Anwesenden zurechtweist, und das in einem Ton, als ob ich der Letzte wäre, der hier etwas zu sagen hat. Ich bin dann so perplex, dass dies vor allen geschieht, dass ich meistens nichts dazu sage. Oder wenn ich bei einer Morgenbesprechung mit den Ärzten ein Thema einbringen will, dann macht er dazu ein Gesicht, dass mir schon jegliche Motivation abhanden kommt, weiterzusprechen. Überhaupt pflegt er mir gegenüber einen Ton, der einfach nur unangemessen ist – und das nicht nur, wenn wir alleine sind, sondern auch vor allen anderen.

KH: Seit wann erleben Sie dies so, und haben Sie es schon mal angesprochen?

HERZLE: Das ist eingerissen, seit ich nach meinem Unfall wieder zurückgekommen bin. Verschlimmert hat es sich aber auch, seit dieser Dr. Otto da ist, mit dem ich schon von Anfang an meine Schwierigkeiten habe. Ich hätte den gar nicht eingestellt. Seine Art war mir zu ungehobelt. Der hat sich auch gleich nur auf den Kollegen Bauch bezogen. Er kam ja auch für die Endoskopie, aber trotzdem, dieser Ton mir gegenüber ist eine Katastrophe. Und Kollege Bauch lässt das zu. Dr. Otto antwortet mir manchmal nicht, wenn ich ihn vor allen etwas frage. Ich stehe dann da wie ein Trottel. Ich fühle mich überhaupt recht häufig wie eine Witzfigur. Basil und Ludwig führen die Klinik, und ich bin auf dem Abstellgleis.

KH: Was haben Sie dagegen unternommen? Wie haben Sie das bereits angesprochen?

HERZLE: Angesprochen habe ich es schon öfters. Auch bei dem Gespräch im Juli, aber viel ist dabei nicht herausgekommen. Vielleicht habe ich es noch nicht in dieser Klarheit gesagt. Es ist auch nicht einfach für mich, denn wie stehe ich denn da? Wie der alte hilflose Löwe, der von den jungen Löwen rausgebissen wird. Aber wenn Sie fragen, was zu dieser Situation jetzt geführt hat, dann gehört dies ganz zentral dazu.

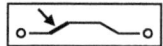

KH: Wie geht es Ihnen da mit Herrn Luftmeier?

HERZLE: Er ist im Ton mir gegenüber kollegial. Ihm werfe ich nur vor, dass er im Gesamten gesehen eher Stellung bezieht für Basil. Auch sein Nichtssagen ist da schwierig für mich. Ich habe es deswegen mit zwei Gegnern zu tun, vom Gefühl her. Und dann gibt es noch eines, was mich ärgert, als er eine Veröffentlichung gemacht hat unter seinem Namen und mich weggelassen hat, obwohl ich maßgeblich zu dem Projekt beigetragen habe.

KH: Sagen Sie mal ein Stichwort zu dem Projekt, damit ich was aufschreiben kann.

HERZLE: Uni Ceeburg.

KH (notiert es): Wie kam es jetzt zu dieser aktuellen Eskalation?

HERZLE: Da kam einfach viel zusammen, zu viel. Oberarzt Dr. Otto hat eine Operation durchgeführt an einem Patienten von mir, ohne auf mein Einverständnis zu warten. Ich habe ihm dann gekündigt. Das war übereilt, denn ich habe dabei in der Tat übersehen, dass er gar nicht so eigenmächtig gehandelt hat, wie ich es gedacht habe. Aber wie meine beiden Partner mir das mitgeteilt haben, der Ton, die Art, das hat mich schwer getroffen. Ich bin von oben herab abgekanzelt worden. Am nächsten Tag bin ich dann wegen meines Rückens zu Hause geblieben. Dort habe ich im E-Mail-Verkehr, Sie müssen wissen, ich kriege auch zu Hause die geschäftlichen Mails mit, zu Hause ist es mir dann zu viel geworden, wie sich Basil in das KaliTec-Projekt einmischt. In der Mail ist klar geworden, dass er entgegen unserer expliziten Absprache auf eigene Faust, also hinter meinem Rücken, die Verhandlungen vorantreibt, meine Abwesenheit ausnutzt, um seine Kontakte auszubauen. Und das kann ich mir nicht gefallen lassen. Da war mir dann auf einmal klar, dass ich hier nein sagen muss, den ganzen Unverschämtheiten ein Ende setzen muss, und deswegen habe

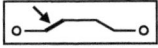

ich den Brief geschrieben mit meinen klaren Ansagen. Ich habe einfach keine andere Möglichkeit mehr, das zu retten, was mir sonst ganz zu entgleiten droht. Ich dringe sonst nicht zu den beiden durch.

Bauch schüttelt während Herzles Bericht mehrmals deutlich den Kopf, mischt sich aber nicht ein.

KH: Wie sehen Sie die Aktion aus heutiger Sicht?
HERZLE: Ja, heute sehe ich, dass ich schon sehr massiv reagiert habe. Vielleicht war die Briefform etwas zu definitiv, und das bedaure ich auch ... etwas ..., aber ich sehe auch heute keine andere Möglichkeit, was ich hätte machen können. Ich stehe auch heute zu dem Geschriebenen, das möchte ich deutlich unterstreichen! Sonst habe ich bei den beiden keine Chance, durchzudringen.
KH: Wie ging es dann aus Ihrer Sicht weiter?
HERZLE: Die beiden haben geschockt reagiert und mir dann vorgeschlagen, einen Moderator dazuzuholen. Ja, und da kommt ein Punkt, den ich mir vorhin aufgeschrieben habe, als Ludwig gesprochen hat. Er hat es so dargestellt, als ob ich gleich einverstanden war mit der Wahl von Ihnen als Moderator. Das war aber nicht so. Mein Vorschlag, ein Berufskollege von Ihnen aus der Region hier, wurde von den beiden einfach abgelehnt. Und ich war nicht so begeistert von Ihnen, Herr Prior, denn Sie erschienen mir einfach als zu jung, wenn ich das so offen sagen darf. Aber die beiden haben Druck auf mich ausgeübt, indem Sie mir klargemacht haben, dass die Zeit zu knapp ist, mit einem anderen nochmals so ausführliche Vorgespräche wie mit Ihnen zu führen.

Zwischenfrage: **Wie reagieren Sie auf diese Mitteilung?**
— Wir sind ja jetzt bereits mitten im Prozess; jetzt darüber zu diskutieren, ist sowieso schon zu spät ... Deswegen übergehe ich einfach diese Schilderung und mache weiter im Programm.
— Das verletzt mich. Und warum sagt mir keiner, dass er nicht wollte? Hätte er doch bereits in der Anfangsrunde ansprechen können, aber nein, jetzt kommt er daher. Das sage ich ihm und frage ihn demonstrativ, ob er überhaupt weitermachen möchte, schließlich geht es hier um Offenheit.
— Es trifft mich ein bisschen. Ich frage ihn, ob er das Gespräch mit mir fortsetzen möchte.

> *Das trifft mich für einen kurzen Moment mitten in den Bauch. Ich bin ihm zu jung. Erkennt er mich überhaupt als Experten an? Habe ich sein Vertrauen? Warum hat er es nicht in der Anfangsrunde angesprochen? Ich habe den Eindruck, dass unser Kontakt inzwischen ganz gut ist. Täusche ich mich da?*
>
> *Zum Glück bemerke ich, dass es mich, bei aller Irritation, doch nicht allzu sehr aus der Bahn wirft.*

Störungen in der Beziehung zum Klärungshelfer sofort thematisieren

Eigentlich sollte ein solches Thema in der Anfangsrunde bei der «Wahrheit der Situation» auf den Tisch kommen, um dort gemeinsam entscheiden zu können, ob genug Vertrauen und Akzeptanz für eine Klärung vorhanden ist. Aber dieser Teil der Vorgeschichte ist dort aus irgendeinem Grunde nicht offenbar geworden. Umso wichtiger ist es, dass dieser Zweifel Herzles jetzt ans Licht kommt, auch wenn es dem Klärungshelfer unangenehm ist. Zudem deutet diese Offenbarung ein wachsendes Vertrauen aufseiten Herzles an, das er zu Beginn noch nicht zu haben schien.

Sobald die Beziehung zum Klärungshelfer in kritischer Art angesprochen wird, muss dies sofort aufgegriffen und geklärt werden. Dabei ist es natürlich wesentlich einfacher, wenn die Störung nur beim Klienten liegt. Ist aber der Klärungshelfer persönlich davon betroffen oder zum Beispiel beleidigt oder eingeschnappt, dann muss der Klärungshelfer dazu stehen und sich mit seiner Verletztheit zeigen, um sie etwas loszuwerden (siehe auch S. 247). Es geht aber eher um Notmaßnahmen als darum, sich in eine richtige Konfliktklärung mit dem Klienten zu stürzen.

> KH: Ach so. Sie sind überstimmt worden, unter Druck gesetzt worden? Verstehe ich Sie richtig, dass Sie zwar das Gespräch wollten, aber zu mir gezwungen wurden?
> HERZLE: Ja, gezwungen klingt etwas hart, aber die beiden haben schon mächtigen Druck gemacht. Es war so, dass ich ja mit Ihnen telefoniert habe und auch einverstanden war, aber dann bekam ich Zweifel, da hatten wir aber schon den Termin mit Ihnen. Und den wollten die beiden nicht platzen lassen, weil es wegen des KaliTec-Projekts auch knapp wurde. Da habe ich dann nachgegeben.
> KH: Und wie geht es Ihnen jetzt mit mir? Mit meinem Alter?
> HERZLE: Gut. Schon gleich am Anfang habe ich gemerkt, dass es für mich gut ist. Sie wirken auf eine gewisse Art überhaupt nicht zu jung.
> KH: Okay. Dann achten Sie mal ganz explizit darauf, wo ich für Ihr Gefühl zu jung agiere oder wegen meines Alters etwas falsch verstehe. Sprechen Sie mich dann sofort an, damit wir herausfinden, was es ist. Sind Sie damit einverstanden?

Nachgeholter Minikontrakt

Das ist ein nachgeholter Minikontrakt, wie er in der Anfangsphase üblich ist (siehe «Prinzip: Bock zum Gärtner machen», S. 78).

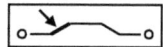

HERZLE: Ja, gerne. Aber ich merke schon, dass es mir gutgeht mit Ihnen und dem, wie Sie es machen.

KH: Also gut. Für mich rundet sich das Bild langsam ab. Was ist noch wichtig für Sie?

HERZLE (denkt nach): Ich glaube, das war's im Großen und Ganzen ...

KH: Das Bild ist ganz besprochen, da ist nichts mehr ... (Kurze Stille, Nachdenken.) Ich habe auch keine weiteren Fragen mehr. Haben Sie (Bauch/Luftmeier) alles verstanden? Nicht dass Sie einverstanden wären, nur ob Sie verstanden haben, frage ich. (Beide signalisieren ihr Verstehen.) Dann rollen Sie bitte auch Ihr Blatt wieder ein.

Hiermit schließen wir diese Phase ab. Jetzt werde ich das Ganze, was ich mitgeschrieben habe, für Sie darstellen, ich werde Ihre Situation zusammenfassen. Dafür brauche ich wahrscheinlich eine Viertelstunde oder zwanzig Minuten. Und dann brauche ich auch eine kleine Pause. Es ist jetzt 17.30 Uhr. Wir können gegen 18 Uhr weitermachen, dann bin ich auch wieder etwas erholt. Ich möchte Ihnen auf jeden Fall heute noch vorstellen, wie die Situation für mich aussieht, und das von Ihnen bestätigen oder korrigieren lassen.

Herzle, Bauch und Luftmeier sind einverstanden und erheben sich für die Pause.

Ich bin k. o., wie immer nach einer ausführlichen Selbstklärung, aber auch zufrieden. Ich kann jeden gut verstehen und alles nachvollziehen. Diese Phase ist dadurch viel länger geraten als üblich, weil ich mich der zugespitzten Entscheidungssituation der drei sorgfältig nähern will. Es geht ja offenbar um viel.

Jetzt gilt es, aus meinen Aufzeichnungen die Konfliktstruktur auf ein Flipchart zu bringen. Dazu muss ich mich richtig aufraffen.

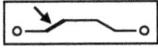

Selbstklärung Herzle 135

Welche Themen mitschreiben?

Aus den Themen, die der Klärungshelfer mitschreibt, entsteht nachher die «Diagnose des Ist-Zustands», die ihrerseits wieder die Entscheidungsgrundlage für die Auswahl der Themen ist, über die dialogisiert werden wird.

Folgende Themen schreibt der Klärungshelfer während der Selbstklärung mit:

1. **Zwischenmenschliches.** Jede Konfliktbeziehung wird benannt und dazu ein Charakteristikum oder ein Vorwurf, Vorfall, Knackpunkt ... (zum Beispiel unpassender Ton, Ottos Kündigung).
2. **Persönliches.** Die Gefühle oder Situation, die für die Zusammenarbeit hinderlich sind: ein bis zwei Adjektive (zum Beispiel ausgeschlossen, verletzt, erschüttert ...).
3. **Gruppe.** Alles, was das allgemeine Klima und die Zusammenarbeit in der gesamten Gruppe betrifft (Stimmung und Kommunikation in der Morgenbesprechung; in anderen Fällen zum Beispiel Männer-Frauen-Kommunikation, Witzatmosphäre mit aggressiven Spitzen während Kaffeepausen ...).
4. **Sachliches.** Alle Sachthemen, die teils explizit genannt werden (Herzles Forderungen: Vetorecht, Geld, Umbenennung; Weiterbildung der Mitarbeiter), teils nur leise anklingen (Verwaltungsdirektor, regelmäßige Besprechungen).

Im Lauf meiner Tätigkeit habe ich glücklicherweise gelernt, mich schon während des Mitschreibens auf das zu beschränken, was auch später für die Darstellung der Diagnose des Ist-Zustands wichtig ist (anfangs war mein Zettel hoffnungslos überfüllt). Beim Ersten, der in der Selbstklärung spricht, kommen häufig schon fast alle Sachthemen zusammen.

7 Diagnose des Ist-Zustands – Themensammlung

7.1 ZIEL: Zusammenfassen und Prioritäten setzen

Nach so vielen Detailschilderungen braucht es nun eine übersichtliche Darstellung der Gesamtsituation, die auf die wesentlichen, hier zu besprechenden Themen reduziert ist. Dies geschieht nach den in der Selbstklärung beschriebenen vier Ordnungskategorien:
— Zwischenmenschliches (Konfliktpunkte zwischen Anwesenden),
— Persönliches (Hindernisse für die Zusammenarbeit),
— Gruppe (Klima und Kultur bei Arbeit, Besprechungen und Pause),
— Sachliches (Entscheidungen, Konzepte …).

Wie geschieht das? Die Themen werden auf einem Flipchart nach dem Schema auf Seite 358 visualisiert: Dann bestimmt der Klärungshelfer das erste Thema (siehe «Erstes Thema», S. 156).

Besprechungskultur + Morgenbesprechungen

Forderungen Herde: Vetorecht – Geld – Name
KaliTec-Projekt
Otto – Kündigung, Respekt und Gespräch mit ihm
Aufgabenverteilung in der Geschäftsleitung
Gewinnverteilung
Visiten
Stimmung unter MA – Weiterbildung AÄ
Verwaltungsdirektor Konto

7.2 Der Klärungshelfer beschreibt, was er bisher vom Konflikt verstanden hat

Pünktlich nach dreißig Minuten kommen alle um 18 Uhr wieder zusammen. Die Stimmung in der Pause war zwar noch angespannt, aber das erste Sichmitteilen hat eine spürbare Lockerung in der Atmosphäre mit sich gebracht.

KH: Ich werde Ihnen jetzt vorstellen, was ich alles gehört und verstanden habe (siehe S. 138).
Die drei Punkte hier, das sind Sie. Ich habe sie so angeordnet, wie Sie aus meiner Perspektive in diesem Raum jetzt sitzen. Zuerst etwas zu den Farben. Das, was grün bei Ihren Namen geschrieben ist, das sind die persönlichen Themen. Die Beziehungsthemen sind rot und stehen auf den Linien zwischen Ihnen. Blau sind die Gruppen- und die Sachthemen unten.
Zuerst die zwischenmenschlichen Themen:
Zwischen Herrn Herzle und Herrn Bauch steht: «Ton», «Respekt» – «will Krone» und «Fassade weg». Der Blitz steht für Konflikt, und die Kontaktlinie ist unterbrochen.
Zwischen Herrn Herzle und Herrn Luftmeier: «Uni Ceeburg» und «neutrale Position» – «verschlossen» von Ihnen her, Herr Luftmeier, und wieder ein Konfliktblitz.
Zwischen Bauch und Luftmeier habe ich ein Herz gemalt und den Blitz aus heiterem Himmel, das ist diese Sonne hier mit Blitzen, die wie Füße ausschauen. Und die beiden Fragezeichen bedeuten, dass Sie sich nicht erklären können, warum Herr Herzle diesen Brief schrieb.
Jetzt die persönlichen Themen:
Bei Ihnen, Herr Herzle, drei Themen: «klein gehalten», «verletzt» und «ausgeschlossen». Die gestrichelte Linie mit den Pfeilen halb um Sie herum soll nochmal zeigen, dass Sie sich ausgeschlossen fühlen.

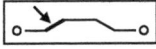

Diagnose des Ist-Zustands

Bei Ihnen, Herr Bauch: «verletzt» und «Wertschätzung erste Jahre».

Und Sie, Herr Luftmeier, haben folgende Stichwörter: «verschlossen», «verletzt» und «Vermittlerrolle».

Jetzt zu den Gruppenthemen hier weiter unten:
Ihre «Besprechungskultur» und die «Morgenbesprechungen» mit Ihren Ärzten.

Und die Sachthemen sind zuunterst notiert:
«Forderungen Herzle: Vetorecht – Geld – Name»
«KaliTec-Projekt»
«Otto – Kündigung, Respekt und Gespräch mit ihm»
«Aufgabenverteilung in der Geschäftsleitung»
«Gewinnverteilung»
«Visiten»
«Stimmung unter den Mitarbeitern»
«Weiterbildung Ihrer Ärzte»
«Verwaltungsdirektor Konto»

Ganz generell erlebe ich Ihre Situation als ziemlich geladen. Da hat sich einiges angesammelt, was schon in der Runde hier spürbar geworden ist.

So weit meine Gedanken. Ich glaube, ich habe alles einmal angesprochen. Haben Sie etwas nicht verstanden? Oder fehlt etwas? Ist alles korrekt?

BAUCH: Was heißt das bei meinem Namen? Soll das Wertschätzung heißen?

KH: Ja, «Wertschätzung erste Jahre». Damit meine ich, Sie haben in den ersten Jahren viel geleistet, aber sind sich nicht sicher, was davon bei Herrn Herzle angekommen ist. Stimmt das so?

BAUCH: Ja, verstehe. Ich konnte es nur nicht lesen.

KH: Können Sie noch was nicht lesen? ... Gut, ist irgendetwas drauf, was nicht draufgehört? Muss etwas verändert, ergänzt werden?

Alle drei schauen aufmerksam, genau lesend, und nicken langsam mit dem Kopf.

HERZLE: Ja, es trifft unsere Situation.
LUFTMEIER: Ja, ist gut. Aber ich hänge an einem Punkt.
KH: Sagen Sie mal ...
LUFTMEIER: Sie schreiben bei Herbert Herzle verletzt hin und auch bei Basil und bei mir. Das stimmt so für mich nicht. Was wir erlebt haben, das ist ganz was anderes als bei Herbert. Wir sind verletzt worden, und er hat uns diese Verletzungen zugefügt. Er mag sich von den Bemerkungen Basils angegriffen gefühlt haben, und sicherlich ist das auf Dauer auch verletzend, aber wenn da jetzt das Gleiche «verletzt» steht, dann finde ich das unpassend.

Zwischenfrage: **Wie reagieren Sie?**

— Ich versuche ihn noch genauer zu verstehen und suche dann mit ihm gemeinsam einen anderen, besser passenden Begriff, der seinem Bedürfnis nach Unterscheidung gerecht wird.

— Ich mache ihm klar, dass er nur darauf achten soll, ob seine eigene Perspektive auf das Ganze angemessen widergespiegelt ist. Wenn «verletzt» für ihn bei sich stimmt, dann bleibt es stehen. Wenn Herzle ein «verletzt» bei sich für angemessen hält, dann bleibt es auch stehen, denn es kann nur jeder seine Sichtweise bestätigen oder korrigieren.

Nur die subjektive Sicht zählt

Am besten ist hier wohl eine Kombination der beiden vorgeschlagenen Wege: sowohl Luftmeier noch besser verstehen und dabei vielleicht einen anderen Begriff zu finden, aber auch klar darauf hinweisen, dass jeder nur für seine Person und Perspektive urteilen kann. Was einer beim anderen nicht nachvollziehen, nicht akzeptieren kann, gehört bereits in den Dialog.

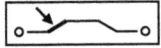

KH: Wollen Sie damit auf den Unterschied aufmerksam machen, dass Ihre Verletzung in den letzten Wochen entstanden ist, während die Verletzung von Herrn Herzle über lange Zeit entstanden ist? Ihre ist akut, die von Ihrem Partner chronisch. Geht es in diese Richtung?

LUFTMEIER: Jaja, in diese Richtung geht es.

KH: Dann schreibe ich mal hier bei Herrn Herzle hin «chronisch» und bei Ihnen beiden «akut». Stimmt das dann so für Sie?

LUFTMEIER: Ja, und trotzdem bin ich damit nicht zufrieden. Ich finde das «verletzt» bei ihm unpassend.

KH: Ich mache einen Vorschlag. Jeder von Ihnen schaut, ob das, was bei ihm steht, für ihn selber stimmig ist, denn Sie können nur für sich selber klären, ob das stimmt, was ich bei Ihnen hingeschrieben habe. Wenn bei einem anderen etwas steht, was Sie nicht nachvollziehen können, aber für denjenigen stimmt, dann gilt es, im Dialog genau darüber ins Gespräch zu kommen. Das werden wir jetzt auch in der nächsten Phase gleich machen.

Sagen Sie, Herr Herzle, stimmt das so für Sie, wenn ich «chronisch verletzt» hinschreibe?

HERZLE: Mir wäre am liebsten, wenn Sie schreiben: «verletzt seit langer Zeit». Das trifft es für mich ganz gut.

KH: Okay, das schreibe ich hin. (Schreibt es auf das Flipchart.) Und bei Ihnen beiden?

LUFTMEIER: Dann schreiben Sie bei mir «tief» noch zu dem «verletzt».

BAUCH: Bei mir dann auch noch «tief».

Ich ergänze es bei allen dreien und denke mir: «Wie bei meinen Kindern, die auch das Gleiche wollen, was der andere hat.» Ich meine das nicht abwertend. Ich werde auch zum Kind, wenn ich in einem Konflikt stecke.

142 *Selbstklärungsphase*

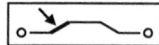

KH: Was gibt es noch zu ergänzen, zu korrigieren?

LUFTMEIER: Bei mir muss vielleicht noch was ergänzt werden, und zwar, was mir so schwer ist, ist, dass ich das Gefühl habe, nicht zu wissen, was kommt. Kommt wieder so ein Schlag oder kommt kein Schlag? Das ist für mich ganz schwer.

KH: Überlegen wir mal ... «Willkür», könnte das es treffen?

LUFTMEIER: «Willkür» stimmt nicht.

KH: «Unberechenbarkeit». Ist das so eine Unberechenbarkeit, die Sie bedroht? Da ist eine Gefahr, dass wieder so was passieren kann aus dem Hinterhalt?

LUFTMEIER: Ja, genau. Das ist es!

KH (schreibt es auf): Verstehe. Es ist dieses «Aus heiterem Himmel», wenn man nicht besonders gegen Regen, Donner, Blitz und Hagel gerüstet spazieren geht, und dann kracht es.

LUFTMEIER: Ja, genau. Und noch etwas.

KH: Ja bitte.

LUFTMEIER: Ich habe das Gefühl, dass ich dafür gar nichts kann, für das, was hier so passiert ist, aber mächtig was abbekommen habe.

KH: Ah, also das Gefühl, dass Sie mitverprügelt worden sind für etwas, was Sie gar nicht verbrochen haben?

LUFTMEIER: Ja, «mitverprügelt» ist richtig. Ich bin mitverprügelt worden.

Der KH schreibt auch dies auf.

KH: Noch was?

Alle drei schweigen.

KH: Ich deute Ihr Schweigen so, dass Sie damit inhaltlich einverstanden sind. Sonst noch was?

LUFTMEIER: Ja, es ist gut, das mal so zu sehen, und es ist wahnsinnig viel. Wahnsinn.

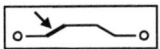

Diagnose des Ist-Zustands

BAUCH: Ja, passt. Gut zu sehen.
KH: Herr Herzle?
HERZLE: Ja, doch, es ist gut. Das sind die Punkte, um die es geht. Wirkt irgendwie beruhigend, es so zu lesen, vielleicht weil es greifbar geworden ist. Haben Sie gut zusammengefasst.
KH: Also ...

Die Atmosphäre ist ruhig, fast entspannt. Es ist jetzt 18.20 Uhr. In der Anfangsrunde wurde vereinbart, gegen 18 Uhr gemeinsam zu entscheiden, wie die Zeitplanung am Abend und für den nächsten Tag aussehen wird.

Zwischenfrage: **Machen Sie weiter oder hören Sie auf für heute?**

— Schluss machen, denn es ist ein runder Abschluss einer Phase erreicht, die Atmosphäre ist gut. Mit dieser Stimmung sollten wir in die Nachtruhe gehen und Kraft für den nächsten, anstrengenden Tag sammeln.

— Weitermachen, denn jetzt sind sie zwar in einer relativ entspannten Stimmung, was für die Seelen- und Nachtruhe gut wäre, aber der gegenwärtige Friede täuscht. Und um den nächsten Tag nicht mit dieser Illusion zu beginnen, steigen wir noch heute in den Dialog ein. Außerdem ist jede Minute wertvoll und sollte genutzt werden.

7.3 EXKURS: Optimaler Zeitpunkt für die Nachtpause; situative Planung – verkraftbare Schritte

Die Ruhe im Auge des Zyklons

Es ist häufig zu beobachten, dass nach Selbstklärung und Vorstellung der «Diagnose des Ist-Zustands» eine Beruhigung und atmosphärische Entspannung einkehrt. Ist dies nicht erstaunlich? Die schlimmsten Tatsachen stehen da, und es wird erst mal ruhig.

Dies kann anhand der vier Riemann-Thomann-Faktoren (Nähe, Dauer, Distanz, Wechsel – siehe «Klärungshilfe 1», S. 176 ff., «Klärungshilfe 2», S. 230 ff.) folgendermaßen erklärt werden:

1. **Nähe:** Durch die gründliche Selbstklärungsphase mit ihrer stark schützenden Form – jeglicher Dialog zwischen den Klärungsteilnehmern wird unterbunden – fühlt sich der Einzelne vom Klärungshelfer verstanden und von den Gegenparteien nicht widersprochen. Dies macht zufrieden und entspannt (beruhigt die Konfliktharmonisierer).
2. **Dauer:** Mit der Darstellung des Ist-Zustands wird die gesamte, konfliktreiche Situation schwarz auf weiß sichtbar, die bis dahin nur subjektiv, partiell und diffus spürbar war. Die Themen auf dem Flipchart können jetzt systematisch Punkt für Punkt angegangen werden (beruhigt die Konfliktanalysierer).
3. **Distanz:** Dies führt aus der Ohnmacht und macht handlungsfähig, man spricht endlich Klartext (beruhigt die Konfliktkonfrontierer) – und dieses Gespräch kann jetzt gleich erfolgen ...
4. **Wechsel:** ... oder aber auch irgendwann später (beruhigt die Konfliktflüchter).

Die atmosphärische Ruhe aber ist vergleichbar mit der Ruhe im Auge eines Zyklons. Durch die Form der Selbstklärung ist der Prozess fast ungestört mitten in den heißen Themen angelangt. Vieles wurde erstmals in dieser Deutlichkeit offen beim Namen genannt. Und all dies mit einem Minimum an spannungsgeladenen Auseinandersetzungen. Jeder hat zwar zu den meisten Punkten noch etwas Gewichtiges auf Lager, aber oft überwiegt die Zufriedenheit über das bisher Erreichte.

Innere Vorbereitung für den Sturm (des Dialogs)
Doch nur einen Schritt von dieser Mitte entfernt lauert ein Sturm, nämlich der Dialog über die unterschiedlichen Sichtweisen – unerbittliches Kämpfen, Rechthaben, Verletzungen, Verhärtungen und Hoffnungslosigkeit über so viel Unnachgiebigkeit usw. Dieser würde ohne Klärungshelfer sofort in eine Eskalation führen.

Lässt man die Teilnehmer mit der Entspannung und Ruhe nach Hause gehen, kann ihr aktuelles Gefühl zu euphorisch sein, gemessen an der Realität der Gesamtsituation, in der sie sich tatsächlich befinden. Dies wäre nicht weiter schlimm und ihnen zu gönnen, bestünde nicht die Gefahr, dass sie den nächsten Tag dadurch zu erwartungsfroh und leichtsinnig beginnen würden («Wird schon so angenehm weitergehen wie bisher»). Im ersten schwierigen Dialog reagieren sie dann geschockt und enttäuscht. Sie beurteilen aus der entspannten Perspektive von gestern die aktuelle Entwicklung als ungut. Ihr innerer Kommentar könnte dann lauten: «Jetzt ist alles nur noch schlimmer, als es ohnehin schon war – offensichtlich ist es nicht gut, so offen und direkt alles zu sagen.» Durch die Erwartungshaltung vom gestrigen Tag ist die Abwehr gegen eine offene Auseinandersetzung unnötig größer als sowieso schon. Im Bild des Zyklons gesprochen – sie kämen mit einem zu leichten Mantel und Sonnenbrille wieder und stünden dann unpassend gekleidet in Sturm und Hagel auf dem harten Weg durch den Dialog. Also: Die Illusionen von heute sind die Katastrophen von morgen. Deswegen empfiehlt es sich, mit den Konfliktparteien sofort nach der Vorstellung der «Diagnose des Ist-Zustands» noch in den ersten Dialog einzusteigen und sie die Realität und Intensität der schwierigen Gefühle erleben zu lassen.

Lernen im Schlaf: «Angenehm» und «gut» ist nicht das Gleiche

Wenn sie dann nach etwa einer Stunde mit den gemachten Erfahrungen nach Hause gehen, hat jeder Einzelne die Möglichkeit, sein «Inneres Team» (siehe Schulz von Thun: «Miteinander reden 3») über Nacht neu aufzustellen – angepasst an die erlebten schwierigen Gefühle in der Auseinandersetzung. Sie machen den Lernschritt, dass im Dialog durch offenes und direktes Ansprechen mehr Positives zu bewirken ist als durch langes Drumherumreden. Unangenehmes auszusprechen und zu hören, kann eben gut sein: klärend, befreiend, entlastend. Auch kommt es vor, dass die Betroffenen weicher und versöhnlicher wieder aus der Nacht zurückkommen – die Betrachtung aus der Distanz wirkt hier mit.

Ein weiterer Vorteil des ersten Dialogs vor der Nacht liegt darin, dass auch der Klärungshelfer einen Eindruck von der individuellen Form des schwierigen Miteinanders bekommt. Auch er kann sich über Nacht auf die jedes Mal unterschiedliche Atmosphäre einer Klärung einstellen.

Designüberlegungen: Lieber zwei halbe als ein ganzer Tag

Aus diesen Gründen empfiehlt es sich grundsätzlich, eher zwei halbe Tageseinheiten an aufeinanderfolgenden Tagen einzuplanen als einen eintägigen Klärungsdurchlauf am Stück.

Wenn der Dialog allerdings gegen Abend beginnt, ist sorgsam auf die geistige und körperliche Verfassung der Teilnehmer zu achten und ein Fortfahren abzuwägen. Es geht nicht um das Zermürben durch Übermüdung, dies ist aus ethischen und auch praktischen Gründen abzulehnen. Eine auf die Schwäche eines Einzelnen oder mehrerer aufgebaute Lösung hat selten mittel- oder längerfristigen Bestand. Der Klärungshelfer hinterfragt in jeder Phase solche «Lösungen» kritisch – auch gegen den Unwillen aller Betroffenen: «Endlich haben wir eine Lösung – und jetzt kommt der daher und macht alles madig mit seinen Fragen.»

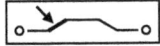 *EXKURS: Optimaler Zeitpunkt für die Nachtpause*

7.4 Zurück zum Fall: Pausen- und Zeitplanung muss auch sein

Zwischenfrage: **Wie schätzen Sie den weiteren Zeitbedarf ein?**

— Ich denke, ein halber Tag morgen ist knapp für die Intensität der Situation. Deswegen deute ich an, dass wir wahrscheinlich den ganzen Tag brauchen werden. Wenn wir überraschenderweise schneller fertig sind, dann hören wir selbstverständlich früher auf.

— Ich denke, morgen brauchen wir lediglich einen halben Tag, auch wenn viele Themen auf dem Flipchart stehen, sie müssten an einem Vormittag zu meistern sein.

Planung des weiteren Zeitbedarfs

Was sich beschleunigend auf einen Klärungsprozess auswirkt, ist die Fähigkeit der Betroffenen, ihr eigenes Verhalten zu reflektieren. Alle drei Chefärzte haben in der Form, wie sie über sich selber gesprochen haben, gezeigt, dass sie einen relativ guten Zugang zu sich haben und sich auch gut mitteilen können. Dieser Umstand spräche für ein Ende schon gegen Mittag. Die Dauer und Intensität der Spannungen und Verletzungen – Herzle leidet schon über lange Zeit – und die Fülle der Sachthemen aber sprechen dafür, dass der Vormittag viel zu knapp ist. Außerdem ist es grundsätzlich besser, mehr Zeit zu veranschlagen und früher fertig zu werden, als andersherum (was bei der Honorarverhandlung nicht zum Nachteil des Kunden ausfallen soll: nicht benutzte Zeit kostet nichts).

> KH: Dann schauen wir mal. Wie geht es Ihnen jetzt? Wie ist Ihre Stimmung, Ihr Energielevel? Es ist jetzt 20 nach 6. Können Sie noch? Mir wäre es recht, wenn wir heute noch anfangen könnten mit einem Thema.

Alle drei fühlen sich noch fit und wach. Luftmeier bringt den Vorschlag, es auf eine Stunde zu begrenzen.

Bei Müdigkeit Abschlussrunde, denn: Störung hat Vorrang
Wenn die drei aus guten Gründen (Müdigkeit, Krankheit ...) abgelehnt hätten, käme jetzt nur noch eine kurze Abschlussrunde mit der Frage nach der aktuellen Befindlichkeit und ein kurzer Ausblick auf morgen, der die zu erwartenden schwierigen Gefühle andeutet. («Schlafen Sie gut und ausgiebig, denn morgen brauchen Sie alle Kraft für die Auseinandersetzungen zwischen Ihnen.»)

KH: Achten Sie bitte darauf, dass Sie nicht über Ihre Kräfte hinausgehen. Sagen Sie es sofort, wenn Sie innerlich abschalten oder überanstrengt sind. Eine Stunde klingt gut.

8 Dialogphase

8.1 ZIEL: Zueinander finden durch Auseinandersetzung

Im Dialog geht es darum, die in der Selbstklärung gehörten, sich teilweise widersprechenden Sichtweisen miteinander in Kontakt zu bringen. Der Klärungshelfer steuert die Auseinandersetzung zwischen den Parteien mit zwei grundsätzlichen Methoden: Dialogisieren und Doppeln. Daraus entsteht ein Gesprächsfaden vom Sachlich-Inhaltlichen bis zum Gefühlsmäßigen.

Dialogisieren
Wenn eine Partei etwas Entscheidendes (Vorwurf, Behauptung, Unterstellung, Angriff, Selbstaussage) mitteilt, initiiert der Klärungshelfer mit der simplen Frage «Wie reagieren Sie darauf?» einen direkten Austausch zwischen den Parteien über diesen konkreten Knackpunkt im Konflikt. Das macht er auf beiden Seiten immer wieder, um die Brücke des direkten Kontaktes allmählich wieder auf- und auszubauen.

Er ruht nicht eher, als bis tatsächlich eine Reaktion oder eine Antwort die Handlungen und das Erleben befriedigend erklärt. Damit sorgt er für einen nicht ausweichenden oder abbrechenden Dialog über schwierige Inhalte. Was sonst unweigerlich zur Eskalation führen würde, wird so verlangsamt und zusätzlich durch Doppeln gesteuert, vertieft und damit für Klarheit und Verständnis genutzt.

Doppeln
Der Klärungshelfer hebt die zwischen den Zeilen gehörten Botschaften «auf die Zeilen», indem er sie für eine Konfliktpartei ausspricht (siehe «Klärungshilfe 2», S. 291 ff.).

Wie doppeln?
Das geht nach der festen Formel: «Darf ich mal neben Sie kommen, für Sie etwas sagen, und Sie sagen dann, ob es so stimmt?» Nach der Erteilung der Erlaubnis erhebt sich der Klärungshelfer von seinem Platz, begibt sich zur Person hin und geht dort neben ihr in die Hocke, mit Blickrichtung zur Gegenpartei. Dann spricht er in direkter Rede, als wäre er die Person, für die er spricht. Anschließend fragt er diese, ob es für sie genau so stimmt. Wenn sie nicht sofort und spontan bejaht, sagt er von sich aus: «Nein, stimmt nicht. Sagen Sie bitte selber, wie es stimmt.» Nach dem Doppeln geht er wieder auf seinen Platz zurück und fragt erst von da aus die Gegenpartei, wie sie darauf reagiert oder ob sie das glauben kann (siehe «Dialogisieren» oben). Was dann gesagt wird, kann er wiederum doppeln. Diesmal natürlich für die Gegenpartei (siehe «Allparteilichkeit», S. 194).

Was doppeln?
Was der Klärungshelfer dabei sagt, ist sorgfältig aufgebaut und orientiert sich – wie grundsätzlich auch der Dialog – an den folgenden vier Ebenen. Beim Doppeln bewegt er sich allmählich von der ersten Ebene zur vierten vorwärts.

Ebene 1 – Beobachtbares
Er beginnt mit den vergangenen Vorfällen, Situationen, Fakten, Inhalten, Verhaltensweisen, unerhörten Taten …, an denen sich der Konflikt ursprünglich entzündet hat oder zuerst sichtbar wurde.

Von dort bewegt er sich an folgender inneren Frage orientiert auf die

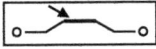 *ZIEL: Zueinander finden durch Auseinandersetzung*

Ebene 2 – Beziehungsebene

«Wie hat sich die Person dabei wohl vom anderen behandelt gefühlt?» Die durch Einfühlung gewonnene Vermutung spricht er wieder doppelnd aus. Anschließend wird weiter dialogisiert. Wenn diese Empfindungen wechselseitig verstanden sind, geht er einen Schritt weiter, indem er fragt: «Wie reagieren Sie innerlich darauf, wenn Sie sich vom anderen so behandelt fühlen?»

Ebene 3 – Negative Gefühle

Eingeschnappt sein, Wut, Rachegefühl, Eifersucht, Neid, Hass, Gier, Kontrollsucht, Misstrauen ... Sie gelten als «böse» und asozial und sind weitgehend tabuisiert – man hat sie nicht gerne, spricht nicht darüber und zeigt sie nur akut in Konflikten. Der Klärungshelfer nennt sie beim Doppeln ohne Vorwurf, sanft und nüchtern beim Namen. Wenn auch das von den «Gefühlsinhabern» bestätigt wird, kommt der letzte Schritt der Vertiefung zur

Ebene 4 – Innere Not

Die darunterliegenden schwierigen Gefühle von Hilflosigkeit, Verletzung, Enttäuschung, Zukurzkommen, Trauer, Sich-ungerecht-behandelt-Fühlen ... werden im dritten Schritt durch Einfühlung vom Klärungshelfer gefunden. Er benennt sie beim Doppeln ruhig und bedächtig für die Person. Dies geschieht direkt und unspektakulär, sodass es für alle im Raum leicht wird, diese Gefühle als etwas Normales zu verstehen und zu akzeptieren. Diese sogenannten Wehgefühle oder Vorverletzungen bringen Menschen aus ihrer Vergangenheit unbemerkt in den Konflikt mit. Sie werden dort nur noch ausgelöst, obwohl sie subjektiv als von der Gegenpartei verursacht empfunden werden. Diese schwierigen Gefühle werden nicht weiter behandelt: Es werden keine Erklärungen dafür gesucht oder abgegeben und schon gar keine weiteren therapeutischen Maßnahmen unternommen. Sie wirken automatisch solidarisierend und ermöglichen so eine leichtere Lösungssuche für die ursprünglichen Probleme, an denen sich der Konflikt mit ihrer «Hilfe» entzündete.

8.2 Der Klärungshelfer leitet sachte über zum Konfliktdialog

Ich markiere gerne die Übergänge zwischen den einzelnen Phasen und versuche mich und die anderen auf das Kommende einzustimmen. Es geht sicherlich auch, nach der Diagnose gleich und ohne Überleitung, wie Christoph Thomann das immer macht, einfach mit der Klärung des ersten Themas zu beginnen.

KH: Also, jetzt kommt die nächste Phase. Sie haben bisher einzeln gesprochen. Dadurch sind Ihre unterschiedlichen Perspektiven deutlich geworden, es steht Aussage neben Aussage. Jetzt gilt es, darüber zu sprechen, wie es Ihnen mit dem Gehörten geht. Und zwar direkt, das heißt nicht mehr mich ansprechen, sondern den anderen. Und seien Sie da klar und deutlich. Ich möchte Sie ermuntern, die Sachen beim Namen zu nennen, zu sagen, was Sie gut finden, was nicht. Ich werde Sie dabei begleiten, werde zuhören und immer wieder mal unterbrechen, nachfragen.

Und ich entschließe mich spontan, auch das Doppeln noch einzuführen. Dies mache ich sonst nicht, um nicht im Voraus methodische Diskussionen vom Zaun zu brechen. Aber hier befürchte ich diese nicht. Ich bin beeindruckt, wie diese gestandenen Männer, gebeutelt von den Ereignissen, sich mir langsam vertrauensvoll zeigen, und möchte behutsam vorgehen.

Das Doppeln wird eingeführt
KH: Ich werde ab jetzt auch immer wieder mal für Sie sprechen. Dazu werde ich dann neben Sie kommen, in Ihrem Namen sprechen, und Sie achten dann genau darauf, ob das so stimmt; und wenn nicht, korrigieren Sie. Dieses Vorge-

hen hat drei Gründe: Erstens mache ich es für mich selber, dass ich genau spüre, ob ich Sie gut verstehe, ob ich überhaupt noch richtig dabei bin. Zweitens für den, für den ich spreche, damit der überprüfen kann: Ist das so, wie der das für mich sagt, oder meine ich es eigentlich anders? Wie klingt das eigentlich? Und drittens für den, an den es sich richtet, der hört es nochmal mit anderen Worten, aus einem anderen Mund. Dies als Erklärung, sodass Sie sich darauf einstellen können.

Doppeln am Anfang einführen?
Hier führt der Klärungshelfer das Doppeln ein. Durch das Vorstellen der Methode gleich am Anfang des Dialogs fällt es dem Klärungshelfer später möglicherweise etwas leichter, den ersten Schritt hin zum doch ungewöhnlichen Doppeln zu machen. Es ist dann vergleichsweise einfach, die für die Konfliktparteien fremde Form einzuführen mit der obligatorischen Frage: «Darf ich (jetzt, wie angekündigt) neben Sie kommen und für Sie etwas sagen, und Sie sagen dann, ob das so stimmt?» Wenn der Klärungshelfer ohne vorbereitende Erklärung mit diesem Satz ins Doppeln einsteigt, könnte dies unnötige Irritation bewirken. Die vom Dialog erhitzten Gemüter sind mitten im Geschehen unter Umständen weniger aufnahmebereit für Neues und Erklärungen, zum Beispiel warum der Klärungshelfer jetzt für andere sprechen möchte («Glaubt der, ich kann nicht für mich selber sprechen?»).

Allerdings ist die Gefahr gegeben, dass es bei der Einführung des Doppelns am Anfang des Dialogs zu einer theoretischen Methodendiskussion kommt. Diese gehört hier nicht hin, selbst nicht mit Fachkollegen. Sie wäre an dieser Stelle sowieso von dubiosen Quellen gespeist (Angst vor der Auseinandersetzung, Profilierung, Kampf auf neuem Schlachtfeld …).

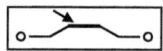

Zwischenfrage: **Mit welchem Thema wollen Sie anfangen? Warum?**

— Der Auslöser aller aktuellen Irritationen sind die Forderungen Herzles nach mehr Geld, Mitsprache und Namensänderung der Klinik. Diese Forderung steht auch immer noch bedrohlich im Raum und beeinflusst zentral die Atmosphäre. Um das Übel an der Wurzel zu packen, beginne ich, inhaltlich das Für und Wider dieser drei Forderungen abwägen zu lassen.

— Meine Wahl ist das KaliTec-Projekt. Dieses ist wichtig für die Zukunft der Klinik, hier droht Herzle mit Ausstieg, Luftmeier und Bauch sind da massiv verletzlich. Erst wenn dort Ruhe und Einigkeit herrscht, werden die anderen Themen relevant.

— Alle drei haben während der Selbstklärung Stichworte mitgeschrieben, als die jeweils anderen gesprochen haben. Jetzt ist es Zeit, dass sie diese sagen können. Dazu frage ich sie, wer als Erster seine Gedanken mitteilen möchte. Daraus ergibt sich der erste Dialog.

— Ich nehme mir die Beziehungsthemen für den Anfang vor, da hier wahrscheinlich die größten Hindernisse und Blockaden für Lösungen liegen. Ich beginne mit Herzle und seinem Eindruck, seit Jahren keinen Platz mehr in der Klinik zu haben.

— Wenn ich nicht weiß, wo ich hinwill, dann brauche ich mich nicht zu wundern, wenn ich irgendwo rauskomme. Deswegen beginne ich damit, die drei im Dialog gemeinsam entwickeln zu lassen, wie sie es eigentlich gerne miteinander hätten. Daraus leite ich mit ihnen ab, wie der Weg dorthin aussehen könnte.

Dialog 1. Tag – erstes Thema

Erstes Thema

Die Klärungshilfe geht von dem grundsätzlichen Ansatz aus, dass massive Störungen auf der Beziehungsebene den sachlichen Austausch zumindest irritieren, wenn nicht sogar ganz und gar unmöglich machen.

Die Bestimmung der Themenreihenfolge geschieht in der Klärungshilfe ganz allgemein nach folgenden Kriterien (siehe «Klärungshilfe 2», Seite 142f.):

— Zwischenmenschliches zuerst
— Akutes vor Chronischem
— Hierarchisch Höheres vor Tieferem
— Einzel- und Zweierklärungen vor Gruppenklärungen
— Je größer die Beeinträchtigung, desto eher behandeln
— Sachliches / Organisatorisches zuletzt

Sowohl der akute Anlass der Klärung (der Brief Herzles mit seinen immer noch geltenden Maximalforderungen) als auch die grundsätzliche Spaltung des Dreierteams (in Gründer Herzle und später ausgesuchte Partner Bauch und Luftmeier) sprechen beide für die gleiche Dialogkonstellation – nämlich der eine (Herzle) gegen die zwei (Bauch und Luftmeier).

Bauch und Luftmeier haben beide den Brief von Herzle als Blitz aus heiterem Himmel erlebt. Der Eindruck Herzles, seit Jahren keinen Platz in der Klinik zu haben, ist so etwas wie eine Antwort auf das verständnislose Fragen seiner Partner. Deshalb als Thema: Herzles Ausgeschlossensein all die Jahre.

8.3 Und jetzt zum ersten heißen Eisen

KH: Ich schlage vor, Herr Herzle, mit Ihrem Erleben der gesamten Situation zu beginnen.

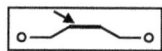

Starthilfe für den Dialog
In der Selbstklärung haben die Konfliktparteien bereits selber formuliert und von den anderen gehört, wie sie den Konflikt sehen und was er ausgelöst hat. Der Klärungshelfer benennt das erste Thema und erleichtert den Start des Dialogs, indem er die Situation zusammenfasst. Ein möglicher Weg: «Nachdem Sie von Ihrem Unfall zurückgekommen sind, war für Sie alles anders. Das hat dann dazu geführt, dass Sie diesen Brief geschrieben haben. Für Sie zwei kam er aus heiterem Himmel und bedroht Sie bis heute. Sie sehen darin ein Sich-die-Krone-aufsetzen-Wollen, eine egoistische, rücksichtslose Zerstörungswut, die nicht nur die Zusammenarbeit, sondern die Existenz der Klinik gefährdet. Was sagen Sie dazu, Herr Herzle?» Ein anderer Weg:

> *Weil alle bereits in der Selbstklärung so offen und reflektiert von ihrem Erleben gesprochen haben, will ich hier gleich aufs Ganze gehen – alle vier Ebenen bis zur Not (herausgedrängt – keinen Platz haben) benennen. Dies ist zwar eher ungewöhnlich und rächt sich oft. Ich habe aber das Gefühl, dass wir hier schon so weit gehen können.*

> KH: Herr Herzle, Sie haben vor ein paar Wochen einen Brief geschrieben, in dem Sie drei Forderungen erheben. Dieser Brief hat einen langen Vorlauf. Sie fühlen sich seit Ihrer Rückkehr so, als ob Sie keinen Platz mehr hätten. Sie fühlen sich klein gehalten, herausgedrängt. Das hat Sie panisch gemacht, und dadurch wurden Sie sehr massiv und verletzend in Ihrem Handeln. Stimmt das so?
> HERZLE: Ja, stimmt.
> KH: Sie (Bauch und Luftmeier) haben gehört, wie es Herrn Herzle geht. Wie reagieren Sie beide denn darauf, wenn Sie hören, wie er das empfunden hat? Dass er nach dem Unfall wiederkommt und kämpft? Glauben Sie ihm das?

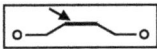   *Und jetzt zum ersten heißen Eisen*

LUFTMEIER (nickt langsam, beginnt zögernd zu sprechen): Schon. Wenn er es so sagt, klar ... (Verstummt wieder.)

BAUCH (bemüht sich sichtlich, auf die Frage eine Antwort zu geben): Klar, wenn er es sagt. (Spricht dann weiter, immer lauter und wütender werdend.) Er hat vorhin in der Runde gesagt, dass er so enttäuscht war, weil ich angeblich auf eigene Faust das KaliTec-Projekt vorantreiben wollte, ich hinter seinem Rücken meine Kontakte ausbauen, seine Schwäche ausnützen würde. Da stellen sich mir die Nackenhaare zu Berge. Ich bin an jenem Mittwoch, von dem er spricht, von Herrn Julius, das ist dort unser Ansprechpartner, angerufen worden, nicht ich habe ihn angerufen. Ich kann mir gar nicht erklären, wie er auf die Idee kommt, dass dieses kurze Gespräch irgendwas Entscheidendes zum Inhalt hatte. Was aber für mich so enttäuschend ist, ist die Tatsache, dass dieser Herzle offensichtlich gegen jede Absprache am Dienstag bereits mit Julius über den nächsten Projektschritt gesprochen hat, ohne ... (Er schreit fast ...)

HERZLE (unterbricht ihn jäh, ebenfalls in Rage und laut): Also jetzt reicht es aber. Ich habe nicht gegen unsere Absprache mit Julius über den nächsten Schritt gesprochen. Das ist eine reine Unterstellung. Wenn einer hier Absprachen einfach übergeht, dann ist das offensichtlich mein Kollege Bauch, denn wie kann er denn so tun, als ob er nicht wüsste, wie ich von dem Gespräch erfahren habe?

BAUCH (aggressiv, laut): Dann soll er es mir sagen.

HERZLE (ruhiger, aber mit Geringschätzung in der Stimme): Julius hat eine Mail geschrieben, in der er von den nächsten Projektschritten schreibt, und das nach Absprache der wesentlichen Punkte mit uns – und das kann ja nur mit ihm ...

BAUCH (unterbricht Herzle laut): Das gibt es doch nicht. Wann soll ich denn dieses Gespräch geführt haben?

HERZLE: An dem Tag, nachdem das mit der Kündigung wegen Otto war – er soll doch nicht so erstaunt ...

BAUCH (unterbricht ihn augenblicklich): Stopp! Herr Prior, ich habe das genau aufgeschrieben, ich kann nämlich exakt nachweisen, dass das, was er sagt, absoluter Blödsinn ist ... (Beginnt in seinen Unterlagen zu blättern.)

Na, die stehen ja unter Druck. Hätte ich in der Intensität doch nicht erwartet, ich erschrecke regelrecht. Mulmig ist mir dabei, dass Bauch (und auch Luftmeier, wie ich sehe) viele Unterlagen dabeihat, die er zitieren möchte – ich bin doch kein Anwalt, will vermitteln und nicht Beweise sichten. Muss ich mich jetzt darauf einlassen? Alles geht schnell und überrollt mich ...

***Zwischenfrage:** Wie schätzen Sie diesen Dialogbeginn ein? Was ist geschehen? Was machen Sie?*
— Es geht doch nicht um Zahlen und Daten, sondern um Gefühle, daher Doppeln, um den Prozess zu verlangsamen und die Gefühle (Wut, Enttäuschung) direkt auszudrücken, statt sie implizit die Atmosphäre gestalten zu lassen.
— Ich unterbreche die «Gefühlsarbeit» und helfe, den zeitlichen Ablauf der Ereignisse zu ordnen.
— Laufen lassen, um einen Eindruck von der Art der Kommunikation zwischen den dreien zu erhalten.

Mit Beziehungsthema beginnen: Der Dynamik folgen und sie dann steuern

Der Einstieg in den Dialog mit den Themen zwischen Herzle und den beiden Kollegen war richtig, weil sie akut und zwischenmenschlich sind – siehe S. 156. Es zeigt sich aber, dass es offenbar noch nicht möglich ist, über die innere Not von Herzle (Ebene 4: «Ich fühle mich ausgeschlossen») und Bauch («Ich werde undankbar und ungerecht behandelt») zu sprechen. Die «Wahrheit der faktischen Abläufe» (Ebene 1: «Was ist wann geschehen?») und die damit verbundenen Fragen, wer ein

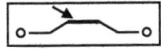

Recht hat, aufgebracht, enttäuscht oder verletzt zu reagieren, bestimmt die emotionale Realität der drei. Also muss der Klärungshelfer die «Gefühlsarbeit» auf Ebene 4 unterbrechen und drei Schritte zurückgehen und auf Ebene 1 («Beobachtbares») beginnen (siehe S. 151, 341). So folgt der Klärungshelfer der Dynamik zwischen den dreien, weil er weiß, dass die Ebenen aufeinander aufbauen. Es ist zwecklos, sich dagegen zu sträuben, dass auf einer unteren Ebene (zum Beispiel Ebene 1) noch etwas geklärt oder ausgedrückt werden muss. Erst dann steuert er wieder in Richtung Ebene 4.

Rekonstruktion der Chronologie geht vor Beziehungs- und Gefühlsarbeit

Bevor der Klärungshelfer durch Doppeln die aktuellen Gefühle explizit ausdrückt, ist es wichtig, dem Bedürfnis nach Rekonstruktion der Chronologie von Vorgängen und Tatsachen Vorrang zu geben: Ordnung bringen in das ganze Gewirr von Daten, Telefongesprächen, Mails und Besprechungen. Nicht selten kommen dabei Missverständnisse und unterschiedliche Interpretationen des Erlebten zutage, deren Klärung sich positiv auswirkt. Der Klärungshelfer hilft dadurch, dass er als Chronist das Geschehen strukturiert – wenn nötig für alle sichtbar am Flipchart.

> KH: Darf ich Sie mal unterbrechen. Es scheint da in dem, wie Sie die letzten Wochen erlebt haben, unterschiedliche Sichtweisen zu geben – kein Wunder, bei der Dichte und den Emotionen. Wir nehmen uns jetzt Zeit, den Ablauf gemeinsam zu rekonstruieren. Ich schreibe am Flipchart mit.
> HERZLE: Ja, bitte, denn ich habe keine Unterlagen dabei, ich schreibe mir das nicht so auf wie meine Kollegen.
> KH: Also, ich schlage vor, dass wir diese ganze Woche uns genauer anschauen, denn soweit ich bisher verstanden habe, liegen diese Ereignisse ganz nah beieinander. Also, welches

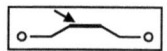

Datum war das, als Sie die Kündigung gegenüber Herrn Otto ausgesprochen haben?

Jetzt schreibt der Klärungshelfer die einzelnen Daten mit.

Zuerst erzählen die drei von dem Missverständnis, das zur spontanen Kündigung Ottos durch Herzle geführt hat. Dass es ein Missverständnis war, kam damals in dem Gespräch am Tag nach der Kündigung ans Licht.

Wie bereits erwähnt, hatte Herzle angenommen, dass Otto entweder auf Anweisung Bauchs oder aber eigenmächtig einen operativen Eingriff an einem seiner Patienten durchgeführt hatte. Darüber war er so erbost, dass er Otto die Kündigung sofort und ohne Rückfragen aussprach. In dieser Tat sah er den Gipfel von einer Unzahl von Respektlosigkeiten ihm gegenüber. Otto hatte aber nicht auf Anweisung Bauchs oder gar eigenmächtig operiert. Die Operation erfolgte vielmehr nach der Verschlechterung von Kontrollwerten ohne Rücksprache, was grundsätzlich auch so mit Herzle vereinbart war und medizinisch notwendig und richtig ist. Eine kurze Mitteilung Ottos an Herzle wäre sicherlich angebracht gewesen und hätte die ganzen unguten Folgen verhindern können. Es herrscht aber zwischen den beiden seit der Einstellung Ottos eine negative Grundstimmung, die sogar einer knappen sachlichen Kommunikation im Wege steht und in dem Vorfall einen Höhepunkt des Missverstehens fand.

Herzle entschuldigte sich damals bei den beiden, aber noch immer nicht bei Otto. Der Klärungshelfer verweist darauf, dass dies als Thema noch im Raum steht und später geklärt werden muss, wie die drei damit verfahren möchten, jetzt ist es nicht angebracht, darüber zu sprechen, da Lösungen und Konsequenzen erst nach einer vollständigen Beziehungsklärung zwischen den dreien besprochen werden können und sollen.

Danach geht der Klärungshelfer mit ihnen Schritt für Schritt die Woche durch, in der die Ereignisse sich schier über-

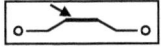 *Und jetzt zum ersten heißen Eisen*

schlugen. Luftmeier und Bauch haben erstaunlich viel schriftlich fixiert und sogar ausgedruckte E-Mails dabei – ein Ergebnis der Beratungen mit ihrem Anwalt, den sie in der Woche kontaktiert hatten, erklären sie, als der Klärungshelfer sie darauf anspricht. Herzle betont, dass er bis jetzt bewusst keinen Anwalt eingeschaltet habe – er setze auf dieses Gespräch heute. Die zum Dialogbeginn aufgekommene Aggression ist bei allen einer aktiven Beteiligung an der Aufarbeitung gewichen.

Dann kommt die Sprache auf die E-Mail, die Herzle einen Tag nach der Otto-Kündigung so sehr verletzt hat, weil er in ihr den Beweis sah, dass Bauch hinter seinem Rücken und gegen die Vereinbarung mit Dr. Julius (dem Verantwortlichen bei KaliTec) verhandelt hat. Auf diese Entdeckung hin hatte er, ohne seinen Grund zu nennen, den Brief mit den drei massiven Forderungen geschrieben. Es stellt sich jetzt aber heraus, dass diese Mail vom Montag und nicht vom Mittwoch war, als er sie las, und dass sie sich auf ein nicht entscheidendes Gespräch (Bauch – Julius) bezog, über das Herzle informiert war. Es handelte sich also nicht um ein weiteres, den Kontakt ausweitendes Gespräch, wie Herzle annahm.

HERZLE (deutlich irritiert): Augenblick bitte, ganz langsam. Diese Mail ist doch am Mittwoch geschrieben worden ...
BAUCH (erklärend): Nein. Nicht am Mittwoch, dem 15. Hier steht der 13. drauf, und der Inhalt bezieht sich auf das Gespräch am Freitag, das ich in Absprache mit euch (Herzle und Luftmeier) geführt habe.

Herzle untersucht sehr aufmerksam die Mail, die sowohl Bauch als auch Luftmeier mit vielen anderen Mails und Briefen dabeihaben. Auch der Klärungshelfer lässt sich alle Daten zeigen. Herzle reagiert irritiert.

162 *Dialogphase*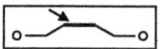

HERZLE: Tatsächlich. Das gibt es doch nicht. Wie kann das sein?

Herzle überprüft noch einmal die Mail. Auch Luftmeier bestätigt die Richtigkeit des Datums 13. statt 15. und den Bezug auf ein Gespräch vom Freitag der Woche davor. Herzle spricht langsam, sichtlich betroffen, weiter: «Dann habe ich die Situation ... falsch gedeutet. Ja, wie konnte denn ...»

Zwischenfrage: **Wie gehen Sie vor?**
— Da alles offensichtlich auf einem Missverständnis aufgebaut hat, bitte ich Herzle, sich an dieser Stelle zu entschuldigen, und die beiden anderen, ihm zu verzeihen. Dann beginne ich, die sachlichen Themen zu besprechen.
— Zweimal hat Herzle sehr heftig in kurzen Abständen reagiert – zweimal basieren seine Reaktionen auf Fehlinterpretationen des Geschehens. Dies kann verschiedenste Ursachen haben. Zufall? Möglich, aber ich gehe besser auf Nummer sicher und kläre die Hintergründe.

Ebenenwechsel: Hintergründe beleuchten

Nach den Prinzipien der Klärungshilfe geht der Klärungshelfer davon aus, dass Herzle gute Gründe haben muss, das Geschehen tendenziell als gegen ihn gerichtet zu deuten und entsprechend massiv zu handeln. Diese Gründe gilt es herauszuarbeiten, um gegenseitiges Verstehen zu ermöglichen und das Risiko einer Wiederholung zu verringern.

Dazu könnte der Klärungshelfer mit Herzle direkt und ohne jegliche Anklage im Gespräch die Situation ergründen («Wie erklären Sie sich, dass Sie zweimal so heftig reagiert haben?»). Dies geschieht selbstverständlich in Anwesenheit der beiden anderen.

Kürzer und für Herzle unterstützender geht der Weg über das Doppeln, indem der Klärungshelfer die Gefühle, die er als

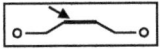

Ursache für Herzles Handeln vermutet, diesem anbietet und sie dann bestätigen oder verneinen und korrigieren lässt.

> KH (wendet sich an Herzle): Darf ich mal neben Sie kommen und für Sie sprechen, und Sie schauen dann, ob das so stimmt?
>
> HERZLE (wirkt sehr nachdenklich, irritiert, stimmt aber sofort und bereitwillig zu): Ja, bitte.
>
> KH / HERZLE (steht auf, geht neben den Stuhl Herzles und spricht aus der Hocke): Ich bin total geschockt und betroffen gerade. Offenbar hab ich da was falsch gedeutet. An dem Mittwoch damals, als ich die Mail gelesen habe, erschien es mir so sonnenklar, dass du, Basil, mit Dr. Julius hinter meinem Rücken gesprochen hast. Stimmt das so? (Schaut ihn fragend an.)
>
> HERZLE: Ja.
>
> KH / HERZLE: Und heute sehe ich, dass das eine falsche Interpretation war. Anscheinend bin ich in meinem gewachsenen Misstrauen euch gegenüber so gefangen, dass ich da zweimal in einer Woche die Situation völlig falsch verstanden und sehr heftig reagiert habe. Stimmt das?
>
> HERZLE: Ja, offenbar.
>
> KH / HERZLE: Ich habe anscheinend fast erwartet, dass wieder etwas geschieht, was sich gegen mich richtet, und habe die Situation dann gar nicht mehr real überprüfen können. Heute wünschte ich mir, ich hätte besonnener reagiert. Dann hätte ich das so nicht rausgeschickt und vermeiden können, euch so zu verletzen. Stimmt das so?
>
> HERZLE: Ja, genau. (Er wirkt dabei betroffen und nickt mehrmals, als hätte er für sich selber etwas verstanden.)

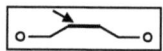

Dem Gedoppelten nichts «unterjubeln»
Herzle bestätigt das Vermutete sehr deutlich. Der Klärungshelfer muss grundsätzlich sorgfältig darauf achten, dass er keine Interpretationen an den Mann bringt, die sich nicht stimmig für den Gedoppelten anfühlen. Sobald nicht sofort ein überzeugendes «Ja» kommt, muss der Klärungshelfer sofort von sich aus sagen: «Nein, stimmt nicht ganz. Wie stimmt es denn? ...»

> KH (geht auf seinen Platz zurück und fragt die beiden anderen): Wie reagieren Sie darauf?
> BAUCH (reagiert kalt und ablehnend): Ja, aber das ist ja mal wieder typisch, dass er das nicht genau prüft. Ist typisch für ihn.

Die Atmosphäre zwischen den dreien ist augenblicklich wieder kälter, und Herzle reagiert getroffen, sein Gesicht verhärtet sich wieder.

Ja, was soll denn das? Die Atmosphäre hatte sich während der letzten Minuten angenehm verändert, es roch nach Tauwetter und Aufeinander-Zugehen; jetzt reagiert Bauch so scharf, ablehnend. Mir tut das richtig weh ...

Nicht aufhören, verstehen zu wollen: Die guten Gründe auch hinter Verhärtung suchen
Herzle zeigt sich: Seine Betroffenheit ist spürbar, und die möglichen Hintergründe nennt der Klärungshelfer beim Doppeln für ihn, sogar ein Bedauern bestätigt Herzle. Bauch hingegen reagiert ablehnend, verhärtet, nimmt das Angebot, mehr und mehr zu verstehen, nicht an. Dafür muss er gute Gründe haben – diese gilt es jetzt zu finden und ans Licht zu bringen.

> KH (spricht Bauch an): Darf ich mal neben Sie kommen, für Sie was sagen, und Sie schauen dann, ob das so stimmt?

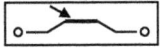

Und jetzt zum ersten heißen Eisen

BAUCH (antwortet kurz und knapp): Ja.

KH / BAUCH (geht neben Bauch in die Hocke): Also, ich bin jetzt nicht zufrieden. Du bist durch deinen Unfall immer wieder mal wenig in der Klinik, und mich nervt ...

Bauch atmet deutlich hörbar ein und kneift die Augen zusammen – es klingt nach Ablehnung ...

KH: Klingt so, als ob das so nicht stimmt?
BAUCH: Nein, stimmt nicht.
KH / BAUCH: Das mit dem Unzufrieden- und Genervtsein stimmt so nicht – sagen Sie mal, wie es ist. (Der Klärungshelfer bleibt, während er das Gesagte korrigiert, neben Bauch zur Unterstützung in der Hocke sitzen.)

8.4 EXKURS: Ablehnung beim Doppeln

Der Gedoppelte lehnt Inhalt ab
Beim leisesten Zweifel an der Richtigkeit des Gedoppelten nimmt der Klärungshelfer seine Aussage sofort und ausdrücklich zurück und lässt sich verbessern. Ein solches «Nein» kann mehrere Ursachen haben:
1. Es ist inhaltlich tatsächlich für den Gedoppelten nicht zutreffend.
2. Es trifft den Nagel auf den Kopf, aber der Betroffene wehrt sich emotional gegen die Aussage, weil er gegenwärtig diesen Aspekt nicht anerkennen kann oder will.
3. Es trifft zu, aber der Gedoppelte hat mit dem Klärungshelfer eine Beziehungsstörung, die er über die Ablehnung des Gesagten ausdrückt.

In jedem Fall nimmt der Klärungshelfer seine Aussage zurück: «Nein, stimmt nicht. Wie stimmt es dann?» Er diskutiert nicht, ver-

166 Dialogphase

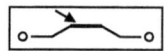

teidigt sich nicht, sondern bittet den Gedoppelten, die Aussage zu korrigieren.

Für mich ist es, trotz aller Übung, immer wieder unangenehm, mit meinem Gedoppelten falschzuliegen.

Doppeln ist aber auch an sich keine so leichte Aktion. Als Erstes verlasse ich nach der Frage um Erlaubnis meinen Stuhl, der für mich, wie für jeden anderen, Sicherheit bedeutet. Ich trete auf einen anderen zu, verringere die übliche Distanz und komme ihm am Schluss sogar sehr nahe. Dort gehe ich neben ihm in eine für diese Runde unübliche Haltung (Hocke) und spreche in einer unüblichen Form (nämlich für ihn, duze eventuell auf einmal die anderen). Vom ganzen Akt her betrachtet, verlasse ich meine Sicherheit und übertrete mehrfach Grenzen – es wäre wesentlich leichter, einfach sitzen zu bleiben.

Dann kommt hinzu, dass ich mich selber als Experte für Gefühle sehe und auch von den anderen so gesehen werden möchte, und jetzt tippe ich hier neben einem anderen kauernd einfach so daneben, der Gedoppelte sagt «Nein» ... unangenehm.

Auch «falsches» Doppeln hilft verstehen

«Falsches» Doppeln wird erfahrungsgemäß von den Konfliktparteien nicht negativ erlebt. Das Doppeln verlangsamt in jedem Fall den Gesprächsablauf (was alle als wohltuend erleben) und vertieft das Verstehen für jeden. Auch wenn der Klärungshelfer falschliegt, er wird ja vom Gedoppelten korrigiert, und damit kommt für alle mehr Verstehen ins Geschehen. Außerdem erwartet keine Konfliktpartei, dass der Klärungshelfer alles mit Röntgenblick durchschaut.

Wenn der Klärungshelfer den Eindruck hat, die Beziehung des Gedoppelten zu ihm ist irgendwie gestört, dann geht er zurück auf seinen Platz und spricht seinen Eindruck von dort sofort aus und klärt die Beziehung. Das hat vor allem anderen Vorrang.

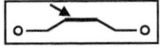

Darf ich doppeln? NEIN! Wie geht's dann weiter?

Wird die Anfrage des Klärungshelfers, doppeln zu dürfen, verbal oder nonverbal abgelehnt, wird das sofort zum Thema, im Sinn von: «Nanu, was ist denn jetzt los?» Sofort beginnt der Klärungshelfer mit der Erforschung der Gründe. Woran liegt es?

— Angst vor Nähe (psychische, verbale Übergriffe)
— Angst vor Missinterpretation und Unterstellungen
— Angst vor Manipulation
— Angriff auf Souveränität und Selbständigkeit: «Ich kann doch selber für mich reden.»
— Fühlt sich der Angefragte kritisiert? «Was habe ich denn bisher falsch gemacht?»
— Misstrauen, Ablehnung oder gar Angst vor dem Klärungshelfer: «Von Ihnen will ich nicht gedoppelt werden.»

Wie auch immer, es muss beharrlich herausgefunden werden – mit erster Priorität. Hat man den Grund herausgefunden, wird er real beantwortet, verstanden, diskutiert ...

Der Klärungshelfer muss dabei die Wichtigkeit und Wirkungsweise des Doppelns rational erklären und verteidigen können.

Auf keinen Fall verzichtet der Klärungshelfer auf dieses wichtige Arbeitsinstrument: Der Chirurg lässt sich ja auch nicht vom Patienten sagen, mit welchem Instrument er nicht operieren darf.

> BAUCH (korrigiert das Gedoppelte): Nein, das passt für mich, dass er immer wieder mal ausfällt. Dafür kann er ja absolut nichts. Das mit seinem Rücken ist einfach eine sehr blöde Angelegenheit. Was ich aber will, ist, dass er akzeptiert, dass er dann bei manchen Punkten nicht so auf dem Laufenden ist und fragen muss, wenn er was wissen möchte.
>
> *Ganz ähnlich wollte ich es doch auch sagen, kam aber einfach nicht dazu. Er hat mich wohl einfach missverstanden ...*

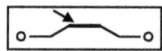

KH / BAUCH (nickt verstehend und spricht noch einmal für Bauch aus der Hocke Herzle direkt an): Mir ist es wichtig, dass du dir aktiv Informationen holst, nicht nur wartest, bis man dir was mitteilt, und herumphantasierst aus deiner Angst heraus. Das nervt mich dann. Stimmt das so?

BAUCH: Genau. Das nervt, diese Passivität.

KH (der Klärungshelfer geht auf seinen Platz und fragt Herzle): Wie reagieren Sie, Herr Herzle, darauf?

HERZLE (wirkt abwesend): Ja, ja klar ... Ich hänge innerlich daran, dass ich wahrscheinlich zweimal aufgrund falscher Deutungen sehr heftig reagiert habe.

Verlangsamen und ausdrücken, was ist

Herzle ist offensichtlich so sehr betroffen von seinen Handlungen, dass er auf den Vorwurf der Passivität nicht richtig eingehen kann.

Der Klärungshelfer versucht dann, das Gespräch noch mehr zu verlangsamen und alle Gefühle zu benennen, die gerade im Raum sind.

KH: Okay. Darf ich nochmal neben Sie kommen, Herr Herzle?

HERZLE: Selbstverständlich.

KH / HERZLE (neben Herzle, für ihn sprechend): Also, ich bin jetzt total baff, dass ich damals auf falsche Wahrnehmungen hin so reagiert habe, richtiggehend zugeschlagen habe. Ich bin so baff, dass ich jetzt wie benommen bin. Stimmt das so?

HERZLE: Ja genau.

KH / HERZLE: Ich bedaure es jetzt sehr, da ich es jetzt so klar sehe. Ich schäme mich richtig dafür. Stimmt das?

HERZLE: Ja, schämen trifft es.

KH / HERZLE: So sehr, dass ich im Moment gar nicht richtig auf deinen (Bauchs) Vorwurf der Passivität eingehen kann. Ich höre es, aber bin gerade wie benommen.

Dialog 1. Tag – erstes Thema 169

HERZLE: Ja, genau.

KH (geht auf seinen Platz und fragt Bauch): Wie reagieren Sie darauf?

BAUCH (nickt kurz, schaut dann aber weg): Ich höre es, aber er hätte es merken müssen, damals. War sehr typisch für ihn, dass er einfach handelt, statt genau hinzuschauen.

Bauch bleibt unberührt von den Gefühlen Herzles.

Das ist für meinen inneren « Viel-Harmoniker» bitter, der sich so sehr wünscht, dass Bauch gerührt und versöhnlich werden möge. Herzle zeigt sein Bedauern deutlich, aber Bauch ist und bleibt verhärtet. Ich weiß natürlich, dass ich hier Klärungshilfe und nicht « Verbrüderungshilfe» mache.

Dialogunterbrechung: Zusammenfassen und stehenlassen
Der Abend ist fortgeschritten, gleich ist die vereinbarte Stunde vorbei. Es scheint, dass es hier heute keine Bewegung mehr gibt. Um über Nacht die Situation gut nachwirken zu lassen, ist es sinnvoll, dass der Klärungshelfer eine kurze Zusammenfassung des ersten Teils des Dialogs macht und seinen Eindruck in Form eines kurzen Feedbacks mitteilt. Anschließend muss er nachfragen, ob die Betroffenen das vorerst so ruhenlassen können.

KH: Okay. Ich möchte Ihren Dialog für heute an dieser Stelle unterbrechen. Wir haben uns bisher angeschaut, was im Einzelnen vor ein paar Wochen alles vorgefallen ist, und haben dabei herausgefunden, dass Sie Ihren Brief, Herr Herzle, auf eine unzutreffende Interpretation einer Mail hin geschrieben haben – ähnlich, wie Sie auch bei der Kündigung Ottos damals von anderen Tatsachen ausgingen. Sie sind darüber gerade sehr betroffen. Sie, Herr Bauch, Sie erlebe ich noch eher verschlossen und unversöhnlich, Sie sagen, er hätte es besser wissen müssen. An dieser Stelle müssen wir morgen weitermachen und verstehen, was da noch für Themen, Gefühle im Untergrund warten. Können wir das für heute so stehenlassen? Ist das so in Ordnung für Sie beide?

Herzle und Bauch nicken nachdenklich. Luftmeier hat am Anfang des Dialogs zwischen Herzle und Bauch aufmerksam zugehört, dann aber mehr und mehr abwesend vor sich hingeschaut und wirkt jetzt wie in eine andere Welt versunken.

Was ist nur mit Luftmeier los? Ideal wäre es, wenn er wohlwollend bei den Gesprächen zwischen Herzle und Bauch zuhört, er aber ist abwesend, scheint innerlich mit etwas beschäftigt zu sein. Mir ist es wichtig, auf das von ihm Gesagte noch reagieren zu können, deswegen frage ich ihn jetzt direkt, achte aber sehr genau auf die Zeit, möchte also nicht mehr sehr tief einsteigen. Wenn nötig, verlege ich die Fortsetzung auf morgen früh.

KH: Herr Luftmeier, Sie wirken auf mich so, als wären Sie gar nicht mehr im Gespräch dabei. Sagen Sie, wie geht es Ihnen denn eigentlich? Was ist gerade mit Ihnen?
LUFTMEIER (schreckt aus seiner Versenkung hoch): Ja, äh ... ich merke gerade, dass das ja wirklich ein Beziehungsproblem von den beiden ist, und für mich ist das jetzt deutlich und klar zu sehen, so klar wie noch nie. Es geht um die beiden, und es geht gar nicht so sehr um mich. Und ich habe schon damals in dem Lokal versucht, beiden zuzuhören, und habe Fragen vorbereitet. Fragen in etwa wie: «Was ist los bei euch? Was ist geschehen, dass es immer wieder schwirig ist?» Solche Fragen und ähnliche. Und bin aber mit den Fragen überhaupt nicht durchgekommen. Und habe mich auch in eine ganz blöde Position gebracht... (Er verstummt.)

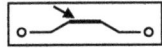

Dialog 1. Tag – zweites Thema 171

KH: Darf ich mal neben Sie kommen und für Sie etwas sagen, und Sie schauen, ob das so stimmt?

LUFTMEIER: Ja, bitte.

KH / LUFTMEIER (neben ihm in der Hocke): Also, ich lehne mich jetzt gerade ein bisschen innerlich zurück und höre euch streiten, und mir wird dabei klar, dass da einiges im Argen liegt, was ich schon geahnt habe, aber nicht richtig greifen konnte. (Klärungshelfer schaut Luftmeier fragend an.)

LUFTMEIER: Ja.

KH / LUFTMEIER: Ich habe versucht, damals vermittelnd einzugreifen. Habe Fragen gestellt, wie sie Prior jetzt stellt, ganz genau die gleichen. Ich habe keine anderen gestellt, aber meine Fragen wurden überhaupt nicht gehört. Ich merke jetzt gerade, ich bin da etwas sauer. Stimmt das?

LUFTMEIER: Nein, nicht sauer. Ich bin ein bisschen, ja, doch, vielleicht doch, doch sauer. Ich bin vielleicht doch sauer, weil ich das ähnlich gemacht habe, aber ich bin gar nicht durchgedrungen zu den beiden. Es ging überhaupt gar nicht. Ich habe gefragt, und die sind gar nicht darauf eingegangen!

KH / LUFTMEIER (doppelt weiter für Luftmeier): Also, ich hätte eigentlich damals auf den Tisch hauen und sagen sollen, macht doch euren Scheiß selber, das hätte ich eigentlich machen sollen. Stimmt das?

LUFTMEIER: Ja, genau.

KH / LUFTMEIER: Ich hätte einfach aufstehen sollen und sagen, ich kann da nichts machen, macht ihr das oder holt euch jemanden. Stattdessen habe ich ... (Der Klärungshelfer schaut Luftmeier auffordernd an.)

Doppeln: Satzanfänge anbieten

Durch diese indirekte Aufforderung, den begonnenen Satz zu vervollständigen, beginnt der Gedoppelte, in seinem Inneren zu suchen. Der Klärungshelfer muss nicht wissen, was kommt, und wirkt doch unterstützend und herausfordernd zugleich.

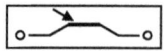

LUFTMEIER: ... Stattdessen habe ich versucht, dabeizubleiben, mich dünnzumachen, nicht sichtbar zu machen, und merke jetzt, wie mir die Luft fehlt!

KH (geht zurück auf seinen Platz): Aha. Sie haben versucht, sich dünnzumachen, nicht sichtbar – ist das jetzt auch Ihre innere Stimmung, mit der Sie jetzt, heute und hier, dasitzen?

LUFTMEIER: Ja, ich sitze jetzt da, und ich ... also, um mich geht es gar nicht. Es geht gar nicht um mich. Das sind deren alte Geschichten. Als dies anfing, da bin ich überhaupt noch nicht da gewesen.

KH: Verstehe. Reagieren Sie beide, Herr Herzle und Herr Bauch, mal auf das, was er gerade gesagt hat.

HERZLE (hat aufmerksam zugehört und reagiert verständnisvoll): Ja, mir wäre es lieber gewesen, du hättest auf den Tisch gehauen und nicht versucht, eine Vermittlerrolle einzunehmen. So habe ich dich überhaupt nicht einordnen können. Also, ja, das ist problematisch – ärgert mich richtig. Das merke ich jetzt. Das ist mir lieber, wenn du sagst, du bist verärgert, du fühlst dich unpassend und nimmst dich deswegen raus. Damit fühle ich mich wohler.

LUFTMEIER nickt.

KH: Und Sie, Herr Bauch?

BAUCH: Ich kann den Ludwig gut verstehen. Ist eine blöde Rolle für ihn gewesen mit uns beiden Streithähnen. Ich bin froh, dass er das jetzt so klar sagt.

KH: Gut. Können wir einen vorläufigen Punkt machen? Ich möchte den heutigen Tag an dieser Stelle abschließen. Machen wir eine kleine Runde. Wie geht es Ihnen jetzt gerade? Wie geht es Ihnen mit dem Gespräch? Wie mit mir als Begleiter?

Bei größeren Gruppen mache ich keine Abschlussrunde am ersten Abend. Hier aber ist die Situation so überschaubar

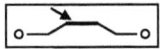

und nah, dass ich diese kurze Runde zum Abschluss für mich brauche.

HERZLE: Dann fange ich jetzt mal an. Ich bin betroffen, wie Sie schon gesagt haben, aber auch froh, dass wir so zusammensitzen. Nur so kommen wir an der Stelle weiter. Mit Ihnen bin ich sehr zufrieden – fühle mich verstanden.
BAUCH: Ja, es gibt noch viel zu klären. Bin aber sehr skeptisch, ob das gelingen wird. So weit mal.
KH: Wie geht es Ihnen mit meiner Begleitung?
BAUCH: Gut.

Die Beziehung zum Klärungshelfer muss stimmen!
Die Beziehung des Klärungshelfers zu den Teilnehmern ist grundlegend und hat stets vor allen anderen Klärungen Vorrang. Sie muss klar und möglichst spannungsfrei sein. Denn wenn es Unklarheiten oder unentdeckte Spannungen auf der Beziehungsebene zwischen Klärungshelfer und einer Konfliktpartei gibt, wirken diese sich irritierend auf das ganze Setting aus. Der Klärungshelfer beginnt sich damit auf unglückliche Weise in das System zu verstricken – er entwickelt unterschwellige Abneigungen und verliert letztlich seine Allparteilichkeit. Mehr und mehr gleitet ihm die Klärung langsam aus der Hand. Deswegen gilt ganz grundsätzlich: Wenn der Klärungshelfer auch nur den leisesten Zweifel am vollen Vertrauen einer Partei zu ihm hat, dann heißt es genau hinschauen, aktiv ansprechen und offen klären.

Das «Gut» von Bauch war mir etwas zu kurz, zumal ich ihm ja vorher ein kritisches Feedback gegeben habe. Ich weiß nicht, wie er es aufgenommen hat, was es in ihm bewirkt.

KH: Wie geht es Ihnen mit meinem Feedback vorhin, von wegen verschlossen und unversöhnlich? Darf ich so mit Ihnen reden?

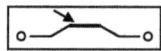

BAUCH: Klar, trifft ja zu. Nein, mit Ihnen geht es mir wirklich gut.
KH: Okay. (Schaut dann Luftmeier auffordernd an.)
LUFTMEIER: Mir geht's besser als vorhin beim Zuhören. Bin froh, dass ich das mal so sagen konnte. Es ist noch viel zu reden, aber ich bin zuversichtlicher als heute Morgen. Mit Ihnen geht es mir gut.
KH: Ich bin k. o. und zugleich zufrieden mit dem Verlauf des ganzen Tages. Die Art, wie Sie einander zuhören, sich zeigen, finde ich richtig für Ihre angespannte Situation. Wir müssen jetzt noch klären, wann wir morgen anfangen und wie lange wir arbeiten wollen. Ich schlage vor: Können wir um 9 Uhr anfangen oder ist das zu früh für einen Samstag?

Die drei diskutieren kurz auf wertschätzende Weise und einigen sich auf 9 Uhr. Dann sagt der Klärungshelfer, dass er das Ende auf frühestens 16 Uhr festlegen möchte, da es unwahrscheinlich ist, dass die Themen vorher gut geklärt sind. Die drei stimmen ihm zu und stellen sich darauf ein, so lange zu arbeiten, wie es nötig ist, notfalls sogar bis in die Nacht hinein. Das möchte der Klärungshelfer nicht, sondern schlägt vor, spätestens um 18 Uhr zu schließen.

Magie des vorbestimmten Endpunkts
Das Gefühl, ohne zeitliche Beschränkung in die Tiefe gehen zu können, ist gut für den Dialog. Das Ende der Klärungsveranstaltung sollte allerdings nicht zu flexibel gehandhabt werden. Ein fixierter Endpunkt entfaltet nämlich eine rückwärts gerichtete heilsame Wirkung: Alle richten sich automatisch an ihm aus.

— Was noch gesagt werden muss, wird nicht mehr verschoben, weil sonst die Chance vorbei ist, neutralen Schutz und Unterstützung zu haben. Man ist im Alltag ja wieder miteinander konfrontiert, aber ohne den Komfort wie hier.

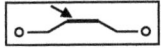

— Wenn man ein garantiertes Ende der Auseinandersetzung sieht, kann man sich vorher nochmal intensiver einlassen.
— Außerdem wird die für das Ende eingeteilte Kraft wirksam und ermöglicht einen letzten kreativen Schub gegen Schluss, der auch noch gebraucht wird.

Der Klärungshelfer beschließt damit den ersten Tag und wünscht allen eine erholsame Nacht.
Alle drei gehen nachdenklich und still aus dem Raum. Der Klärungshelfer räumt noch etwas auf und geht dann ins Hotel zurück, in das er bereits am Vormittag eingecheckt hat.

Ich bin körperlich müde, und gleichzeitig ist mein Geist während des Abendessens noch sehr mit den dreien beschäftigt. Bilder, Sätze und Stimmungen des Tages tauchen wild durcheinander auf.

Mit Herzle hat sich ein sehr schöner Kontakt ergeben. Und gerade in Bezug auf ihn hatte ich heute Vormittag noch die Sorge, wie es wohl nach dem Vorgespräch wird, und dann diese Aussage, ich wäre ihm zu jung...

Mit Bauch muss ich achtsam umgehen. Immer wieder löst sein Verhalten bei mir Ablehnung aus, er wirkt auf mich verschlossen und aggressiv. Und immer wieder ist es meine Aufgabe, mich ihm gegenüber zu öffnen, auf ihn zuzugehen und ihn zu verstehen.

Mit Luftmeier ist es leicht für mich. Er ist klar reflektiert, relativ emotionslos – ist ja auch nicht so ins Geschehen verstrickt wie die beiden anderen –, und er ist mir zugewandt.

Inhaltlich war es für mich selber spannend, von Herzle zu erfahren, was Luftmeier und Bauch sich nicht erklären konnten. Was er schildert, kann ich mir gut vorstellen. In «seiner Welt» hat er über lange Zeit sehr gelitten, bis er es einfach nicht mehr ertragen konnte. Und dass die beiden an-

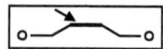

deren davon nichts gemerkt haben, kann man sich zwar kaum vorstellen, ist aber gar nicht so selten.

Bauch und Luftmeier sind von seinen beiden Schlägen jetzt so getroffen, dass ein weiterer gemeinsamer Weg sehr davon abhängen wird, ob es gelingt, ein gegenseitiges Verstehen für die Handlungsweisen beider Parteien und die dadurch verursachten Folgen zu erreichen. Wie sehr wird Herzle in der Lage sein, die seelischen Auswirkungen seines Handelns bei seinen beiden Partnern zu sehen und glaubhaft zu bedauern? Wie sehr können Bauch und Luftmeier die innere Situation Herzles in den letzten Jahren und ihren Anteil daran nachvollziehen und ihm die nötige Zuwendung und Sicherheit für die Zukunft geben?

8.5 Zweiter Tag: Fortsetzung der Dialogphase

Ich habe gut geschlafen. Fahre nach einem ausgiebigen Frühstück rechtzeitig zur Klinik, sodass ich bereits zwanzig Minuten vorher da bin, um der Erste zu sein und den Raum herzurichten, aber eine Mitarbeiterin hat bereits alles in Ordnung gebracht. In der Nacht habe ich von der Situation geträumt, kann mich aber nur noch daran erinnern, dass alles ganz zäh und schwierig war. Trotzdem bin ich zuversichtlich und guter Laune.

Die drei kommen sehr pünktlich im Seminarraum an. Herzle und Luftmeier wirken wach und offen. Bauch hingegen abwesend, angespannt.

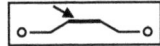

***Zwischenfrage:* Wie leiten Sie den zweiten Tag ein?**
— Ich will schnell zu den relevanten Themen, deswegen fasse ich nochmal kurz zusammen, wie sich das Bild für mich gestern dargestellt hat. Dann fordere ich Bauch auf, direkt dazu Stellung zu nehmen.
— Mir ist es wichtig, zu hören, was sich bei den dreien über Nacht getan hat. Ich mache daher eine Anfangsrunde mit der Frage, wie es jedem geht nach dem gestrigen Abend und der Nacht. Daraus lasse ich dann die weiteren Dialoge entstehen.
— Jeder soll ganz bei sich sein, wenn wir in den Dialog wieder einsteigen. Um dies zu erreichen, fordere ich die drei auf, sich ein Blatt zu nehmen und in Stille darüber zu reflektieren, wie es ihm aktuell geht, wie er die gesamte Situation erlebt, was aus seiner Sicht eventuell sein Anteil ist und was er mit den anderen als Nächstes klären möchte. Nach zirka zehn Minuten lasse ich dann jeden sein Ergebnis vorstellen. Aus dem Gehörten entstehen dann die Dialoge.

Metakommunikative Anfangsrunde für den Neueinstieg
Für den Einstieg in einen neuen Tag ist es wichtig, die Gedanken und Gefühle der Nacht einzubeziehen. Jeder soll ausdrücken, was sich seit gestern getan hat, wo jeder aktuell steht und wie er auf die bisherige Klärung zurückschaut (Metakommunikation, also ein Gespräch über das Miteinander). Dabei sind besonders die Irritationen, Befremdlichkeiten und Reklamationen wichtig. Diese gilt es gezielt «einzuladen» (offen auffordern, sie zu benennen) und die Konsequenzen daraus gemeinsam zu besprechen.

Das kann nach den vier Faktoren der Gruppenzusammenarbeit (Themenzentrierte Interaktion nach Ruth Cohn) geschehen: Ich – Wir – Es – Rest (Globe).
1. Ich: alles, was jeden Einzelnen individuell betrifft (Stim-

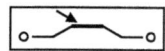

mung, Gedanken, Gefühle, Hindernisse, Privates – was er mitteilen möchte).
2. Wir: alles, was die Gruppe, das Miteinander, die Gruppendynamik, das Klärungsklima und die Beziehung zum Klärungshelfer betrifft.
3. Es: alles, was das gemeinsame Ziel, also die Klärung, das Vorgehen und die Inhalte der Sitzungen betrifft.
4. Rest (Globe): alles, was das Drum und Dran der Klärung betrifft, wie Raum, Essen, Termine, Ereignisse im unmittelbaren oder weiteren Umfeld, die die Klärung irgendwie beeinflussen (Katastrophennachrichten, Firmenpolitisches, Unfall von Kollegen).

Eine ausführliche Variante mit Einzelarbeit und schriftlicher Reflexion bietet sich dann an, wenn zwischen den beiden Einheiten mehr als eine Nacht lag – zum Beispiel dann, wenn die letzte Klärung eine Woche oder noch länger zurückliegt.

> KH: Guten Morgen. Fangen wir an: Wie geht es Ihnen heute nach der Nacht – wie fit sind Sie? Was hat sich noch getan in Ihnen? Wie geht es Ihnen mit mir, meiner Begleitung von gestern? Was gibt es zum Klima gestern zu sagen? Sind Sie inhaltlich zufrieden: Sind wir auf dem richtigen Weg, stimmen Richtung und Tempo? Gibt es sonst noch irgendetwas, was uns positiv oder negativ beeinflusst? Was brauchen Sie, um wieder in den Dialog einsteigen zu können? Die Fragen stehen zur Unterstützung hier auf dem Flipchartblatt. (Schaut daraufhin den links von ihm sitzenden Bauch auffordernd an.)
> BAUCH (nickt und beginnt dann mit energischem Ton): Ich habe gut geschlafen – gestern passt für mich. Ich habe auch gleich einen Punkt, den ich nochmal ansprechen muss, denn das stimmt so nicht, wie du es darstellst. (Wendet sich Herzle zu und spricht ihn direkt an.) Du ziehst dich da aus der Verantwortung, wenn …

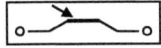

KH (unterbricht Bauch): Herr Bauch, ich unterbreche Sie hier
– wir werden Ihr Thema gleich im Anschluss an diese Runde
als Wiedereinstieg in den Dialog nehmen, aber jetzt möchte
ich erst von Ihnen allen dreien hören, wo Sie heute Morgen
stehen, wie es Ihnen mit gestern geht usw. Wie geht es Ihnen
denn mit der Form vom Gespräch? Und mit mir?
BAUCH (nickt und wendet sich wieder von Herzle ab): Wie
schon gestern gesagt, passt es mir auch mit Ihnen – es
kommt einiges auf den Tisch, was mal ausgesprochen werden muss. Damit bin ich zufrieden. Von mir aus können wir
anfangen.

Es kommt immer wieder zu kleinen Rangeleien mit Bauch. Ich habe aber grundsätzlich den Eindruck, dass er mich in meiner Rolle als Leiter akzeptiert und es lediglich seine innere, angespannte Situation ist, die ihn so über die von mir vorgegebenen Formen hinausschießen lässt. Wäre ich mir unsicher, was die Ursachen für seine Grenzüberschreitungen sind, würde ich meine Leitungsrolle thematisieren – ihn noch deutlicher fragen, ob und wie er damit zurechtkommt, und dann klären, was nötig ist, sodass wir gut weitermachen können.

KH: Gut, danke. Ihr Thema schauen wir uns gleich an. Wie
geht es Ihnen, Herr Herzle?
HERZLE (wirkt offen und zugewandt): Mir geht es sehr gut –
bin selber ganz erstaunt. Ich glaube, wir sind auf einem guten Weg so. Mit Ihnen fühle ich mich sehr aufgehoben, verstanden – tut gut. Ich warte mal ab, was heute noch alles so
kommt. Ja, das war es.
KH: Danke. Herr Luftmeier?
LUFTMEIER (ruhig und konzentriert): Ich bin wesentlich entspannter als gestern am Anfang, ahne aber, was noch alles
auf uns zukommt – und da wird mir dann ganz anders. So

wie es aber gestern lief, damit bin ich zufrieden. Am Anfang fand ich es sehr komisch, wenn Sie neben uns gesprochen haben, aber als Sie dann für mich gesprochen haben, das war gut. Das hilft uns.

KH: Okay. Wie ist das für Sie, Herr Herzle, Herr Bauch, wenn ich für Sie spreche?

HERZLE: Sehr gut für mich. Sie bringen es auf den Punkt.

BAUCH: Schon etwas ungewohnt – aber gut.

KH: Dann noch zu mir. Ich habe gut geschlafen – bin wach und fit. Unsere gestrige Runde ist mir beim Abendessen noch kräftig nachgegangen, ich habe sogar von Ihnen geträumt, kann mich aber nicht mehr an Details erinnern. Und jetzt bin ich neugierig darauf, wie es weitergeht. Dann gibt es nichts zu reklamieren? (Alle drei verneinen.) Herr Bauch, Sie haben einen Punkt von gestern, den Sie aufgreifen wollen?

BAUCH (spricht Herzle an): Ja. Gestern hast du in deinem Bild davon gesprochen, dass du nach deinem Unfall in der Klinik alles anders vorgefunden hast. Hast dich nicht mehr zurechtgefunden. Ja, und da frage ich, was hättest du dir denn vorgestellt? Dass wir alles so weiterlaufen lassen und damit die Klinik an den Baum fahren? Wir mussten uns an den Gesundheitsmarkt anpassen. (Bauch wird immer aggressiver dabei.)

HERZLE (reagiert ebenfalls aufgebracht): Jetzt komm mir nicht mit dem Gesundheitsmarkt und seinen großartigen Veränderungen. Was meinst du denn, wie ich all die Jahre vorher zurechtgekommen bin? Du stellst meine Arbeit hin, als wäre sie ...

BAUCH (fällt ihm ins Wort): Quatsch – deine Arbeit ...

KH: Lassen Sie ihn bitte ausreden. (Bauch nickt kurz, hält an sich.)

HERZLE: Er stellt schon immer meine Arbeit ... (Er spricht zum Klärungshelfer.)

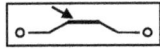

KH (weist auf Bauch und sagt): Bitte direkt zu ihm.

HERZLE: Du stellst das, was ich 16 Jahre vorher aufgebaut habe, hin, als wäre es nichts im Vergleich zu dem, was du eingebracht hast. Dir fehlt da jeglicher Sinn für die Realität.

BAUCH (lässt ihn betont geduldig ausreden): Fertig? Gutes Stichwort: Realität. Wenn hier einer keinen Sinn für die Realität hat, dann bist es wohl offensichtlich du. Du kommst wieder und stellst dich gegen alles, was ich auf den Stand der Technik gebracht habe. Und statt dich darüber zu freuen, dass wir auf der Höhe der Zeit sind, weist du bei jeder Gelegenheit darauf hin, wie es früher war.

KH: Herr Bauch, wie ging es Ihnen denn damals damit?

BAUCH: Wann?

KH: Als Herr Herzle von seinem Klinikaufenthalt zurückkam und alles mit früher verglich?

BAUCH: Ja, nicht gut, natürlich. Er sitzt in seinem Büro rum – konnte ja noch nicht so viel arbeiten und weiß alles besser –, und ich renn und mach und krieg noch was zwischen die Beine.

HERZLE: Das trifft mich. Von wegen, «sitzt in seinem Büro rum und gebe ihm was zwischen die Beine». Ich habe mich voll eingebracht, so wie es halt mit meiner Gesundheit ging, aber die beiden haben mich ja nicht mehr gelassen. Und «Stand der Technik» – ich kann's schon gar nicht mehr hören. Als wenn Technik alles in der Medizin wäre – auch nicht in unserem Fachgebiet. Aber einen echten guten Kontakt zu den Patienten, dass diese sich wohl fühlen bei uns, das hat keinen Wert bei dir. Ich hab oft genug gehört, wie es Patienten mit deinem Ton geht.

BAUCH (laut): Da krieg ich die Krätze. Als wenn das, was du am Krankenbett lieferst, irgendwas mit echtem Kontakt zu tun hätte ...

HERZLE (scharf zurück): Was willst du damit sagen?

BAUCH: Du bist so fassadenhaft, so wenig ehrlich, dass immer

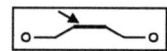

ein Gefühl von Nicht-wirklich-Wissen, woran man ist, übrig bleibt.

HERZLE: Moment mal, deine Art, und nicht nur mit den Patienten, sondern auch mit den Mitarbeitern und mit mir, ist so was von unpassend, dass du dich besser nicht so weit vorwagen solltest.

BAUCH: Besser mal richtig auf den Putz hauen als immer so farblos und falsch nichts sagen und alles, was einen stört, runterschlucken, wie du es machst!

Mir ist schwindlig, in meinem Kopf drehen sich die Themen. Das Pingponggespräch dreht sich auch noch im Kreis und eskaliert mit zunehmender Geschwindigkeit. Die Stimmung wird immer härter, ich kann mir lebhaft vorstellen, wie die «Aussprachen» bisher verliefen. Ein Vorwurf jagt den anderen, und es findet keine wirkliche Verständigung statt. Viele Themen klingen an (Anforderungen des Gesundheitsmarktes, Umgangston untereinander, mit Mitarbeitern, mit Patienten, Herzles Krankheit und ihre Folgen, fassadenhaftes Verhalten), verschwinden aber genauso schnell, wie sie auftauchen, wieder im Hintergrund durch neue Vorwürfe, ohne dass ich sie packen, geschweige denn befriedigend klären könnte. Die Worte perlen am anderen ab wie Wasser an einer imprägnierten Oberfläche, nichts dringt tiefer ein, nichts wird genauer betrachtet, jeder weist das Gehörte empört von sich. Na, das fängt ja heute Morgen gut an...

Zwischenfrage: Was machen Sie?

— So geht es nicht weiter! Ich muss mit entschiedener Stimme unterbrechen und dem eskalierenden Treiben Einhalt gebieten. Sogar eine moralische Standpauke kann hier am Platze sein und notwendige Einsichten fördern: «Meine Herren, so geht es nicht! Bitte kommen Sie zur Besinnung und kehren Sie zu gesitteten Formen des Umgangs zurück.»

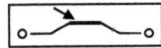

- Ich beobachte noch weiter, wie sich die beiden im Kreise drehen, weil es irgendwann wie von selber beginnt, tiefer zu gehen.
- Hier hilft nur ein Feedback. Deswegen teile ich den beiden mit, was ich beobachte. Dass sie sehr verschlossen wirken, sie sich nicht wirklich aufeinander einlassen können. «Sie sind beide total verriegelt und verrammelt – Sie hören sich kaum noch zu, reagieren sofort mit Keulenschlag zurück ...»
- Um an die tieferen Gefühle zu kommen, wende ich jetzt hier das zirkuläre Fragen an, um über Luftmeier und seine Vermutungen weiterzukommen.
- Ich möchte den Dialog verlangsamen und die tieferen Strukturen sichtbar und behandelbar machen. Dazu wähle ich das Doppeln, um die Gefühle im Untergrund mit ins Gespräch zu bringen.

8.6 EXKURS: Interventionsmöglichkeiten: Nicht alle Wege führen nach Rom

Moralische Standpauke
Eine solche Reaktion wäre zwar menschlich, auch der Klärungshelfer hat einen Geduldsfaden, der reißen kann. Aber dies bringt in einer Konfliktklärung nicht den gewünschten Erfolg, da ein solches Verhalten lediglich durch Schlucken der Gefühle umgesetzt werden kann, was das genaue Gegenteil von «Wahrheit heilt» und «Ausdrücken statt Unterdrücken» ist. Wenn es dem Klärungshelfer trotzdem unterläuft und er moralisch appelliert, erklärt er kurz, warum diese Aufforderung hier nicht sinnvoll ist und trotzdem aus ihm herausgebrochen ist – er steht zu sich und drückt seine Verzweiflung und Hilflosigkeit dahinter aus. Anschließend kehrt er zurück zum Weg der Klärung.

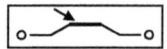

Sich weiterdrehen lassen

Wenn man lange genug wartet und beiden keine Chance zum Ausweichen gibt (sie sozusagen alleine in einen Raum sperrt), werden sie eventuell irgendwann von selber die darunter liegenden Gefühle auf den Tisch bringen. Wenn sie die Phase der Aggression überleben, wird vielleicht auch ihre Verletzlichkeit sichtbar, die dann heilsam und verbindend wirken könnte. Es ist aber die Aufgabe des Klärungshelfers, diesen Prozess möglichst wenig verletzend und zügig zu gestalten.

Feedback durch den Klärungshelfer

Das Mitteilen der Beobachtung kann dazu führen, dass beide innehalten, ihr Verhalten reflektieren und dadurch zu den verdeckten, das Handeln bestimmenden Gefühlen vorstoßen. Für dieses konfrontative Feedback ist es wichtig, dass sich die Parteien vom Klärungshelfer grundsätzlich in ausreichendem Maße anerkannt und gesehen fühlen. In der aktuellen Gesprächssituation scheint die Beziehung zum Klärungshelfer ausreichend stabil für ein Feedback zu sein. Aber in einer solch verfahrenen und emotional aufgeladenen Situation ist anzunehmen, dass es beiden alleine durch den Hinweis, sie seien verschlossen, nicht möglich ist, selber Zugang zu tieferen Ebenen zu finden. Es ist die Aufgabe des Klärungshelfers, bei diesem Tauchgang leitend zur Seite zu stehen – Feedback allein reicht hier nicht.

Das zirkuläre Fragen

Zum Beispiel die Frage «Was glauben Sie, Herr Luftmeier, dass Herr Herzle über Herrn Bauch gerade wirklich denkt und fühlt?» könnte hier hilfreich sein, gerade wenn Luftmeier mit einer guten Mischung aus Empathie und Direktheit bereit ist, seine Gedanken mitzuteilen.

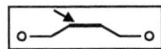

Doppeln und der Weg der Klärungshilfe

Wenn schwierige Gefühle (Ablehnung, Geringschätzung, Empörung, Aggression, Rache ...) das gegenwärtige Reden bestimmen, dann ist der «Weg der Klärung»: identifizieren – etikettieren – transformieren – akzeptieren. Die Emotionen
1. bewusst wahrnehmen (identifizieren),
2. sie benennen (etikettieren) und
3. sie anschließend vertiefen (transformieren), indem der Klärungshelfer ihre Hintergründe (Hilflosigkeit, Angst, zu kurz zu kommen, ausgeschlossen oder betrogen zu sein ...) einfühlend erahnt und vorsichtig anspricht.
4. Die dadurch gefundene «seelische Wunde» (siehe Ebene 4: Not, S. 153, 343) und die Angst davor, diese Zustände wieder erleben zu müssen, akzeptiert er liebevoll (akzeptieren).

Dadurch kann der Betroffene konstruktiv diese Gefühle und die damit verbundenen Reaktionen aushalten und mit Worten ausdrücken, statt sie mit Stimmung und Verhalten auszuagieren. Ein schneller Weg dorthin ist das Doppeln, bei dem der Klärungshelfer die von ihm vermuteten Gefühlsschichten respektvoll ins Gespräch einfließen lässt (siehe «Klärungshilfe 2», S. 177 ff.).

Ich werde doppeln, um zu vertiefen, weil ich Luftmeier an dieser Stelle raushalten möchte. Feedback alleine wäre mir zu wenig, und drehen lassen ist nicht produktiv.

KH (spricht Bauch an): Darf ich mal neben Sie kommen und für Sie wieder etwas sagen?
BAUCH: Klar.
KH / BAUCH: Wenn ich dich so reden höre, dann habe ich den Eindruck, du nimmst mich und was ich geleistet habe, nicht wirklich wahr. Stimmt das?
BAUCH: Ja, absolut.
KH / BAUCH: Du siehst nicht, was ich all die Jahre geleistet habe – für die Klinik und auch für dich. Stimmt das?

186 Dialogphase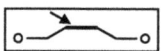

BAUCH: Ja.

KH/BAUCH: Da reagiere ich einfach sauer. (Schaut ihn fragend an.)

BAUCH: Klar.

KH/BAUCH: Ich bräuchte da von dir auch mehr Anerkennung für ...

Bauch (schüttelt den Kopf): Nee, das stimmt so nicht – Anerkennung brauch ich nicht.

KH: Sondern?

BAUCH: Na ja, Anerkennung ist nicht nötig, weil das ja auch selbstverständlich war, was ich gemacht habe. Ich bin eben so, da muss mir keiner was sagen – nur motzen soll er nicht.

Soll ich ihm das wirklich glauben?

Doppeln: Nicht gegen das «Zwiebelprinzip» verstoßen
Wenn der Betroffene das beim Doppeln Angebotene ablehnt, obwohl sehr wahrscheinlich ist, dass es in der Tiefe stimmt, dann nimmt der Klärungshelfer trotzdem seine Vermutung zurück und versucht stattdessen, die vom Gedoppelten in dem Moment empfundene Wahrheit zu treffen und auszudrücken.

Bauchs «Wahrheit» ist wahrscheinlich: «Ich fände Anerkennung eigentlich ganz gut, aber ich will mich nicht davon abhängig machen, deswegen verzichte ich lieber darauf.» Daher muss er das Direkt-zum-Bedürfnis-Stehen («Ich bräuchte von dir auch mehr Anerkennung ...») ablehnen («... Nee ... Anerkennung brauch ich nicht»), denn es geht ihm zu schnell in die Tiefe.

Ablehnung des Gedoppelten kann ein Hinweis auf einen Verstoß gegen das «Zwiebelprinzip» sein. Da man bei der Ablehnung nicht vorab entscheiden kann, ob das Vermutete «gar nicht» oder nur «noch nicht» zutrifft, kann der Klärungshelfer wie beim Schälen einer Zwiebel auch mit dem Benennen des Gefühls noch einmal außen anfangen. Dabei arbeitet sich der

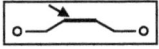

Klärungshelfer von der äußersten braunen Schale («Ich brauche Anerkennung nicht wirklich») in kleinen Schritten über mittlere Schalen («Ich habe Angst, von Anerkennung abhängig zu werden») zu den inneren lebendigeren Bereichen («Anerkennung brauche ich») vor. Nach jeder Zwiebelschale sichert sich der Klärungshelfer mit der Frage «Stimmt das so?» ab.

Kontrasuggestion
Wenn die Ablehnung vorher markant war, kann es hilfreich sein, sogar noch «zwiebelfremde Welkblätter außen anzukleben», indem der Doppelnde kontrasuggestiv beginnt: «Nein, ich brauche überhaupt keine Anerkennung. Im Gegenteil, sie widert mich an. Schon beim Gedanken daran wird's mir ganz anders.» Darauf wird der Gedoppelte wahrscheinlich antworten, dass es sich so nun auch wiederum nicht verhält. Nach dieser Einleitung ist das normale Zwiebelschälen aussichtsreicher.

> KH / BAUCH (doppelt weiter): Also Anerkennung brauche ich nicht so dringend, wirklich nicht.
> BAUCH: Ja, stimmt.
> KH / BAUCH: Schön wäre es schon, aber wenn ich die nicht kriege, auch nicht so schlimm.
> BAUCH: Genau.
> KH / BAUCH: Anerkennung meiner Leistung hätte zwar ihren Reiz, und sie würde mir wahrscheinlich auch guttun ...
> BAUCH: Ja, das natürlich schon ...
> KH / BAUCH: ... aber ist nicht unbedingt notwendig. Ich will das erst gar nicht einfordern. Ging bisher, und ich werde mich hüten, etwas zu vermissen – auch wenn es schade ist.
> BAUCH: Genau.
> KH (geht wieder an seinen Platz zurück): Wie reagieren Sie, Herr Herzle, darauf?
> HERZLE (wirkt nachdenklich): Äh, ja. Was er getan hat ... Ich

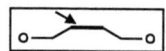

habe nie daran gezweifelt, dass du nicht das Beste für die Klinik willst und gibst, auch wenn du dich dabei oft im Ton vergreifst. Ich glaube, du weißt oft gar nicht, was du bei anderen mit deiner Art bewirkst, wenn du wie ein Berserker durch die Abteilung schreist.

Im Dialog immer wieder dialogisieren oder doppeln
Herzle antwortet nur sehr kurz auf das, was der Klärungshelfer für Bauch gedoppelt hat. Eine innere Reaktion Herzles klingt leise im ersten Satz an («Ich habe nie daran gezweifelt...») und zeigt sich etwas in seiner nachdenklichen Haltung. Dann geht er allerdings nahtlos in eine vorwurfsvolle Haltung über – ist lieber Opfer als Täter.

Bevor er jetzt aber mit seinem Vorwurf vom unpassenden Ton Bauchs das Gespräch in die alte Richtung lenkt, ist es empfehlenswert, vorher Herzles Anerkennung doppelnd zu verdeutlichen und zu überprüfen. Denn darin liegt eine weitere Chance, das gegenseitige Verstehen zu mehren. Zusätzlich wird das Gespräch verlangsamt und vertieft, was einem allmählichen Trockenlegen eines Sumpfes gleichkommt.

Eine andere Möglichkeit wäre, dass der Klärungshelfer Herzle unterbricht und nachfragt, wie er denn auf den Vorwurf der fehlenden Anerkennung Bauchs reagiert (Dialogisieren).

Herzle ist allerdings bereits wieder beim Zurückschlagen, dass seine Antwort wahrscheinlich nur wenig von innen kommt und deshalb kaum berührendes Potenzial hätte. Darum entscheidet sich der Klärungshelfer fürs Doppeln.

KH (an Herzle): Darf ich Sie mal unterbrechen und neben Sie kommen und schauen, ob ich Sie da richtig verstanden habe mit Ihrer kurzen Antwort?
HERZLE: Ja, gerne.
KH / HERZLE (wendet sich neben Herzle hockend an Bauch): Ich sehe sehr wohl deine Leistung für unsere Klinik, Basil.

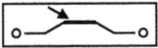

> Du hast in einer schwierigen Zeit das Schiff alleine gesteuert
> – und darüber bin ich sehr froh. Stimmt das so?
>
> HERZLE: Ja, absolut.
>
> KH / HERZLE: Ohne dich wäre mein Unfall eine Katastrophe für unsere Klinik gewesen und dafür, was du in dieser Zeit geleistet hast, bin ich dir sehr dankbar.
>
> HERZLE: Ja, sehr dankbar, denn ohne ihn wäre es wirklich nicht gegangen, und er hat da viel geleistet.

Da haben wir es. Diese Aussage klang unterschwellig an, ist damit ein Teilaspekt der Situation, und zwar ein verbindender, beruhigender, heilsamer. Er wäre aber im normalen Gesprächsverlauf für Bauch kaum oder gar nicht spürbar geworden, weil er von dem «Ton-Vorwurf» übertönt wurde. Ich bin froh, dass ich gedoppelt habe.

> KH (wieder auf seinem Platz): Bevor wir auf das zweite Thema eingehen, das Sie (Herzle) angesprochen haben, von wegen unpassender Ton Ihres Kollegen, sagen Sie mal, Herr Bauch, wie reagieren Sie auf das, was Herr Herzle gerade gesagt hat? Glauben Sie ihm das?

Themen entflechten

Der Klärungshelfer signalisiert Bauch, dass er den Vorwurf von Herzle wegen des «richtigen Tons» gehört hat und dass er später Gelegenheit haben wird, auf diesen Punkt genauer einzugehen – er wird sozusagen im Themenspeicher geparkt. Dadurch ist es eher wahrscheinlich, dass sich Bauch direkt auf die Äußerung von Herzle bezieht und nicht gleich auf den nächsten Zug aufspringt.

> BAUCH (schaut Herzle nicht in die Augen, wirkt anfangs nachdenklich, aber verschlossen): Ja, schon. Ist gut, zu hören ... (Er wird dann schnell wieder unterschwellig aggressiver.) ...

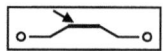

aber er hätte das schon früher sagen können. Kam eigentlich all die Jahre nicht auf den Tisch.

HERZLE (reagiert schnell, ebenfalls aggressiv): Das kannst du jetzt aber so nicht sagen. Ich habe auch immer wieder vor den Mitarbeitern gesagt, dass ich stolz auf unsere Klinik bin, wir eine wirklich tolle Truppe sind. Du hast dir da vor den Mitarbeitern ganz anderes erlaubt ...

Nicht aufgeben – immer wieder doppeln
Die beiden springen schnell wieder auf das Eskalationskarussell auf. Die Anerkennung von Herzle kommt bei Bauch zwar anscheinend an (er hält inne, wirkt nachdenklich), aber sie reicht ihm nicht, kommt vielleicht zu spät oder nicht überzeugend.

Auch Herzle ist schnell wieder auf dem Vorwurfsdampfer. Dieser Dampf bei beiden und die leisen Töne müssen immer wieder an- und ausgesprochen und ausgehalten statt ausagiert und überhört werden. Immer wieder, bis es wirkt. Doppeln ist hier – wie immer im schwierigen Dialog – die Methode der Wahl. Eine Alternative wäre das Paraphrasieren vom Platz aus (siehe S. 359).

KH: Moment bitte, Herr Herzle. Ich will das Rad nochmal zurückdrehen und für Sie, Herr Bauch, nochmal was sagen, darf ich?

BAUCH winkt den Klärungshelfer burschikos heran.

KH/BAUCH: Es tut mir gut, zu hören, dass du meine Leistung überhaupt wahrgenommen hast und sie auch anscheinend schätzt. Stimmt das?

BAUCH: Ja, natürlich tut das gut.

KH/BAUCH: Und ich hätte das schon mal die Jahre vorher gerne gehört – und zwar mir direkt gegenüber und nicht ...

KH (fragt Bauch, immer noch neben ihm hockend): Wie hat er es denn ausgedrückt?

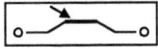
Dialog 2. Tag – Themen entflechten

BAUCH: Er hat schon so grundsätzlich gesagt, dass er auf die gesamte Entwicklung stolz ist, aber er hat nichts mir gegenüber gesagt, er hat mehr allgemein gesprochen.

KH / BAUCH: Herbert, ich habe schon gehört, dass du die gesamte Entwicklung sehr schätzt, aber mir direkt gegenüber hätte es auch gutgetan. Stimmt das so?

BAUCH: Ja, stimmt.

KH / BAUCH (doppelt weiter): Ich bin froh, dass das jetzt mal auf den Tisch kommt, denn von meiner Seite steckt da noch einiges an Enttäuschung und Wut, richtiger Wut. Stimmt das?

BAUCH (sehr energisch): Ja, absolut!

KH / BAUCH: Und ich möchte dann auch wissen, was du meinst, wenn du meinen Ton kritisierst. Stimmt das? (Bauch nickt etwas widerspenstig. Klärungshelfer geht schmunzelnd wieder zu seinem Platz zurück.)

KH (an Herzle gewendet): Er will es nicht wirklich wissen, aber ich. Bitte sagen Sie etwas dazu. Zu beiden Punkten. Zur Enttäuschung, dass er es gerne persönlich gehört hätte, und dann zum Ton.

HERZLE (nickt langsam, nachdenklich): Ja gerne. (Denkt nach ...) Das verstehe ich. Ich habe wirklich dir gegenüber nichts gesagt. Es wäre aber auch nicht gegangen. Ich hätte es nicht gekonnt.

Die Atmosphäre ist jetzt stiller, nachdenklicher, aufmerksamer. Sie hören sich mehr zu, drücken sich differenzierter aus. Luftmeier hört aufmerksam kritisch zu. Bauch wirkt etwas offener, ist aber immer noch in seiner Haltung ablehnend. Herzle bemüht sich spürbar um Offenheit. Ich will diese Stimmung nutzen und genau nachfragen und dadurch mehr und mehr Verständnis ermöglichen.

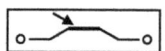

KH: Was war da damals, Herr Herzle?

HERZLE: Ich war nicht in der Lage. Mein Unfall ... und die gesamte Situation. Ich komme wieder, fühlte mich insuffizient, und er ist der große Macher.

KH: Darf ich mal neben Sie kommen? (Herzle bestätigt nickend.)

KH/HERZLE: Ich hätte es dir gerne auch persönlich gesagt, dass ich auch sehr zufrieden mit deiner Leistung bin, aber es ging nicht. (Herzle nickt.) Ich war geschwächt, als ich zurückkam, und da kamst du mir bedrohlich vor – du warst so vital und hast in meinen Augen viel Platz eingenommen. Stimmt das so?

HERZLE: Ja. Er hat viel Platz eingenommen – da war für mich kaum noch was übrig.

KH (wieder an seinem Platz): Wie reagieren Sie, Herr Bauch, wenn Sie das hören?

BAUCH (ablehnend): Das kann und will ich nicht verstehen – ich habe ihm den Platz weggenommen? Lächerlich! Ich habe ihm doch überhaupt ermöglicht, dass sein Platz noch da war, als er wiederkam. Hätte ich nicht das Dreivierteljahr so geackert, dann wäre überhaupt kein Platz mehr da gewesen. Dann hätte er bei null anfangen können. Ich kann das nicht verstehen.

Zwischenfrage: Wie erleben Sie diese Antwort von Bauch?

— Stimmig. Ich würde auch so reagieren. Er macht alles, und der andere kommt daher mit seinem «Ich habe keinen Platz gehabt». Einfach nur nervig und unangemessen.

— Nein, Bauchs Reaktion ist eher daneben – Herzle hat einiges durchgemacht und zeigt sich versöhnlich, und Bauch nimmt davon nichts an.

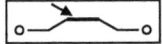

Eigene Parteilichkeit zur Allparteilichkeit ausbauen

Egal, wie der Klärungshelfer innerlich auf die Aussagen reagiert, wen er persönlich besser verstehen kann – er hat stets als Ziel vor Augen: durch seine Allparteilichkeit mehr Verständnis ins System bringen. Zwei Wege tun sich auf:

Wenn er Bauchs Reaktion innerlich besser nachvollziehen kann, dann kann er seine Vermutungen zu dessen Reaktion aussprechen, sie sozusagen Herzle erklären, um dadurch beiden eine Brücke zu bauen.

Wenn er Herzle besser verstehen kann, ist es ebenso möglich, Herzles Gefühlswelt so zu erklären, dass Bauch sie eventuell nachvollziehen und verstehen kann.

Die beiden Wege sind aber nur der Einstieg – der Klärungshelfer muss danach auch noch den jeweils anderen zu verstehen suchen und unterstützen. Dies fordert das Prinzip der Allparteilichkeit von ihm. Es gelingt besser, wenn er zuerst seinen Sympathien nachgeht, statt dagegen anzukämpfen.

> *Ich fühle mich Herzle näher, kann seine Reaktion, Haltung besser nachvollziehen. Deswegen entscheide ich hier, erst mal Herzles Erleben deutlich zu machen.*
>
> KH (von seinem Platz aus): Ich sage mal, wie ich es verstanden habe: Sie, Herr Bauch, haben ihm nicht den Platz weggenommen – er sieht wohl, dass Sie ihm durch Ihre Leistung überhaupt ermöglicht haben, wieder an seinen Ort zurückzukehren. (Herzle nickt zustimmend.) Und wenn er sagt, er hat Sie bedrohlich erlebt, dann auch deswegen, weil er durch den Unfall geschwächt war und erst langsam wieder in sein altes Leben zurückfinden musste.
> HERZLE: Ganz genau.

Zwischenerklärungen
Hier kann es sinnvoll sein, durch eine Zwischenerklärung (Sachkommentar) das Erleben und Verhalten Herzles vorbeugend zu «entpathologisieren» und ihn damit zu schützen – nach dem Motto: «So reagiert jeder Mensch nun mal, wenn es ihm so ergeht.»

Das gleiche Ziel kann auch erreicht werden, wenn dieselben Inhalte doppelnd für die Konfliktpartei nach dem Motto «So funktioniere ich» (Gebrauchsanweisung für mich) ins Gespräch eingebracht werden, was für eine ähnliche Akzeptanz und Ruhe sorgt.

Je mehr die Stimmung von gegenseitigem Misstrauen geprägt ist, desto eher kann die Fachautorität des Klärungshelfers zusätzlich helfen, indem er in einer Zwischenerklärung von seinem Platz aus (gleichsam «offiziell») den anderen das Unverständliche einer Konfliktpartei so darlegt, dass alle es besser akzeptieren können.

Solche Zwischenerklärungen kommen manchmal (konzeptwidrig) auch in der Phase des Dialogs vor, obwohl ansonsten auf Erklärungen verzichtet wird, um zu verhindern, dass die Parteien zu sehr vom Fühlen ins Denken kommen. Die Phase des Erklärens kommt eigentlich erst nach dem Abschluss der Dialogphase.

> KH: Es ist gar nicht so ungewöhnlich, dass Menschen nach einem alles erschütternden Unfall Zeit brauchen – der Mensch erlebt sich ganz konkret, physisch als zerbrechlich, zerstörbar, als endlich. Und nicht nur theoretisch, abstrakt, sondern eben am eigenen Leib. Und als Resultat davon wird die alte, einst so vertraute Welt mit völlig anderen Augen gesehen. Vieles ist einfach an sich schon bedrohlich – obwohl es vor dem Unfall als normal, selbstverständlich erlebt wurde. Und alleine dadurch schon erschien ihm sein Platz nach dem Unfall gefährdet.

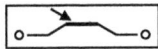

(Herzle nickt die ganze Zeit bestätigend.)
KH: Wie geht es Ihnen, wenn Sie das so hören, Herr Bauch?
BAUCH: Ja. Kann ich mir so vorstellen. Dann hat das aber nichts mit mir zu tun, oder?
KH: Sie können natürlich nichts dafür, dass er nach seinem Unfall die Welt verunsicherter erlebt. Aber Sie haben vielleicht einen Anteil daran, durch die Art Ihrer Kommunikation. Sagen Sie, Herr Herzle, ihm mal, was meinen Sie mit dem Ton von Herrn Bauch?
HERZLE: Er hat manchmal ...

Der Klärungshelfer zieht sich als Notbrücke zurück
Die beiden sprechen von sich aus kaum miteinander – immer geht es über die Notbrücke Klärungshelfer. Dies ist natürlich schon dadurch bedingt, dass der Klärungshelfer sehr in den Dialog eingreift und steuert. Er stellt Fragen an beide, und sie beantworten sie ihm direkt. Dieses Sprechen über den Umweg Klärungshelfer ist aber wahrscheinlich auch ein Ausdruck dafür, dass die Beziehungsebene zwischen den beiden noch mit vielen spitzen Steinen gepflastert ist und nicht zur direkten Begegnung einlädt.

Der Klärungshelfer setzt beide, bildlich gesprochen, immer wieder auf ihre eigene gemeinsame Brücke («Sagen Sie es ihm direkt»), die sie dadurch fortwährend ausbauen sollen.

KH: Sagen Sie es ihm bitte direkt.
HERZLE: Ja, wie sage ich es? ... Wir zwei sind ganz unterschiedliche Charaktere. Du bist eher so ein Schneller, Direkter, und ich bin eher vorsichtig, behutsam. Ich arbeite daran, auch direkter zu werden, aber es fällt mir nicht so leicht. Du pflegst manchmal eine Art, einen Ton zu haben, das fällt dir wahrscheinlich gar nicht mal auf, aber damit bist du nur verletzend. So herablassend und schnoddrig.
KH: Haben Sie ein Beispiel?

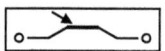

Konkretisieren, bitte!

Je greifbarer und konkreter die Aussage wird, desto eher wird ein Verstehen wahrscheinlich und möglich.

> HERZLE: Gar nicht so einfach. Er ist dann so scharf, so abwertend. Das Schlimmste ist dabei, dass er es sogar vor den Mitarbeitern und sogar vor den Patienten so macht.
>
> KH: Vorhin hat Herr Bauch mal in etwa gesagt: Das ist doch «ätzend» oder «die Krätze» – meinen Sie diesen Ton und eine derartige Wortwahl?
>
> HERZLE: Ja, das ist ein gutes Beispiel. Aber oft ist er noch viel schärfer.
>
> KH (Bauch ansprechend): Wissen Sie, was er meint?
>
> BAUCH: Ja, schon. Ich bin einfach nicht so verklausuliert wie du (Herzle). Und ich weiß, dass ich dabei manchmal etwas über die Stränge schlage – aber so oft kommt das nicht vor, gewiss nicht.
>
> HERZLE (protestiert): Ja, von wegen. Du bist dir nicht mehr bewusst, wann du das machst. Du redest den ganzen Tag mit mir in diesem Ton, und da ist es dir egal, wer noch dabei ist. Du würdest übrigens sagen: «Mir piepegal, schnurz oder wurst.» Das ist deine Wortwahl, wie auf der Gasse. Und das lass ich mir nicht mehr gefallen. Wie stehe ich denn vor den anderen da?
>
> BAUCH (aggressiv): Also, jetzt spinnst du wieder. Was ...
>
> HERZLE (unterbricht ihn): Sehen Sie, alleine diese Wortwahl – «Jetzt spinnst du wieder». «Spinnen» muss ich mir doch nicht gefallen lassen, oder?
>
> BAUCH (spricht weiter in dem Ton): Wenn du Schwachsinn redest, dann ist «spinnen» das treffende Wort. Ich verbitte mir einfach nur, dass du behaupten kannst, ich würde den ganzen Tag so mit dir sprechen – das stimmt einfach nicht. Und da gehe ich dann an die Decke.

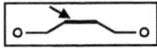

Zwischenfrage: **Was machen Sie?**
— Feedback geben, wie ich hier und jetzt Bauchs und Herzles Art zu sprechen erlebe.
— Luftmeier fragen, wie er die Situation im Alltag (dort und damals) erlebt.

Zwei Klärungswege: Hier und jetzt – dort und damals

Die beiden sind wieder auf dem Karussell. Schnell eskalieren die Gefühle. Daher gilt es, weiterhin die Situation in all ihren Facetten zu erforschen. Dies kann an zwei Orten erfolgen:

Im **Hier und Jetzt**: Wie erleben die anderen und der Klärungshelfer die aktuelle Interaktion? Welche Gefühle sind jetzt gerade bestimmend? Wie geht es beispielsweise Luftmeier damit?

Im **Dort und Damals**: Wann traten diese Situationen auf? Wie ging es den Betroffenen damit, wie erlebten sie es? Was richtet es innerlich bei Herzle an? («Wie stehe ich denn vor den anderen da?»)

Ob so oder so, beides sind gültige Orte, über die der Klärungsweg führen kann. Hinaus aber führt jedes Mal zuverlässig das systemische Zusammensetzen der gefundenen subjektiven Puzzleteile: «Was trägt jeder Einzelne dazu bei, dass es immer wieder so läuft?»

Die Situation ist angespannt – eine Erforschung im Hier und Jetzt wahrscheinlich deswegen nicht so günstig.

Eher erscheint es möglich, die Empfindlichkeit von Herzle zu erkunden («Wie geht es Ihnen denn im Alltag, wenn Herr Bauch so mit Ihnen spricht?»). Sicherlich fühlt sich Herzle an einer ganz empfindlichen Stelle getroffen, abgewertet, sogar verachtet, vielleicht sogar vor Zuschauern «im eigenen Laden» zu einem Azubi herabgewürdigt. Wenn dies alles auf dem Tisch ist, fragt der Klärungshelfer Bauch, wie dieser darauf reagiert usw.

Ein anderer Weg wäre der, zum Beispiel Luftmeier als Zeugen der alltäglichen Begegnungen ins Gespräch einzuladen. Für

ihn wird es gewiss nicht leicht, hier seine Sichtweise subjektiv und ehrlich einzubringen, da er Bauch nahesteht und Herzle gegenüber sehr auf Distanz ist. Zudem will Luftmeier seine bisherige Vermittlerrolle loswerden. Deswegen scheint es einen Versuch wert, ihn zu fragen.

> KH: Ich möchte mal Herrn Luftmeier etwas fragen. Wenn Sie wollen, sagen Sie mal, wie Sie die Interaktion zwischen Ihren beiden Partnern im Alltag erleben. Ich weiß, das ist jetzt nicht leicht für Sie, aber Sie sind in alltäglichen Situationen dabei.
>
> *Ich bin gespannt, wie er sich äußert. Wie erlebt er die beiden im Alltag? Und wird er Stellung beziehen? Hoffentlich überfordere ich ihn damit nicht. Schicke ich ihn zwischen die Fronten? Die Chance ist mir das Risiko wert.*
>
> LUFTMEIER: Nicht so einfach ... (Denkt nach.) Den ganzen Tag in dem Ton stimmt wirklich nicht, wäre zu viel, aber es ist schon so, dass du (Bauch) dich oft auf unpassende Weise ausdrückst. Ich kann da Herbert schon verstehen. Du vergreifst dich da schnell. Ich bin mir sicher, du meinst es überhaupt nicht ungut, aber wenn ich danebenstehe, dann durchzuckt es mich. Wir kennen uns gut, deswegen kann ich das einordnen. Wenn du mit mir so sprichst, dann übersetze ich es für mich, es trifft mich dann nicht. Ich bin mir sicher, du meinst das nicht so, aber es macht die Sache immer wieder schwerer, als es sein müsste. Ich will dir nicht auf die Füße steigen, aber wenn ich gefragt werde ...
>
> Bauch schaut Luftmeier mit leicht gesenktem Kopf an und nickt zwischendurch immer wieder. Herzle hört sehr aufmerksam zu – es ist ihm anzusehen, wie ihn die Aussage Luftmeiers erleichtert.

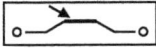

KH: Danke, Herr Luftmeier. Wie geht es Ihnen jetzt damit, dass Sie so klar Stellung bezogen haben?

LUFTMEIER: Ich bin etwas unsicher so. Ich will die Freundschaft zu Basil nicht verraten, will aber klar sagen, was ich mir denke.

KH: Wie geht es Ihnen beiden?

HERZLE: Mir tut es sehr gut, merke ich. Bin dankbar, dass du meine Sichtweise bestätigst. Es passiert da sehr schnell, dass ich mich frage, ob ich überhaupt noch klar sehe, was jetzt wahr ist und was nicht.

LUFTMEIER (betont): Ich will hier nicht den Richter spielen und die eine Partei bestätigen, die andere verurteilen. Ich sage einfach nur, wie ich es sehe. Und ich merke, wie gut es mir tut, nicht den Diplomaten zu spielen, der es beiden recht machen möchte, der zusammenhalten muss, damit nicht alles auseinanderfällt.

HERZLE (nickt Luftmeier zu): Ja – und ich bin dir dankbar, dass du einfach sagst, was du denkst. Stellung beziehst. Diese Vermittlerrolle hat uns nicht gutgetan, so sehe ich es.

KH: Wie geht es Ihnen, Herr Bauch?

BAUCH (nickt Luftmeier zu): Ist gut so. Ich bin auch froh, wenn du klar sagst, was du denkst.

Mehrspuriges Arbeiten

Hier greift der Klärungshelfer neben der aktuellen Fragestellung (Bauchs Ton im Alltag) parallel Luftmeiers persönliches Thema, seine Stellung im Dreieck (der Dritte im Bunde: verbündet oder neutral?), auf. Dieses mehrspurige Arbeiten mit parallelen Themen ist

— organisch, weil es für die Konfliktparteien komfortabel ist, möglichst nichts auf später verschieben zu müssen, was sie nebeneinander und gleichzeitig erleben;

— anspruchsvoll für den Klärungshelfer, der die verschiedenen Themen parallel in der Hand haben muss wie ein Kut-

scher eines Mehrspänners die Zügel zu jedem einzelnen Pferd; je mehr einer Anfänger ist, desto weniger Zügel darf er in die Hand nehmen, um in seiner Überforderung kein Chaos zu veranstalten (man darf Anfänger sein!);
— aussichtsreich. Mit diesem Vorgehen kann man mehrere Fliegen zur gleichen Zeit mit einer Klappe schlagen. So gelingt es, elegant manches Thema im Vorbeigehen mitzunehmen und mit dem momentanen Schwung auch befriedigend zu klären.

Dass Luftmeier klar gesprochen und Stellung bezogen hat, ist gut. So kann er langsam seine Rolle als Vermittler verlassen und eine neue annehmen. Da dieses Thema jetzt hinreichend geklärt ist, geht der Klärungshelfer zur ursprünglichen Fragestellung zurück und dialogisiert weiter.

> KH (fordert Bauch zum Reagieren auf): Und wie ist es mit dem, was Herr Luftmeier sagt? Dass Sie im Ton öfter danebenliegen?
> BAUCH: Hör ich mir an. Ich meine es nie ungut, da hat er schon recht. Ist halt meine Art – bin eher unverblümt. (Mit plötzlicher Kälte in der Stimme.) Aber dass Herbert damit nicht zurechtkommt, ist sein Problem, nicht meines.

Für die Erklärungsphase noch zu früh

Für Herzle ist Luftmeiers Bestätigung entlastend, denn er steht nicht mehr alleine mit seiner Wahrnehmung da. Die Beziehung zwischen Luftmeier und Bauch erweist sich dabei als stabil, da auch die Kritik Luftmeiers keine Irritationen herbeizurufen scheint.

Als mögliche Intervention wäre ein theoretischer Input denkbar, der durch eine systemische Perspektive beide (Herzle und Bauch) als Mitverantwortliche ihrer Kommunikationsform zeigt.

Vorsicht! Das ist eine Versuchung, der Hilflosigkeit zu entfliehen, weil beide so unversöhnlich sind, vor allem aber Bauch. Außerdem ist es nicht sehr wahrscheinlich, durch eine kommunikationspsychologische Erklärung zu ihm vorzudringen. Deswegen verschiebt der Klärungshelfer dies auf die Erklärungsphase.

Prinzip: Solange noch Zeit ist und Hoffnung besteht, dass weitere Verstrickungen und Gefühlsbomben ans Licht kommen können, so lange wird der Schritt zum Intellekt, wie er durch theoretische Erklärungen geschehen würde, vermieden. Daher gilt: immer wieder Dialogisieren und möglichst Doppeln ...

> KH: Darf ich nochmal, Herr Bauch?
> BAUCH: Bitte!
> KH / BAUCH: Herbert, ich will nicht alleine schuld sein an deiner Empfindlichkeit wegen meines Tones. Ich mag ja etwas rauer gestrickt sein als du, das gebe ich schon zu.
> BAUCH nickt.
> KH / BAUCH: Aber deine Art ist auch nicht das Gelbe vom Ei, jedenfalls nicht für uns beide. Du schluckst vieles runter. Das will ich nicht. Weder bei dir noch bei mir. Du willst, dass ich mich auch so zusammennehme wie du dich. Das würde mich aber krank machen. Ich fände das unehrlich. Stimmt das so?
> BAUCH: Ja.
> KH (wieder auf seinem Platz): Was sagen Sie dazu?
> HERZLE: Ich bin nicht unehrlich. Ich lass einfach nur nicht alle meine Launen an meinen Mitmenschen aus ...
> BAUCH (fällt ihm ins Wort): Würde dir aber guttun. Aber da habe ich keine Hoffnung bei dir. Du versaust damit unsere Stimmung total, mit deinem ewigen Zurückhalten. Wenn du da nichts änderst, sehe ich schwarz für uns.

> *Wieder ein Angriff. Immer noch Unversöhnlichkeit – vor allem bei Bauch. Die Ton-Diskussion beende ich hier durch*

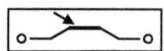

> *einen generalisierenden Kommentar. Diesen halte ich kurz,
> weil ich hier nicht mehr erklären möchte und das genauere
> Eingehen lieber in die Erklärungsphase verschiebe. Erst mal
> will ich weitermachen mit einer Intensivierung des Kontakts.*

KH: Es ist natürlich ein Vorgang, an dem Sie beide einen Anteil haben und für den Sie beide Verantwortung übernehmen müssen. Es geht da nicht, einfach zu sagen: Du bist daran schuld, weil du so unmöglich sprichst, oder du, weil du damit nicht umgehen kannst. Beides stimmt. Ich möchte dazu später etwas Theoretisches sagen.

Schauen Sie, Herr Herzle und Herr Bauch, sich mal in die Augen, damit wir sehen können, wie gut das geht.

Ebenenwechsel durch Augenprobe

Dieses In-die-Augen-Schauen bietet hier vielleicht eine Möglichkeit, von der Ebene 1 (Beobachtbares) auf die Ebenen 2 und 3 (Beziehung und negative Gefühle) zu kommen (s. Seite 151, 341). Bisher ist dieser Sprung durch alle Worte nicht ausreichend gelungen.

Wie offen und frei ist der Blick? Wie angestrengt schauen sie sich an? Wer dominiert? Fechten sie aus, wer wen wie lange anschauen darf? Wer hat möglicherweise etwas zu verbergen gegenüber dem anderen? Es ist natürlich nicht möglich, diese einzelnen Aspekte differenziert zu analysieren, aber oftmals wird allen Beteiligten durch diesen direkten Blick schneller klar, wo die Beziehung steht, was als Nächstes gesagt werden muss.

> Herzle schaut Bauch offen und direkt an. Bauch kann nur sehr kurz den Blick erwidern.
>
> KH: Wie geht es Ihnen dabei, Herr Herzle?
> HERZLE: Geht. Ich will wissen, was los ist.

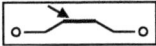

KH: Wie geht es Ihnen dabei, Herr Bauch?

BAUCH: Ist mir nicht wohl damit.

KH (spricht wie zu sich selber): Da ist bei Ihnen beiden noch so manches im Untergrund. Ich frage mich, wie kommen wir da ran? Ich erlebe Sie, Herr Bauch, verschlossen, vielleicht sich schützend. Ich frage mich, was müssen wir ansprechen, um die gesamte Situation besser zu verstehen? Haben Sie eine Idee, Herr Bauch?

BAUCH: Nein.

KH: Wie geht es Ihnen denn hier und jetzt mit dem Gespräch?

BAUCH: Durchwachsen. Blöd und passt schon – gleichzeitig.

KH: Was ist blöd?

BAUCH: Na, es ist einfach anstrengend – damit auch unangenehm.

KH: Darf ich mal neben Sie kommen und für Sie was sagen?

BAUCH: Ja.

KH/BAUCH (neben ihm in der Hocke): Ich bin jetzt in einer blöden Situation. Ich, der Verschlossene. Ich soll mich öffnen, und auf Befehl geht das halt nicht. Stimmt das? (Schaut ihn an.)

BAUCH: Mmh. (Nickt.)

KH/BAUCH: Und außerdem ist mir nicht so richtig wohl, dass Luftmeier mich vorhin so dargestellt hat, als ob ich mich so oft im Ton vergreifen würde. Stimmt das so? (Schaut ihn wieder fragend an.)

BAUCH: Nein. Damit geht es mir nicht schlecht. Dies kann ich gut hören.

KH/BAUCH (nickt und doppelt das von Bauch Korrigierte): Das Feedback kann ich gut hören, damit habe ich kein Problem. Ich muss mich aber schützen, weil ... (Schaut ihn an.)

BAUCH: Ich weiß nicht. Weil die Situation einfach verfahren ist.

So kommen wir nicht weiter. Die Vermutung, Bauch könnte verletzt sein, weil er sich an den Pranger gestellt fühlt, lehnt er überzeugend ab. Er scheint wirklich kein Problem damit zu haben, was Luftmeier über ihn gesagt hat. Ich habe im Moment keine Idee, die ich noch doppeln könnte, auch scheint Bauch im Moment nichts sagen zu können. Ich gehe an meinen Platz zurück und fühle mich wieder einmal hilflos. Zum Glück weiß ich, dass dies nicht das Ende ist. Immer wieder muss ich durch dieses unangenehme Gefühl hindurch.

Zirkuläres Fragen
Ein anderer möglicher Weg ist die Methode des zirkulären Fragens. In seiner komplexesten Form sieht eine zirkuläre Frage so aus: Eine Person A wird gefragt, was sie denkt, was wohl eine andere, B, über eine dritte C sagen würde. Hier könnte der Klärungshelfer Luftmeier fragen, was er denkt, was wohl Herzle annimmt, das für Bauch so schwierig ist. Eine andere einfachere Variante ist, dass der Klärungshelfer Herzle fragt, was Luftmeier über Bauch mutmaßen würde.

Ich bin zermürbt davon, im Trüben zu fischen, und erhoffe mir vom zirkulären Fragen einen Impuls – vielleicht wird es was. Ich wähle eine Frage an Herzle, da er sich dann zur Beantwortung in Luftmeier hineinversetzen und dadurch sich vorstellen muss, was wohl dieser, mit seiner relativ neutralen Perspektive und persönlichen Nähe zu Bauch, als Hintergrund für Bauchs Verhalten vermutet.

KH: Herr Herzle, darf ich Sie etwas fragen?
HERZLE: Selbstverständlich.
KH: Was, glauben Sie, würde Herr Luftmeier sagen, wenn ich ihn fragen würde, was er denkt, was Herrn Bauch in der gegenwärtigen Situation beschäftigt?
HERZLE: Wie bitte??? ... Das ist mir jetzt zu kompliziert,

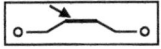

und ich weiß nicht, ob ich Ihre Frage auch nur im Ansatz richtig verstanden habe, aber ich glaube, er würde sagen, er braucht eine Pause. Die brauche ich jedenfalls.

KH: Gut, machen wir hier eine kurze Pause.

Pause als gute Intervention
Es geht bereits auf 11 Uhr zu – überhaupt auch Zeit für eine Pause. In der Dialogphase ist der Prozess oft so wenig zu planen, dass eine starre Pausenregelung die organische Entwicklung stören würde und deswegen nicht angebracht ist. Das Gespräch ist aber auch für alle oft so fesselnd, dass die Gefahr droht, über ein gutes Maß hinaus die Konzentrationsfähigkeit oder biologischen Bedürfnisse zu strapazieren. Wenn man viele Wege versucht hat und noch nicht zu einer beruhigenden Klärung durchgedrungen ist, ist das Ansetzen einer Pause auch eine gute Intervention. Die Parteien können loslassen, sich bewegen, inneren Abstand bekommen, informell aufeinander zugehen. Das kann sich nach der Pause fruchtbar auswirken.

Die Atmosphäre in der Pause ist konzentriert, aber nicht feindlich. Nach zirka zehn Minuten geht es weiter, und alle nehmen wieder ihre Plätze ein.

KH: Wir waren stehengeblieben bei der Frage, was Sie, Herr Herzle, vermuten, was Herr Luftmeier denkt, was Herrn Bauch so beschäftigt?

HERZLE: Ich verstehe Ihre Frage nicht, worauf wollen Sie hinaus?

KH: Ja, klingt kompliziert. Mein Ziel ist, herauszufinden, welche schwierigen Gefühle, Erlebnisse angesprochen werden müssten, um die verfahrene Situation besser zu verstehen. Und da bitte ich jetzt Sie, sich vorzustellen, was Herr Luftmeier antworten würde, wenn ich ihn fragen würde, was er vermutet, dass Herrn Bauch beschäftigt.

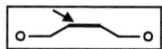

HERZLE: Aber warum fragen Sie Kollege Luftmeier nicht direkt? Woher soll ich wissen, was er über Kollege Bauch denkt?

KH: Mir geht's nicht um Wissen, sondern um Phantasieren, Vermuten – es muss auch nicht richtig sein, sondern lediglich hilfreich. Was fällt Ihnen da ein? (Herzle schaut skeptisch, ablehnend.) Wenn Ihnen nichts einfällt, dann lassen wir diese Frage einfach ... Wie kommen wir nur an des Pudels Kern? (Alle drei schweigen ...)

Die Intervention loslassen – nicht die Klärung

In dieser doppelten Komplexität (was A vermutet, was B über C denkt) ist die Frage hier offensichtlich falsch. Es wäre möglich, eine Stufe weniger zu fragen (was A vermutet, was B denkt), aber auch dies erscheint dem Klärungshelfer an dieser Stelle nicht mehr angemessen.

Die zirkuläre Frage war ein Versuch, das Gespräch auf einem anderen Weg noch mehr an die Hinter- und Untergründe heranzuführen. Wenn die angebotene Intervention nicht angenommen wird, lässt der Klärungshelfer sie los und überlegt sich einen neuen Weg zur Klarheit.

Die Situation ist zäh. Auch mit dem zirkulären Fragen kommen wir nicht weiter. Es ist auch nicht das Richtige: Wenn alle damit beschäftigt sind, sich so ehrlich und offen wie möglich auszudrücken, dann ist eine solche «Gedankenakrobatik» fehl am Platz. Ich schweige, schaue vor mich hin und überlege, wie ich die drei weiterführen werde. Immer wieder kommt es in Klärungen zu solchen oder ähnlichen knorrigen Momenten – ich fühle mich hilflos, unsicher, ohnmächtig. Ich nehme diese schwierigen Gefühle als den von mir zu tragenden Teil an.

Wenn ich es aushalte, verweile ich bei diesen Gefühlen, schlage nun nicht gleich die nächste Intervention vor, son-

dern gebe Raum für die selbstorganisierenden Kräfte des Systems. Ich stelle eine Frage («Wie kommen wir an des Pudels Kern?»), schweige dann und warte mit den Gefühlen in meinem Inneren, ob ein Vorschlag auftaucht, den ich weiterverfolgen möchte. Als Klärungshelfer sehe ich Führung im Klärungsprozess überhaupt so, dass jeder etwas zur Richtung beisteuern kann, aber ich dann letztlich der bin, der entscheidet, ob diesem Vorschlag Folge geleistet wird oder nicht. Wenn keine Idee kommt, dann ist es meine Aufgabe, weiterzuführen. Ich gehe dann zu meinen nächsten, mir sinnvoll erscheinenden Interventionsgedanken (vor allem Dialogisieren oder Doppeln). Wenn keiner da ist, fasse ich das Bisherige noch einmal zusammen und teile meine Gefühle davon mit. Hier aber kommt plötzlich Bauch mit einer Idee.

BAUCH (spricht in die entstandene Stille hinein): Ich habe eine Idee. Die ist mir in der Pause gekommen. Ich würde gerne den Herbert was fragen. Er hatte ja schon vor unserer Klinik mehrere Partner, auch in Gemeinschaftspraxen, gehabt und hat damit viele Erfahrungen mit schwierigen Phasen: wie es gut lief, wie es schlecht lief, wie es sich entwickelt hat. Er ist also einer, der solche Situationen wie jetzt kennt. Herbert, wie kommen wir da wieder raus, was können wir tun? Sag mal aus deinem Erfahrungsschatz. Ich finde, wir sollten dich als Erfahrenen hier einfach fragen.

Zwischenfrage: Wie schätzen Sie diese Frage ein?
— Na endlich geht Bauch auf Herzle zu. Er fragt ihn um Rat, was andeutet, dass er sich öffnet.
— Eine lösungsorientierte Frage tut uns jetzt wirklich gut – warum bin ich da nicht drauf gekommen?
— Die Frage führt uns weg von der Tiefe, was noch zu früh ist. Deswegen ist die Frage abzublocken.

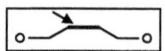

Na, so was. Ich freu mich über diese Frage, Bauch öffnet sich anscheinend und erkennt die Erfahrung des «Alten» an, fragt nach. Das klingt nach Kontaktsuche, Aufeinander-Zugehen, und das wirkt in der Regel heilsam.

Notausgang – Exitfrage

Die generelle Frage «Was sollen wir mit dieser Situation jetzt machen?» ist eine Frage nach Lösungen, nach dem Ausweg aus dem Schlamassel. Wenn sie der Klärungshelfer gestellt hätte, wäre sie eine sogenannte Exitfrage, also ein bewusst gewählter Notausgang. Der Klärungshelfer gibt damit die Klärungsbemühungen bewusst auf und will das Heil in der Lösungssuche finden. Sie heißt deswegen so, weil sie schnell von den schwierigen Gefühlen wegführt, hin zu einer gemeinsamen, endlich wieder vereinenden Suche nach Möglichkeiten für das zukünftige Handeln. Es ist auch wesentlich angenehmer, miteinander ein Luftschloss der guten Zusammenarbeit zu bauen, als weiterhin in der Schlangengrube der schwierigen Gefühle aufzuräumen. Die emotionale Verwirrung im Untergrund löst sich dadurch aber nicht auf, was sich dann oft in der nur sehr kurzen Wirkungszeit der so gefundenen Lösungen zeigt.

In der aktuellen Phase der Konfliktklärung ist die Frage nach möglichen Lösungen allerdings etwas früh, denn es gibt offensichtlich noch so manche Verhärtung, die gelöst werden könnte, und es steht noch genug Zeit zur Verfügung.

Auch als Klärungshelfer erliege ich manchmal der Sehnsucht nach «Alles ist gut» und werde unvorsichtig. So auch in dieser Situation, in der ich zwei Fehler gemacht habe und vor einer größeren Katastrophe noch rechtzeitig wieder aufgewacht bin. Erster Fehler: Ich habe vor lauter Freude über die anscheinende Öffnung Bauchs die Frage nicht als eine Exitfrage erkannt und deswegen nicht gebremst. Ich wäre aber auch gar nicht dazu gekommen, denn ...

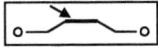

HERZLE (reagiert sehr schnell und aufgebracht): Das finde ich jetzt eine Unverschämtheit!

... was ist denn jetzt los?? Ich reagiere innerlich mit Unverständnis. Bauch öffnet sich, und Herzle geht an die Decke – das verstehe ich nicht. Herzle war doch im Gespräch bisher deutlich kooperativer, und jetzt lehnt er diesen Schritt auf ihn zu ab. Aus dieser Emotion heraus sage ich:

KH (verständnislos): Ja, was ist denn jetzt los? Warum reagieren Sie so aufgebracht?
HERZLE (erregt): Ich höre daraus einen Vorwurf.
KH: Welchen Vorwurf denn?
HERZLE: Ich höre daraus den Vorwurf: «Du, Herbert, hast schon viele Partner gehabt und vieles in den Sand gesetzt. Du wirst es auch jetzt so machen» – und das finde ich eine Unverschämtheit.

Ich bin innerlich noch immer gefangen in meinem Unverständnis für seine Reaktion. Wie kommt er denn dazu, einen solchen Vorwurf zu hören? Mein innerer «Harmoniker» will endlich Frieden und sieht in der Frage von Bauch keinen Vorwurf. Deswegen mache ich den zweiten Fehler und versuche seine Bedenken verbal mit Gewalt aus dem Weg zu räumen:

KH: Aha. Also, das verstehe ich jetzt überhaupt nicht. Ich finde das ein wunderschönes Angebot, mit dem er Sie anerkennt und Ihnen Respekt entgegenbringt und Ihre Erfahrung anzapfen will, und all das auf eine gute Art. Und Sie sind jetzt so auf das empfindliche Beziehungsohr fixiert. Lehnen sofort ab und sehen darin gar nicht den guten Willen.

Ich lasse mich hinreißen, ihn zu schelten, so gehen im Moment mit mir die Gefühle durch. Statt das zu tun, was meine Aufgabe eigentlich wäre:

Stets verstehen wollen, nicht verurteilen (auch sich selber nicht)

Der Klärungshelfer ist dazu da, im Idealfall jede auch noch so unerwartete und unangenehme Bewegung im Gespräch verstehend nachzuvollziehen. In dieser Situation sollte er also innerlich «Ja» sagen zur ablehnenden Reaktion von Herzle und die Ursachen dafür zu ergründen versuchen – nach dem Motto: «Er hat dafür gewiss einen guten Grund.»

Da der Klärungshelfer aber natürlich auch seine Kraftgrenzen und andere Beschränkungen hat, lassen sich solche Abwege vom Pfad der Klärungshilfe nicht vermeiden. Auf dem Weg zum großen Ziel, als Klärungshelfer das eigene Herz so zu weiten, dass alle möglichen und unmöglichen Reaktionen der Konfliktparteien angenommen und verstanden werden können, auf diesem Weg steht am Anfang auch die Annahme der eigenen Gefühle, Gedanken und Verhaltensweisen – egal wie schräg sie gerade waren. Wenn also in einer Klärung der Klärungshelfer bei einem solchen «Abweg» aufwacht, gilt es, dies offen zu kommunizieren und mit den Betroffenen gemeinsam die Situation zu ergründen. Das ist in der Regel dann sogar sehr konstruktiv, da auch der Klärungshelfer als Mensch sichtbar wird, einen Fehler zugibt und den anderen dadurch als Lernmodell dienen kann.

Hier also in etwa so: «Moment mal, ich merke gerade, wie ich Ihnen einen Vorwurf daraus mache, dass Sie auf die Äußerung von Herrn Bauch ablehnend reagieren. Ich habe mich so über seine Frage gefreut, dass ich nicht verstehen konnte und wollte, warum Sie dies nicht so aufnehmen. Das ist natürlich nicht angemessen – sorry. Sie haben gewiss einen guten Grund, ablehnend zu reagieren – haben Sie eine Idee, warum?»

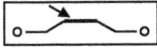

Aber es kommt überhaupt nicht dazu, denn die Entwicklung nimmt ihren Lauf – Herzle fühlt sich offensichtlich nicht von mir getadelt und abgewürgt, denn er stellt mir folgende Frage:

HERZLE: Ja, ich muss jetzt mal eine Frage an Sie stellen, Herr Prior. Ist das möglich, dass ich mit Ihnen in den Raum nebenan gehe, sozusagen ins Privatissimum, Sie etwas frage und mich von Ihnen beraten lasse, ob ich etwas sagen, erzählen soll oder nicht? Oder stört das Ihre Planung?

***Zwischenfrage*: Was machen Sie mit dieser Anfrage?**
— Ablehnen. Es ist grundsätzlich nicht gut, mit den Konfliktparteien unter vier Augen zu sprechen. So auch in diesem Moment nicht.
— Ablehnen. Einzelgespräche sind zwar nicht grundsätzlich abzulehnen, aber an dieser Stelle im Prozess nicht sinnvoll, da es Offenheit aus dem Gespräch nimmt. Und was tun, wenn er etwas erzählt, was ich den anderen nicht sagen darf?
— Mit den Anwesenden offen diskutieren, was die Vor- und Nachteile eines solchen Einzelgesprächs sein könnten.
— Ist selbstverständlich und ein Gebot der Hilfsbereitschaft, da er um Beratung anfragt. Wenn er etwas Wichtiges zu sagen hat, braucht er vielleicht nur die Ermutigung, dieses in das Gespräch einfließen zu lassen – was er ohne die Einzelberatung eventuell nicht machen würde.

Gespräche mit Konfliktparteien unter vier Augen
Das Thema ist heikel. Auf keinen Fall sollte der Klärungshelfer vor der ersten Klärungssitzung solche Einzelgespräche führen (siehe Exkurs: Keine Einzelvorgespräche!, S. 38). Wenn die Anfrage mitten im Prozess auftaucht, ist es am besten, offen und sorgfältig abzuwägen. Welche Absicht verfolgt der Anfragende

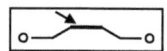

und welche Not steckt dahinter? Was denken die anderen darüber? Was machen wir, wenn Themen auftauchen, die der Betroffene nicht in die Runde tragen möchte, aber die dort aus Sicht des Klärungshelfers wichtig wären? Wie lange wird das Gespräch dauern? Was machen die anderen in der Zwischenzeit?

Grundsätzlich gilt die Tendenz: eher nicht. Wenn ja, dann mit der Bedingung, dass das Mitgeteilte auch in die große Runde kommen soll, das Einzelgespräch sozusagen eine Geburtshilfe darstellt.

> KH (wie für sich reflektierend): Also, ich sage Ihnen offen, was ich jetzt so denke. Einerseits möchte ich nicht mit Ihnen allein sprechen, weil ich dann eventuell etwas erfahre, was ich dann nicht sagen darf. Und die anderen denken sich: «Was haben die wohl gesprochen? Was wissen die zwei, was wir nicht wissen?» Ich kann dann nicht mehr naiv zuhören, unbeschwert nachfragen. Meine «Unbefangenheit» ist weg, die für mich sehr hilfreich und gut ist. Auf der anderen Seite denke ich: Es kann aber auch gut sein, wenn es mir im Ergebnis gelingt, Sie zu ermuntern, es in der ganzen Runde zu sagen. Also, wenn wir sprechen, dann müssen Sie davon ausgehen, dass ich Sie ermuntern werde, es zu sagen, egal mit welchen Folgen. Aber so richtig wohl ist mir dabei nicht.
> LUFTMEIER (reagiert schnell): Also, für mich ist es schwierig. Jetzt weiß ich, da gibt es was, aber ich weiß nicht, was. Und wenn du (Herzle) jetzt mit ihm rausgehst, das ist für mich nicht machbar. Nee.
> BAUCH (unterstreicht dies): Ich möchte es auch nicht.
> HERZLE (nachdenklich): Es droht einfach ... Also wenn ich dies jetzt sage, dann drohen Freundschaften kaputtzugehen. Freundschaften außerhalb von hier. Aber gut, es hilft nichts, ich sage es. Ich rücke jetzt damit raus.

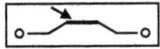 *Dialog 2. Tag – Gespräch unter vier Augen*

KH: Gut.

Ich denke mir: O Gott, was kommt denn jetzt? Muss denn das sein? Bauch macht mit seiner ratsuchenden Frage eine versöhnliche Geste – und Herzle haut wieder drauf. Sind die denn so unversöhnlich? Das gibt es doch nicht! Aber zum Glück rückt Herzle jetzt heraus ...

HERZLE (in dramatischem Ton): Mir ist zugetragen worden, wie ihr beide vor kurzem darüber gesprochen habt und dabei aufgezählt habt, wie viele Partner ich hatte. Ihr habt angeblich gesagt: «Der Mann ist voll krank. Der macht jetzt die nächste Partnerschaft kaputt. Wer so viele Partnerschaften in den Sand setzt, der ist nicht ganz dicht.» So in etwa.

Bauch und Luftmeier hören aufmerksam zu und machen ein betroffenes, ertapptes Gesicht dazu.

Daher weht der Wind! Mir ist auf einmal klar und verständlich, warum er so ablehnend auf die scheinbar anerkennende Frage von Bauch reagiert: Er hört darin einen spottenden Unterton. Glücklicherweise ist er nicht innerlich untergegangen, sondern hat sich mitgeteilt, auch trotz meiner anfangs ablehnenden Haltung.

KH: Aha. Jetzt verstehe ich. Darf ich mal neben Sie, Herr Herzle, kommen und für Sie was sagen? Auch um zu schauen, ob ich Sie jetzt da richtig verstehe.
HERZLE: Ja, gerne.
KH / HERZLE (geht neben ihm in die Hocke): Basil und Ludwig, ich fühle mich durch eure Äußerungen pathologisiert. Ich, der Kranke. Wenn ich so viele Partner hatte, kann ja mit mir was nicht stimmen. Ist doch klar. Das verletzt mich. Auch weil es die Situation sehr einseitig erklärt. Deshalb

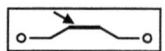

kann ich deine Frage, Basil, jetzt nicht neutral annehmen und als eine versöhnliche Geste sehen, wie ich es sonst gewiss täte. Stimmt das so?
HERZLE: Ja, genau.
KH (wieder an seinem Platz): Wie reagieren Sie darauf?
LUFTMEIER (schweigt einen Moment lang): Ja, ist schwirig, da jetzt was zu sagen. Wir stehen mit dem Rücken zur Wand in den letzten Wochen – ist so. Da sagt man schon so manches, was vielleicht nicht so optimal ist ..., aber das ist ja gar nichts verglichen mit deinem Angriff ...

Und immer wieder: Dialogisieren und doppeln

Und schon geht es wieder los mit Angriff und Gegenangriff, jetzt sogar von Luftmeier. Nach dem Motto «Jaja, ist schon was dran, an dem, was du sagst, aber ich bin das Opfer und du der Täter ...». Da hilft nur Ausdauer im Dialogisieren und Doppeln.

KH: Darf ich mal neben Sie kommen, Herr Luftmeier?
LUFTMEIER: Ja.
KH/LUFTMEIER: Also, die Situation ist für uns nicht leicht gewesen. Da haben wir versucht zu verstehen und nachzuvollziehen, was geschieht. Stimmt das so weit?
LUFTMEIER: Ja, wobei «nicht leicht» für unsere Situation etwas untertrieben ist.
KH/LUFTMEIER: Es war für uns ein voller Schock, der mir immer noch in den Knochen sitzt ...
LUFTMEIER: Ja, genau.
KH/LUFTMEIER: Und aus diesem Schock heraus, da lag es für uns nahe, mal in deine Geschichte zu schauen – und du hattest nun mal viele Partnerschaften auf deinem Weg.
LUFTMEIER: Genau.
KH/LUFTMEIER: Da lag es auf der Hand, auch zu unserer aktuellen Situation Parallelen zu ziehen. Wir wussten nicht, wie sollen wir mit der Situation umgehen, wie sie uns erklä-

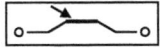

ren? Wir waren da hilflos und haben aus dieser Angst heraus agiert. Diese feindselige Äußerung ist ein Ausdruck unserer Hilflosigkeit und Angst. Stimmt das so?

LUFTMEIER: Ja, und ich bin immer noch hilflos.

KH (wieder auf seinem Platz, an Herzle gewendet): Wie reagieren Sie darauf?

HERZLE: Ich verstehe schon die schwierige Situation der beiden, aber sie hätten nicht mit anderen darüber reden dürfen. Mich hinter meinem Rücken so abartig darzustellen, das ist nicht kollegial, das ist nicht gut.

BAUCH (aufgebracht): Alles war aus den Fugen! Was denkst du denn, wie es für uns war, in diesen Wochen?

KH: Sagen Sie mal, wie es war.

BAUCH: Als du den Otto entlassen hast und dann mit dem Brief daherkamst, da haben wir gedacht, jetzt will er uns rausschmeißen. Irgendwie mussten wir uns das erklären: Entweder ist er total übergeschnappt, oder er zeigt jetzt endlich sein wahres Gesicht. (An den Klärungshelfer gewendet:) Und jetzt soll er nicht so daherkommen mit seinem «Das ist nicht gut». (Er imitiert die Art, in der Herzle es gesagt hat.)

Die Tiefe des Zerwürfnisses wird immer offensichtlicher: Es ist jetzt zusätzlich aufgeflogen, dass einer über den anderen vor Mitarbeitern einen Pathologieverdacht ausgesprochen hat. Dies ist erschütternd und von ganz neuem «Zerrüttungspotenzial». Trotzdem habe ich wieder Kraft und gebe noch nicht auf ...

Herzle zeigt im Ansatz immer wieder Verständnis für die Situation der beiden anderen («Ich verstehe schon, wie es euch da ging ...»), er ist eher offen, er hört zu und gesteht auch mal einen Fehler ein («Ich habe dir gegenüber nicht so meine Wertschätzung geäußert, wie es gut gewesen wäre ...»), was in der Regel deeskalierend wirkt, aber hier bewirkt es nichts Positives – wieder und wieder brennt die Luft.

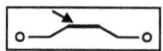

Luftmeier wirkt auf mich seit gestern und besonders vorhin, als er Stellung bezogen hat, präsenter, und ich sehe erst jetzt, wie verletzt und unversöhnlich er ist.
Bauch ist nach wie vor verschlossen und schnell aggressiv. Das heißt, er greift immer wieder Herzle an, leider aber ohne seine Wut explizit auszudrücken. (Zum Beispiel, indem er sagt: «Es nervt mich, ich tobe innerlich, es reicht mir, es war zum Kotzen ...» Stattdessen färbt seine Wut alles ein, was er sagt.) Nach der Theorie müsste sein Jauchekübel endlich mal leer sein ... Aber der Boden ist nicht in Sicht. Ob dies ein Fass ohne Boden ist? Ich bin langsam etwas genervt von seiner unermüdlichen Angriffslust, habe aber trotzdem das Gefühl, einen guten Kontakt zu ihm zu haben – noch sehe ich meine Allparteilichkeit von meiner tiefsitzenden Versöhnungssehnsucht nicht ernsthaft bedroht.

Zwischenfrage: Was machen Sie?

— Ich dopple für Bauch seine Wut, seine ablehnende Haltung und Verschlossenheit sehr deutlich: «Bin zu, ich kann und will mich nicht öffnen und versöhnen.»
— Ich gebe Feedback, wie ich jeden Einzelnen und die gesamte Situation erlebe – Herzle etwas offener, Luftmeier verletzt und Bauch verschlossen und die Gesamtsituation in den Verletzungen verfahren ...

Jetzt will ich für Bauch deutlich sagen, dass er nicht will und kann.

KH: Darf ich mal neben Sie kommen, Herr Bauch?
BAUCH: Ja.
KH / BAUCH: Ich reagiere auf deine Äußerung stinksauer, Herbert. Sie macht mich wütend, weil ich den Eindruck habe, dir ist nicht wirklich klar, was wir da durchgemacht haben, wie schwierig für uns die Situation damals war. Stimmt das so?

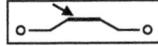

> BAUCH (stimmt sehr schnell und klar zu): Genau ...
> KH / BAUCH (doppelt in diesem Sinne weiter): Damals kam das alles für uns sehr überraschend und heftig – und das sitzt mir auch heute noch in den Knochen. (Bauch bestätigt deutlich nickend.) Und es ist für mich so schwierig, mich heute davon zu lösen, weil ... (Schaut Bauch auffordernd an.)
> BAUCH (sagt auf einmal, wie aus der Pistole geschossen) ... weil es jederzeit wieder geschehen könnte.

Zwiebelschälen: Jede Schale würdigen

Die Schalen sind oft dünn und unscheinbar – immer wieder kommt ein neuer, ähnlicher und doch leicht anderer Aspekt ans Licht. Trotzdem, man kommt Millimeter für Millimeter dem Zentrum näher. Die Unberechenbarkeit könnte ein solcher nächster Aspekt der inneren Wahrheit sein, der es für Bauch unmöglich macht, sich zu öffnen.

> KH / BAUCH (doppelt dies mit hinein): Und heute habe ich meine Schutzschilde hochgefahren, weil für mich die Situation nach wie vor unberechenbar ist. Diese Unberechenbarkeit macht es mir so schwer, deine versöhnlichen Gesten anzunehmen. Stimmt das so?
> BAUCH: Ganz genau.
> KH (an seinem Platz): Wie reagieren Sie darauf, Herr Herzle?
> HERZLE: Ich kann das nachvollziehen und finde es nicht gut. Die ganze Sache ist schwierig, für uns alle, wir alle haben da nicht so gehandelt, wie es angebracht gewesen wäre. Ich will mich da nicht rausreden, aber du, Basil, musst da schon auch ...
> BAUCH (unterbricht Herzle in einem zuerst versöhnlichen Ton): Gut, dass du es nachvollziehen kannst, denn das ist dringend nötig, aber eines ist klar. (Er sagt dann den folgenden Satz deutlich härter und kälter.) Nichts – muss – ich. Klar?

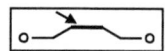

Der Weg hinaus führt hindurch
Immer wieder gerät das Gespräch an diesen scharfen Punkt – Bauch reagiert erst ruhig, bereit zuzuhören, dann verhärtet, verschlossen und lehnt mehr und mehr kategorisch eine Beteiligung am Ganzen ab.

Im Allgemeinen und besonders für schwierige, eskalierte Phasen gilt das Klärungshilfemotto «Der Weg hinaus führt hindurch». Dieses «Der Wahrheit ins Auge sehen» bedeutet hier: die Schärfe und Härte von Bauchs ablehnender, verneinender Haltung unmissverständlich und klar auszudrücken, am besten durch nochmaliges Doppeln. So ist es nun mal.

> KH: Darf ich nochmal neben Sie kommen? (Bauch bestätigt mit Kopfnicken.)
>
> KH / BAUCH: Ja, ich höre das, Herbert, was du sagst, und ich finde gut, dass du das nachvollziehen kannst, und das begrüße ich auch, aber ich kann nicht auf dich zugehen. Ich bin wie zu. Richtiggehend körperlich zu, und das sogar wie gegen meinen Willen. Ich würde mich öffnen wollen, mich einlassen wollen, aber es geht nicht. Stimmt das so?
>
> Bauch schaut vor sich hin – nickt langsam und betroffen.
>
> KH / BAUCH: Ich bin einfach zu, ich kann dir nicht verzeihen. Ich bin wie verhärtet dir gegenüber, und ich sehe keine Chance, es gibt kein Auf-dich-Zugehen, keinen Millimeter. Ich bin zu, aus – Ende.
> BAUCH: So ist es.
>
> Bauch blickt auf. Luftmeier und Herzle sind wie erstarrt. Im Raum ist eine enorme Spannung. Man könnte eine Stecknadel fallen hören.

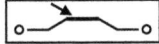

So, endlich. Das ist befreiend. Es fühlt sich so an, als ob ein weiteres Aufeinander-Zugehen einfach nicht möglich ist. Ein Teil in mir mag die Situation nicht. Ich will, dass die glücklich werden, sich mögen, mich mögen, mich weiterempfehlen ... Gleichzeitig ist in mir die Bereitschaft zur Wahrheit: also gut, dann halt nicht. Ende des Liedes, sie können nicht zusammenarbeiten. Dann managen wir halt den Weg auseinander. Zugleich weiß ich aber, dass wir jetzt endlich am «Boden» sind. Der Scherbenhaufen liegt vor uns, wie Christoph Thomann immer wieder sagt. Das ist eine gute Voraussetzung für wahre und sogar positive Entwicklungen. Mal sehen...

Wahrheit heilt: Akzeptieren, was ist

Das ist ein starker Moment der «Wahrheit». Bauch ist verschlossen, er ist wenig bis gar nicht bereit oder in der Lage, auf Herzle zuzugehen – jetzt ist es klar und deutlich. Dem muss man ins Gesicht sehen, denn «Wahrheit heilt» (siehe Thomann in: «Perspektive Mediation» 2005 / 1, S. 36 ff.). Wenn bei Bauch bereits so viel kaputtgegangen ist, dass er trotz besten Willens immer wieder gegen Herzle aggressiv wird, dann muss er es ausdrücken – und der Klärungshelfer dies akzeptieren. Nur so kann er jetzt gegebenenfalls zu tieferen, versöhnlicheren Gefühlen kommen (Ebene 4 – siehe S. 152), was vorher immer wieder, trotz verständnisvollen Doppelns, gescheitert ist – man kann eben keine Stufe überspringen.

Wahrheit vor Schönheit

Der Klärungshelfer muss immer wieder darauf achten, dass er «Anwalt der Wahrheit» bleibt, und nicht unbewusst das Miteinander «schön und gut» machen möchte. Dieser Wunsch ist zwar verständlich, aber er birgt unweigerlich die Gefahr, dass der Klärungshelfer dabei seinen Kurs hin zur Klarheit verliert. Er beginnt dann langsam Äußerungen und Stimmungen zu

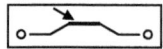

übergehen, die sein heimliches Ziel, das Happy End, gefährden. Er fängt an, mit Engelszungen auf Betroffene einzureden und sie von diesem oder jenem überzeugen zu wollen («Ist doch nicht so schlimm», «Er hat es nicht so gemeint» usw.). Damit verliert er seinen Kontakt zu den Parteien, zum tieferen Geschehen und verhindert solche klaren, wahren Äußerungen («Ich bin einfach zu. Ich kann dir nicht verzeihen»), die wichtig sind beim Auflösen von Gefühlsblockaden.

Die Lösungen, die aus einem solchen schönen statt wahren Gespräch erwachsen, mögen auf den ersten Blick schön aussehen, haben aber aller Wahrscheinlichkeit nach kein stabiles Fundament aus geklärten Situationen und gewürdigten Gefühlen.

Unter diesem Aspekt ist der gegenwärtige Moment in der Klärung genau richtig, sogar wenn er zum Ende der Partnerschaft führt. Es kommt klar zum Ausdruck, wie sehr Bauch verschlossen ist – und Angst hat, nach einer Öffnung wieder verletzt zu werden. Und das muss erkannt und gewürdigt werden. Das ist der einzige Weg.

> Es sieht so aus, als bewirke diese Äußerung überraschenderweise eine gewisse Öffnung bei Bauch. Er schaut auf einmal Herzle offen und herausfordernd an, als wolle er jetzt hören, was dieser darüber denkt.
>
> KH (von seinem Platz aus): Wie reagieren Sie darauf, Herr Herzle?
> HERZLE (wirkt sehr verstört und benommen, wie nach einem Schlag): Können Sie mir helfen?
> KH: Was ist denn los?
> HERZLE (spricht stockend und sehr leise): Ich bin sprachlos, bitte helfen Sie mir.

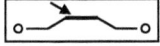

Doppeln hilft auch nonverbal

Doppeln ist für die gedoppelte Person eine Hilfe, sich in schwierigen Situationen auszudrücken. Schon die physische Präsenz des Klärungshelfers neben ihr signalisiert Unterstützung.

> KH: Soll ich mal neben Sie kommen? (Herzle bestätigt.)
> KH/HERZLE: Ich bin völlig erschüttert und deswegen sprachlos. Stimmt das? (Herzle nickt betroffen.)
> KH: Weil ... (Schaut Herzle auffordernd an.)
> HERZLE: Weil ... ich bedaure, dass es so ist. Und es war nicht meine Absicht. Mehr kann ich jetzt nicht sagen – das wollte ich nicht.

Er sieht sehr betroffen aus und will oder kann offenbar momentan nicht mehr sagen. Der Klärungshelfer nickt und geht wieder zu seinem Platz.

> KH: Wie geht es Ihnen, Herr Luftmeier?
> LUFTMEIER (wirkt ganz betroffen und sprachlos): Ich bin jetzt ganz baff. So verhärtet, die Situation ... tja.
> BAUCH (sagt mehr zu sich selber als zu den anderen): Aber so ist es – ich bin einfach zu.

In diesem Moment bittet Herzle um eine kurze Unterbrechung, damit er auf die Toilette gehen kann. Die anderen bleiben sitzen und warten – es herrscht Stille, keiner schaut den anderen an. Als Herzle zurückkommt, bittet er gleich ums Wort.

> HERZLE: Ich muss noch etwas sagen.
> KH: Ja, bitte.
> HERZLE (leise, aber entschlossen): Das stimmt nicht, was ich vorhin gesagt habe, also, dass es nicht meine Absicht war. Ich wollte dir (Bauch) wehtun, ich wollte dich so tief verletzen.

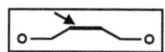

Wahrheit steckt an

Ist es nicht erstaunlich, dass dieser so friedliebende, höfliche Mann freiwillig Einblick in seine dunkle Seite gewährt? Dass dies hier passiert, ist nicht ungewöhnlich. Wenn eine Partei endlich ihre subjektive Wahrheit ausgedrückt hat – die tiefste, die sie gegenwärtig bieten kann –, dann steckt dies auch meistens die Gegenpartei an, die ihrige auszudrücken. Das sind, trotz ihrer schlimmen Inhalte, jeweils «heilige Momente» der Klärung. Die schlimme Wahrheit ist sichtbar und kann daher heilend wirken – das meint «Wahrheit heilt».

All dies findet übrigens auf Ebene 3 statt (siehe S. 152), die einen schlechten Ruf hat («So was sagt man sich nicht, sonst ist alles kaputt») und auf der die dahinterliegende Not nicht sichtbar ist und deswegen nicht automatisch solidarisierend wirken kann. Welche Folgen dies noch haben wird, ist völlig offen, aber es führt kein Weg dran vorbei ...

> BAUCH (nickt zufrieden, schaut aber Herzle nicht an): Gratuliere. Das ist das erste Mal in dieser Runde, dass ich dir glaube, was du sagst.
>
> KH: Darf ich mal neben Sie kommen, Herr Bauch?
>
> BAUCH: Ja.
>
> KH / BAUCH: Also, Herbert, das ist zwar nicht schön, was du sagst, nämlich dass du mir wehtun wolltest, aber ich freue mich darüber, dass du das jetzt aussprichst. Denn ich habe gespürt, dass du mir wehtun wolltest, es mit Absicht gemacht hast. Und jetzt bist du für mich glaubwürdig. So entsteht für mich wieder langsam Vertrauen. Ehrlicher Kontakt, und der ist mir lieb und recht. Stimmt das so?
>
> BAUCH: Ja, ganz genau.
>
> KH (wieder von seinem Platz aus): Aha.
>
> BAUCH (ergänzt): Aber ich kann ihm jetzt trotzdem nicht verzeihen, trotz der Ehrlichkeit.

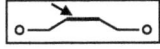

Herzle nickt niedergeschlagen. Luftmeier sitzt völlig betroffen da. Ihre Stimmung ist auf einem Nullpunkt.

Kann man nichts machen ... Ich gebe innerlich auf, da was ändern zu wollen.

In solchen Momenten erlebe ich, wie sich in mir eine Ruhe ausbreitet, da sich meine Gegenwehr gegen das, was ist, auflöst. Diese Ruhe genieße ich. Wir sind an einem wesentlichen Punkt der Klärung.

Zwischenfrage: Was machen Sie jetzt?

— Ein Feedback zur Situation geben und dann entsprechend der Uhrzeit (es ist kurz vor 12 Uhr) eine Mittagspause machen. Danach wieder an der Stelle weiterarbeiten.
— Herzle fragen, warum er ihm denn wehtun wollte.

8.7 Die Stimmung ist auf dem Tiefpunkt

Pausemachen ist auch eine Intervention

Der Prozess ist an einem Punkt angekommen – zeitlich und inhaltlich –, wo eine Mittagspause möglich ist, da jeder etwas zur Situation gesagt hat und keiner mehr unter innerem Druck steht, etwas mitzuteilen. Jetzt kann jeder für sich das Erlebte langsam verdauen, und danach wird geschaut, wo und wie es weitergeht.

Wenn jetzt nicht Essenszeit wäre, dann könnte der Klärungshelfer trotzdem eine Pause machen, um den Tiefpunkt auf jeden allein wirken zu lassen.

Eine weitere Möglichkeit ist, Herzle zu fragen, warum er Bauch denn wehtun wollte. Der Dialog würde also fortgesetzt, jetzt aber in einer anderen Qualität des Kontakts. Zwar würde es wieder um die gleichen Dinge gehen, die schon mehrmals be-

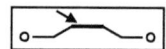

nannt wurden, aber diesmal direkter, offener, ungeschminkter, zugebender.

> KH: So, da sitzen wir nun. Es kommt mir vor, als ob wir um den Scherbenhaufen Ihrer Zusammenarbeit sitzen. Und das so klar anzuschauen, tut natürlich weh. Aber so sieht es nun mal aus. Es ist viel kaputtgegangen in den letzten Monaten. (Hält inne.) Ich möchte jetzt eine Pause machen – weil es Mittag ist und der Moment im Gespräch auch für mich stimmt. Sie haben ja einen kurzen gemeinsamen Imbiss vorbereitet. Den nehmen wir jetzt ein und treffen uns wieder in 40 Minuten und machen weiter, sodass jeder vorher noch kurz alleine an die frische Luft gehen kann. Geht das so?

Alle nicken als Bestätigung.

Mir wäre es lieber, jeder isst alleine, denn ich bin erschöpft. Jeder könnte sich vom Kontakt erholen, alles verdauen und dadurch ganz zu sich kommen. Aber es wurde vorher ausgemacht, und ich habe mich nicht entsprechend dagegen gewehrt, dass wir hier zusammen picknicken, um Zeit zu sparen. Ich konnte ja nicht ahnen, wie die Stimmung sein wird. Zum Glück wartet kein mehrgängiges Menü auf uns.

Der Imbiss findet in einem dafür hergerichteten Aufenthaltsraum der Klinik statt. Die Atmosphäre ist gedämpft, aber nicht kalt, die Spannung der Situation nur unterschwellig zu spüren – es ist, als würden alle in einen anderen, parallelen Verhaltensmodus umschalten, in dem Alltagsthemen und Höflichkeit angesagt sind. Die drei Ärzte reichen sich höflich die Suppenteller, machen kleine Bemerkungen zur Renovierungsbedürftigkeit des Raums, sprechen sonst wenig miteinander, aber ohne sich dabei zu ignorieren. Nach zwanzig Minuten geht jeder seiner Wege.

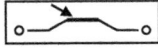

Ich genieße es, fünfzehn Minuten alleine spazieren zu gehen. Das Krankenhaus grenzt an einen kleinen Park. Langsam bekomme ich Abstand und erhole mich.

Nach 40 Minuten treffen alle wieder in dem Besprechungsraum zusammen. Auch die drei scheinen die letzten Minuten alleine für sich gewesen zu sein. Die Atmosphäre ist still, gesammelt und gespannt.

Ich bin darauf gefasst, dass einer, zwei oder gar alle drei nicht mehr zusammenarbeiten wollen oder können. Wenn dies die Wahrheit der Situation ist, dann bin ich als ihr Klärungshelfer bereit, sie zu akzeptieren – auch wenn es mir als harmonieliebender Mensch nach wie vor anders lieber wäre. Aber ich kann nicht retten, was nicht zu retten ist. Ich bin der Anwalt der Wahrheit und Klarheit, und wenn die ist, dass es nicht mehr geht, dann werde ich die Trennung sorgfältig begleiten. «Alles hat seine Zeit» – ein Satz, der mir zu akzeptieren hilft, was mir gerade nicht behagt ...

Wiedereinstieg mit kleiner Runde
Der Klärungshelfer könnte jetzt eine Runde machen: «Wie geht es Ihnen nach der Mittagspause? Was hat sich verändert? Wo stehen Sie?» Aus den Antworten ergibt sich dann das weitere Gespräch.

In der Pause ist mir der Gedanke gekommen, die Frage «Wo stehen die wohl?» wörtlich zu nehmen und ein Zusammenarbeits-Standogramm (siehe auch Materialisierung von Gefühlszuständen, «Klärungshilfe 1», S. 362) vorzuschlagen. Ich will jetzt mal von den Worten weg.

8.8 Gegenwart klären

Wenn der Dialog zwar klar, aber auf Ebene 3 stehengeblieben ist und man auch nicht mehr weiter die «Vergangenheit verstehen» will oder kann, dann ist es Zeit, bevor die «Zukunft geplant» wird, die «Gegenwart zu klären». Dafür gibt es verschiedene Methoden:

Feedback auf dem Scherbenhaufen
Eine verbale Standardmöglichkeit, die Gegenwart zu klären, ist eine «Feedbackrunde auf dem Scherbenhaufen»: Jeder sagt jedem, wie es ihm jetzt, nach der Klärung der Vergangenheit, mit jedem anderen geht und ob und in welchem Ausmaß er aktuell noch (nachdem er nun alles weiß, was in der Klärung herausgekommen ist) bereit ist, mit ihm in Zukunft zusammenzuarbeiten.

Das Zusammenarbeits-Standogramm
Ein nonverbaler, paralleler Weg ist ein Zusammenarbeits-Standogramm. Es wird eingesetzt, wenn die Situation angespannt, entzündet ist. Jedes Wort droht dann auf die Goldwaage gelegt zu werden, und jeder kleine Ausschlag des Gewichtanzeigers löst neue Irritationen und Verspannungen aus. Das schaukelt alles wechselseitig unnötig und inhaltlich verfälschend auf. Dann kann es eventuell mit Worten nicht mehr so gut gelingen, zu einem klaren Bild der Gegenwart zu kommen – wie steht jeder zur Zusammenarbeit?

Später kann das Standogramm eventuell auch noch genutzt werden, um die «Zukunft zu planen». («Wie würden Sie denn gerne zueinander stehen? Was heißt das jetzt konkret für Ihren weiteren Weg?») Es könnte natürlich auch genutzt werden, um Hindernisse aufzuspüren, die in der Vergangenheit ihre Wurzeln haben. Der Klärungshelfer steuert mit seiner Eingangsfrage die Nutzungsrichtung.

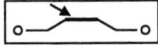

KH: Also, machen wir weiter. Ich möchte Ihnen ein Experiment vorschlagen. Das ist mir in der Pause beim Betrachten Ihrer Situation in den Sinn gekommen. Ganz allgemein gesagt: Stimmungen, Gefühle, Beziehungen können dadurch ausgedrückt werden, indem man darüber spricht oder Bilder malt, wie gestern zum Beispiel. Eine andere Möglichkeit ist es, dass man Gegenstände oder Personen im Raum anordnet und durch die räumlichen Bezüge Aussagen macht. Beispielsweise kann Sympathie durch nahes Zusammenstellen gezeigt werden, Antipathie durch großen Abstand. Oder «Ich will gehen» durch Nähe zur Tür, «Ich bin an etwas anderem interessiert» durch einen Blick aus dem Fenster.

Ich will wissen, wo jeder Einzelne von Ihnen nach diesem Vormittag **im Hinblick auf Ihre Zusammenarbeit** jetzt steht – und zwar im wahrsten Sinn des Wortes. Um dies auszudrücken, lade ich Sie ein, Ihren inneren Standpunkt durch einen Ort im Zimmer den anderen mitzuteilen. Dazu werde ich diese Wasserflasche hier in die Mitte stellen. Sie steht für Ihre Zusammenarbeit.

Der Klärungshelfer stellt eine Wasserflasche in die Mitte des Stuhlkreises (siehe Skizze auf S. 230).

KH: Jetzt beziehen Sie sich bitte auf diese Wasserflasche. Die Frage lautet: Wie stehen Sie gerade zu Ihrer Zusammenarbeit? Sind Sie beispielsweise völlig unfähig, k.o., dann drücken Sie dies vielleicht dadurch aus, indem Sie sich von der Flasche abwenden oder weit weg von ihr hinstellen. In einem zweiten Schritt können Sie schauen, wo stehen die anderen beiden, und versuchen, im Abstand zu zeigen, wem Sie sich wie nahe oder fern, voller Groll usw. empfinden. Im dritten Schritt zeigen Sie vielleicht auch durch Ihre Körperhaltung, wie Sie sich selber empfinden. Aufrecht, gebeugt, Hände zur Faust geballt, Augen geschlossen usw.

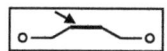

Das ist mein Vorschlag. Können Sie sich vorstellen, sich auf dieses Experiment einzulassen und zu schauen, was dabei herauskommt?

BAUCH (skeptisch): Und warum machen wir das so kompliziert? Muss das sein?

KH: Ich könnte Sie jetzt natürlich auch einfach fragen, wie es Ihnen geht, und wir machen eine Runde, aber ich schlage Ihnen diesen erst mal sonderbar klingenden Weg vor, weil ich mir davon eine zeitliche Abkürzung und Präzisierung verspreche. Wir sehen auf einen Blick, wie es aussieht, und dieses Bild sagt mehr als tausend Worte, die so leicht missverständlich sind.

LUFTMEIER (fragt sachlich nach): Ja, aber wenn jeder seinen Platz sucht, dann gibt das ja so ein Gerenne? Der eine bewegt sich, dann muss sich auch der andere wieder bewegen usw.

KH: Ja, das Ganze ist am Anfang in Bewegung, aber nach etwas Zeit kommt es langsam zur Ruhe und friert ein, und dann ist das ein statischer Ausdruck der gegenwärtigen Situation.

HERZLE (reagiert aufgeschlossen): Also ich bin bereit dazu. Stelle es mir nicht leicht vor, aber ich habe schon von solchen Dingen gehört, und das klang ganz gut.

KH: Können Sie, Herr Bauch, sich vorstellen, es zu probieren?

BAUCH (nur noch etwas zurückhaltend): Ja, ich mache mit.

Sie erheben sich von ihren Stühlen, die an den Rand gestellt werden. Der Klärungshelfer fordert die drei auf, einfach mal durch den Raum zu gehen und nur zu schauen, welcher Ort für sie stimmen könnte. Mal näher an die Flasche herantreten, mal weiter weg, mal nahe an der Türe, mal mehr am Fenster. Dann sollen sie auch die anderen beiden wahrnehmen und schauen, wie sie sich zu ihnen positionieren wollen.

Die drei Ärzte gehen anfangs langsam und schweigend durch den Raum. Doch bald schon setzt sich Bauch direkt vor die Flasche auf den Boden in den Schneidersitz mit verschränkten Armen – Blick gesenkt, direkt auf die Flasche gerichtet. Er bleibt dort auch bei den weiteren Anweisungen, verschiedene Plätze auszuprobieren, sitzen. Luftmeier stellt sich mit offenem Blick halb Richtung Fenster, halb Richtung der anderen zirka 1,2 Meter von der Flasche entfernt auf. Hände in den Hosentaschen. Er macht einen in sich gekehrten, abwartenden Eindruck. Herzle steht zirka 1,5 Meter entfernt, nahe an der Tür, frontaler Blick auf die Flasche. Arme hängen nach unten. Vor sich stellt er einen Stuhl. Die ganze Szene ist schon nach ein, zwei Minuten fertig.

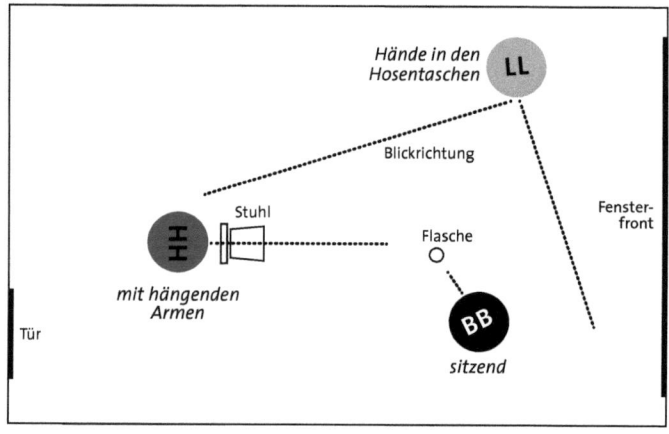

KH: Jetzt möchte ich jeden von Ihnen bitten, in einem Satz zu sagen: Wie geht es mir hier? Was will ich zum Ausdruck bringen? Warum stehe ich da? Wer möchte anfangen? (Herzle meldet sich, und der Klärungshelfer stellt sich neben ihn.)

HERZLE: Also, ich stehe hier, weil ... halb auf dem Weg zur Zusammenarbeit, halb auf dem Weg zur Tür, also, ich bin bereit zu gehen. Dieser rote Stuhl, das ist meine tiefe Verletzung, und die steht der direkten Linie zur Flasche im Weg, das heißt, ich kann nicht zur Zusammenarbeit näher hingehen, weil meine Verletzung da ist. Die ist so rot und so groß wie dieser Stuhl. Und ich sehe aber auch von meinem Platz aus die beiden hier, habe sie im Blick, bin vorsichtig. Und da stehe ich ... ja so.

KH (fasst zusammen): Okay. Sie sind bereit zu einer weiteren Zusammenarbeit, aber diese Verletzung hier steht Ihnen im Weg. Deswegen sind Sie auch halb bereit zu gehen. Stimmt das so?

HERZLE: Ja, genau. Und durch meinen Blick will ich auch zeigen, dass ich von meinem Platz aus bereit bin, mit beiden Kontakt aufzunehmen.

KH: Gut. Danke. So weit mal. Wer möchte jetzt? (Der Klärungshelfer stellt sich neben Luftmeier, der sich als Nächster meldet.)

LUFTMEIER: Ich stehe hier, Blick zum Fenster raus. Ich bin bereit zu gehen, mir mein Eigenes aufzubauen, mir meinen Weg zu suchen. Ich stehe aber halb zum Fenster, was für mich rausgehen heißt, und halb zur Flasche, ich bin also so halb zwischendrin. Und im Augenwinkel, ich stehe bewusst so, sehe ich Herbert. Ich habe vorhin beim Platzsuchen ja auch nochmal nachjustiert, als er sich etwas umgestellt hat. Ich wollte ihn bewusst im Augenwinkel sehen können.

KH: Was wollen Sie damit zum Ausdruck bringen?

LUFTMEIER: Für mich heißt das, ich würde reagieren, wenn er auf mich zugeht. In beiderlei Hinsicht. Falls er mich wieder angreifen würde, damit ich mich verteidigen könnte. Und wenn er die Hand ausstreckt, damit ich mit ihm ins Gespräch kommen könnte. Für mich ist die Verbindung noch nicht abgebrochen, aber sie ist dünn, nicht so, wie ich jederzeit Basil sehen kann. Und die Hände in den Hosentaschen heißt, ich bin jetzt noch nicht bereit zu handeln, vorschnell irgendetwas zu tun.

KH (fragt nach): Was heißt das, «nicht bereit zu handeln»?

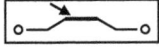 *Dialog 2. Tag – das Zusammenarbeits-Standogramm*

LUFTMEIER: Ich bin da, schaue es mir an, höre mir es an und reagiere auch, aber ich mache nichts von mir aus. So meine ich es. Verstehen Sie?

KH: Ja. Danke auch Ihnen. Und jetzt Sie, Herr Bauch. Sie sitzen? (Geht neben ihm in die Hocke.)

BAUCH: Ja, ich will sitzend zeigen, dass ich voll und ganz zur Zusammenarbeit stehe.

HERZLE (fragt schnell von seinem Platz aus): Mich würde interessieren, ob das heißt, er steht zur Zusammenarbeit oder er steht zur Klinik?

BAUCH (reagiert besonnen, sachlich): Ja, die Frage ist gut, ob ich zur Zusammenarbeit stehe oder zur Klinik. Für mich ist es in erster Linie mal die Klinik. Mein Sitzen soll auch zum Ausdruck bringen, dass ich mich hier nicht wegbringen lasse, für nichts auf der Welt. Also, für mich war es vorhin beim Platzsuchen ganz deutlich, ich – setze – mich – da – hin! Die können machen, was die wollen, aber ich bleibe hier, bei meiner Klinik. (Sagt dies mit Nachdruck.) Ich war nicht bereit, irgendwie was an meiner Position zu verändern, nur weil die sich da rumbewegen.

KH: Es scheint Ihnen wichtig, zu betonen, dass Sie in jedem Fall in der Klinik bleiben wollen. Deswegen auch dieses schnelle Hinsetzen. Auch wenn die anderen sich bewegt haben, hat sich nichts an Ihrer Position verändert.

BAUCH: Ganz genau. Aber das stimmt jetzt auch nicht mehr so ganz für mich. Also, ich würde das jetzt anders machen, meine Position verändern, mehr auf die beiden beziehen. Sitzen heißt einfach auch noch, ich bin innerlich am Boden. Aber ich bin der Flasche sehr nahe. Ehrlich gesagt, so. (Er nimmt die Flasche und stellt sie noch näher an seine Beine.)

KH: Sagen Sie mal was zu dem, was Sie von Ihrem Platz aus sehen. Wie ist Ihr Blick?

BAUCH: Ich sehe beide von hier aus. Aber wenn ich mich jetzt hier beziehen sollte auf die beiden, was ich vorhin eben

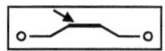

nicht mehr gemacht habe, weil ich mich gleich hingesetzt habe, dann würde ich hier (Richtung Luftmeier) mehr Nähe suchen, würde dadurch aber von ihm (Herzle) wegrücken, was ich aber auch nicht wollte. Aber näher zu ihm (Herzle) geht auch nicht.

KH: Gut, danke so weit mal.

Ich bin zufrieden, dass die drei sich auf ein solches für sie ungewohntes Experiment eingelassen haben. Man erkennt auf einen Blick, wo und wie jeder steht. Ich glaube den dreien – was und wie sie es sagen, fühlt sich für mich stimmig, ehrlich an. Dass noch mehr Potenzial und Bereitschaft für eine Zusammenarbeit da ist, als ich in der Pause angenommen habe, erfreut den Teil in mir, der alle harmonisch zusammenhaben möchte ...

Das Standogramm noch weiter nutzen in Richtung Zukunft

Wenn die Konfliktparteien noch die Kraft haben, ist es hilfreich, auf dieser nonverbalen Ebene vorsichtig die «Zukunft zu planen»:

— Hat jemand an seinem Platz einen Impuls, etwas zu verändern, und wenn ja, welchen?
— Was verändert sich für ihn und die anderen, wenn er ihm nachgibt?
— Ist es möglich ein Standbild zu finden, das alle als gut empfinden? Wie ist der Weg dorthin?

Wenn die Konfliktparteien nicht mehr können oder wollen, wird das Setting abgebrochen, und jeder geht an seinen Platz im Kreis zurück. Danach folgt obligatorisch eine Runde, in der jeder seinen Eindruck und seine Gedanken nach dem Standogramm mitteilen kann. Das Standogramm wird, wie auch alle anderen nonverbalen Ausdrucksübungen, nicht vom Klärungshelfer gedeutet oder interpretiert, sondern lediglich von den Parteien selber. Der Klärungshelfer fasst allenfalls beschreibend zusammen. Hat er zusätzliche Eindrücke oder Beobachtungen, bietet er sie als Frage an: «Ist es Zufall oder bedeutet es etwas, dass ... (Sie die Hände in den Hosentaschen haben)?»

> KH: Können Sie noch? (Alle drei bestätigen.)
> KH: Ich möchte Sie noch um eine weitere Runde bitten, in der jeder sagt, ob er einen Impuls hat, sich von seinem Platz aus irgendwo hinzubewegen, oder was er bei sich verändern möchte.
> HERZLE (reagiert prompt): Ja, ich würde gerne diese Verletzung hier weghaben und dann näher kommen, aber das geht nicht. Und zweitens, es ist für mich typisch, dass er – (nickt abschätzig mit dem Kopf in Richtung Bauch) sich da hinhockt und sich überhaupt nicht darum schert, wie es mir geht. Ganz typische Situation. Egal was ich mache, wo und wie ich mich bewege, er rührt sich nicht, keinen Millimeter. Für mich drückt es das aus.

Standogrammarbeit nicht verlassen

Die Äußerung ohne Kommentar stehenzulassen, könnte den Eindruck erwecken, der Klärungshelfer würde über die aggressiven Zwischentöne hinweggehen, statt sie zu benennen, was hier nicht geschehen sollte.

Denkbar wäre, die Situation zu klären, indem der Klärungshelfer Herzle erklärt, warum sich Bauch wahrscheinlich so verhalten hat. Dies führt dann aber hinaus aus dem Gegenwartsstandogramm und zurück in den Dialog über die Vergangenheit.

Durch aktives Zuhören kann der Klärungshelfer signalisieren, dass er die Zwischentöne gehört hat und sich eventuell später nochmal darauf beziehen wird. Jetzt aber stehen das Standogramm und die damit verbundene Eindrücke im Vordergrund.

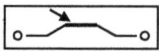

KH: Okay. Sie sehen im Hinsetzen von Herrn Bauch, dass er sich nicht auf die anderen bezieht. Das ist für Sie ein symbolisches Verhalten, das Ihnen bekannt vorkommt und Sie ärgert. Ich möchte darauf jetzt nicht näher eingehen – nachher haben wir dafür noch Zeit. (Herzle nickt dazu. Der Klärungshelfer geht auffordernd zu Luftmeier.)

LUFTMEIER: Ja, ich hätte Lust, mich noch mehr so hinzustellen ... (Er dreht sich auf seinem Platz mehr Richtung Zusammenarbeit und Herzle.) Aber noch mehr hätte ich den Impuls, dass wir da hingehen, Sie (zum Klärungshelfer), kommen Sie mal bitte ... (Er stellt sich nahe an die Flasche. Der Klärungshelfer soll sich ihm gegenüber ebenfalls vor die Flasche stellen und seine Hände ergreifen. Dann lehnen sich beide zurück und pendeln ausbalanciert über der Zusammenarbeit.) So ist jeder auf den anderen angewiesen. Wir drei auf diesem kleinen Plateau stehend, getragen von unseren Mitarbeitern. Und hier oben ist für uns drei Platz, indem wir stehen und uns halten und uns so zurücklehnen können und auf die anderen zählen. So stelle ich es mir eigentlich vor.

KH: Danke. (Luftmeier geht wieder auf seinen Platz zurück, stellt sich aber etwas mehr nach rechts gedreht auf, also mit mehr Blick auf die Zusammenarbeit und Herzle hin. Der Klärungshelfer geht auf Bauch zu.)

BAUCH: Ich hätte den Impuls aufzustehen.

KH: Machen Sie mal.

BAUCH (steht auf und macht kleine vorsichtige Schritte zurück, bis er in etwa gleich weit von der Zusammenarbeit entfernt steht wie seine beiden Kollegen.): Hier ist es für mich gut. Ich kann beide sehen, und so stelle ich es mir auch vor – so hätte ich es gerne.

KH: Gut. Bleiben Sie mal dort stehen. Schauen Sie alle drei mal, wie das jetzt so für Sie ist.

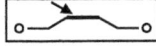 *Dialog 2. Tag – das Zusammenarbeits-Standogramm*

Es ist jetzt ein Bild entstanden, in dem jeder der drei in etwa gleich weit von der Zusammenarbeit entfernt steht und jeden anschauen kann. Lediglich Herzle hat noch «seine Verletzung» (Stuhl) vor sich.

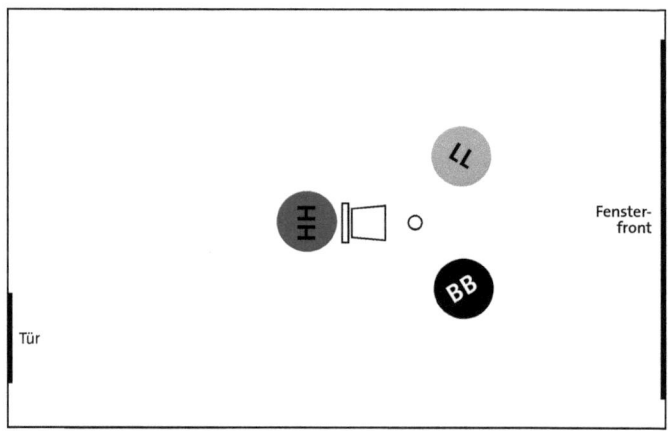

Ich bin zufrieden. Das ist ein Bild, das zum Ausdruck bringt, dass in jedem der Wunsch wurzelt, sich aufeinander zuzubewegen. Es stört eigentlich nur noch die Verletzung von Herzle, aber da habe ich gerade auch keine Idee, was ich mit ihr im Rahmen der Standogrammarbeit machen könnte. Ich möchte es auch nicht übertreiben. Ich plane gerade abzubrechen, als ...

HERZLE (dreht seinen Stuhl leicht in Richtung Bauch): Damit möchte ich ausdrücken, wie meine Verletzung aussieht. Das meiste kommt von daher (zeigt auf Bauch), und ein bisschen was kommt von daher (weist auf Luftmeier). Das ist das Gesicht meiner Verletzung.
LUFTMEIER: Gut, dann brauche ich auch einen Stuhl. Das ist meine Verletzung. (Er nimmt sich auch einen Stuhl und

stellt ihn vor sich hin, mit der offenen Seite deutlich gegen Herzle zeigend.)

BAUCH (schaut zwar die anderen scheinbar aufmerksam an, hat aber offensichtlich nicht mitbekommen, warum Luftmeier einen Stuhl vor sich hinstellt): Was macht ihr denn jetzt mit den Stühlen da?

KH (erklärt): Die symbolisieren die Verletzungen, die im Miteinander entstanden sind.

BAUCH: Ich möchte dann auch eine Verletzung – so geht's ja nicht.

In die ernste Gesamtsituation kommt durch diese Äußerung eine humorvolle Note – alle drei lächeln über ihr Verhalten.

KH: Ja bitte, gerne.

Bauch holt sich auch seine Verletzung, und stellt sie vor sich hin – mit der offenen Seite Richtung Luftmeier.

LUFTMEIER (irritiert): Was soll denn das heißen? Habe ich dich verletzt?

BAUCH (verständnislos): Bitte?? Das verstehe ich nicht, was willst du damit sagen?

Der Klärungshelfer erklärt Bauch kurz die Bedeutung der Richtung der Stühle. Daraufhin stellt Bauch seinen auch in Richtung Herzle.

KH: Okay. Dann schauen Sie sich nochmal das Bild an. Gibt es noch etwas, was Sie von hier aus sagen, machen, verstehen wollen?

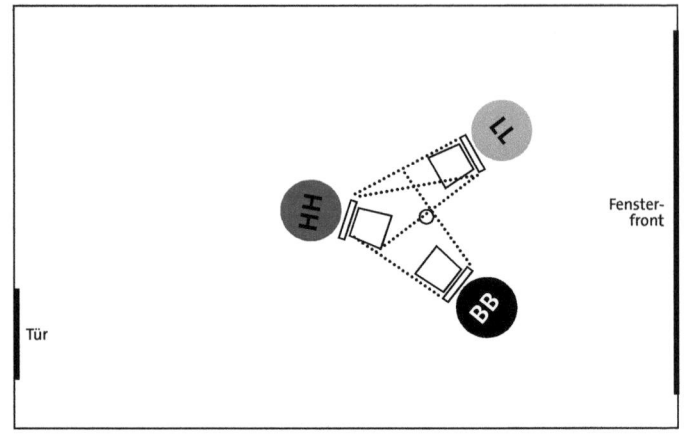

Alle drei schauen, haben aber keinen Impuls, irgendwas zu verändern. Auch dem Klärungshelfer scheint dies ein guter Punkt für den vorläufigen Abbruch der Standogrammarbeit.

KH: Wenn kein Impuls mehr da ist, dann setzen Sie sich bitte wieder auf Ihren Platz im Kreis.

Alle drei setzen sich wieder auf ihre Stühle – «ihre Verletzungen».

Erst Reflektieren der Methode, dann Verarbeiten der Ergebnisse

Es ist für die drei wahrscheinlich ein neuer Weg gewesen, sich mitzuteilen. Die Methode und die gerade damit gemachte Erfahrung kurz zu reflektieren, ist hilfreich, um Irritationen auf der Inhaltsebene zu vermeiden. Falls einer wider Erwarten mit dem Standogramm Schwierigkeiten hatte oder etwas gänzlich falsch verstanden hat, soll er dies jetzt offen mitteilen. Erst nach der Reflexion der Form geht es darum, zu hören, was sich im Blick auf die Zusammenarbeitsbeziehungen dadurch verändert hat.

KH: Danke, dass Sie sich auf diese für Sie wahrscheinlich ungewohnte Methode eingelassen haben. Ich möchte jetzt, bevor wir über Ihre Zusammenarbeit reden, von Ihnen hören, wie es Ihnen mit der Methode, also im Raum etwas auszudrücken, gegangen ist.

LUFTMEIER (meldet sich gleich zu Wort): Erstaunlich. Man kennt das ja so von den Psychologen – Bilder malen, im Raum rumstehen. Das sind alles so Klischees. Aber jetzt mache ich das, und ich merke, wie gut das ist. Ich bin beeindruckt, wie klar es wird.

HERZLE (offen): Ich mache da gerne mit. Wird vieles deutlich so.

BAUCH (in ruhiger Stimmung): Ja, passt. Konnte mich gut einlassen.

Jetzt ist es Zeit, nach den Gefühlen und Gedanken der drei zu fragen, aber ich merke, wie ich vorher das Bedürfnis habe, mein Erstaunen über das Ergebnis der Standogrammarbeit mitzuteilen.

KH: Schön, ich freue mich. Bevor Sie bitte sagen, wie es Ihnen jetzt danach geht, bezogen auf Ihre Zusammenarbeit, möchte ich Ihnen kurz sagen, was ich mir denke. Also, ich bin erstaunt über das Bild. Ich habe erwartet, dass Sie sich mehr oder weniger alle in die Türe stellen und sagen: «Ich gehe.» Dann hätten wir jetzt zu verhandeln gehabt, wie dieses Auseinandergehen auf gute Weise geschehen könnte. So aber haben wir eine andere Situation. Für mich drückt sich in dem Bild aus, dass Sie eigentlich noch alle irgendwie an der Zusammenarbeit interessiert sind, obwohl es nur noch Scherben sind, wie wir vorhin festgestellt haben. Stimmt das so? Was denken Sie sich? Was hat sich für Sie verändert, was nicht?

Alle drei schweigen, schauen vor sich hin, scheinen nachzudenken. Dann sagt Luftmeier:

LUFTMEIER: Ich bin schon irgendwie erleichtert. Wie wir jetzt aber weitermachen sollen, weiß ich beim besten Willen nicht.

KH: (überprüfend): Was meinen Sie mit «Ich weiß nicht, wie wir weitermachen» sollen? In dem Gespräch jetzt? Oder ist es ein Ausdruck für eine gewisse Ratlosigkeit, Ihre gesamte Situation betreffend?

LUFTMEIER: Ratlosigkeit für unsere Zusammenarbeit. Ich hätte es ja gerne so, wie wir zwei (Klärungshelfer und Luftmeier) es vorhin gemacht haben, als wir uns an den Händen gefasst zurückgelehnt haben, aber wie kommen wir dahin? Ich sehe jeden mit seiner Verletzung dastehen, und an der kommen wir irgendwie nicht vorbei.

KH: Sagen Sie nochmal einen Satz zur Erleichterung. Worüber sind Sie erleichtert?

LUFTMEIER: Ich glaube, dass unsere Zusammenarbeit ganz schön knapp auf der Kippe stand und immer noch steht. In dem Gespräch vorher und dann in der Aufstellung ist ganz gut zum Ausdruck gekommen, wie ich uns die letzten Wochen erlebt habe – aggressiv, verletzt, verstockt, erschüttert. Und auch wenn es so aussieht, dass wir fast auseinandergegangen wären, jeder war ja schon fast auf dem Sprung, so ist da doch etwas, was uns irgendwie zusammenhält, und das ist für mich auch nochmal deutlicher spürbar geworden – und dass das da ist, dieses Zusammenhaltende, das freut mich und erleichtert mich.

KH: Ja. Wie geht es Ihnen beiden?

HERZLE: Sehr ähnlich wie dir, Ludwig. Ich bin erstaunt und erfreut, dass es doch etwas gibt, was uns zusammenhält. Mich ärgert aber (er wird energischer mit der Stimme), dass Basil sich einfach so hinsetzt, direkt auf die Klinik fast, und

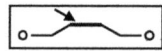

sich nicht darum schert, was wir machen. Das ist typisch für ihn.

Soll ich auf den Ton, den Vorwurf von Herzle jetzt wieder eingehen – vielleicht doppeln? Zum zigsten Mal? Oder soll ich es übergehen und weitermachen? Oder den Dialog endgültig abbrechen?

8.9 EXKURS: Wann ist der Dialog zu Ende?

1. Wenn sich die Parteien versöhnt haben,
2. oder wenn er nichts mehr bringt – sich im Kreis dreht, stagniert, gar weiter eskaliert oder man sich im Nebel verloren hat –
3. oder wenn man keine Zeit mehr hat.

Der Dialog kann grundsätzlich gut oder ungut aufhören. Beides ist «legal» und in Ordnung. Es fühlt sich zwar sehr unterschiedlich an, aber es ist trotzdem beides akzeptabel und hilfreich.

Zu 1. Versöhnung
Das ist natürlich die schönste Situation für den Klärungshelfer. Die Parteien akzeptieren sich gegenseitig, blicken sich direkt und offen in die Augen, bitten vielleicht um Entschuldigung oder geben sich gar die Hände. Der Konflikt ist geklärt und aufgelöst. Weitere Erklärungen sind nicht nötig, und man kann direkt zur Lösungssuche übergehen.

Zu 2. Es bringt nichts mehr
In der Klärungshilfe wird grundsätzlich so lange vertieft, bis der Konflikt auf der Sachebene klar und auf der Gefühlsebene die innere Vorverletzung sichtbar geworden ist (Ebene 4, S. 152). Wenn

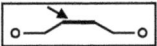

sich der Dialog aber im Kreis dreht, neblig bleibt oder gar noch heftiger wird und trotz mehrmaliger Versuche keine weitere Klarheit oder Vertiefung möglich ist, dann ist die Dialogphase abzubrechen – die Möglichkeiten des Dialogs sind ausgeschöpft. Das ist kein Misserfolg, obwohl es sich so anfühlt. Hier zeigt sich meistens eine sinnvolle, zu respektierende Grenze der Vertiefungsmöglichkeit. Unter der Blockade wäre zwar noch Lohnendes zu finden, aber es scheint nicht der richtige Zeitpunkt oder Rahmen zu sein, sie aufzulösen. Diese Grenze kann man auch als «Bodensatz» bezeichnen, der akzeptiert werden muss.

Zu 3. Es ist keine Zeit mehr übrig
Für Erklärungen, Lösungssuche und Abschlussphase muss man unbedingt genügend Zeit (ein Viertel bis ein Fünftel der Gesamtzeit) einplanen. Das heißt, dass der Klärungshelfer während der Dialogphase die Gesamtzeit der Sitzung im Blick haben muss, um den Dialog rechtzeitig abzubrechen. Das tut manchmal weh, weil es gerade so ergiebig ist oder der Klärungshelfer den Eindruck hat: «Wenn ich nur noch ein bisschen mehr Zeit hätte, würden wir einen großartigen Durchbruch haben.» Ob das stimmt oder nicht, wird nie herauskommen, denn er muss rechtzeitig einen Schnitt machen. Es wäre schädlich, wenn die Parteien zwar vertieft und geklärt, aber nicht wieder sorgfältig in den Alltag zurückgeführt werden können.

In den beiden letzten Fällen beendet der Klärungshelfer künstlich die Dialogphase mit den Standardworten: «Ich will hier mal unterbrechen und Ihnen sagen, wie ich das Ganze von außen sehe.» Das ist dann zugleich die Überleitung zur Erklärung.

> *Was soll ich mit Herzles Behauptung machen, dass Bauch mit seinem Hinsetzen doch nur zeigt, dass er kein Interesse hat, wie es Herzle ergeht? Meine innere Stimme plädiert nicht für Vertiefen, aber auch nicht für Übergehen.*

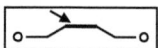

8.10 EXKURS: Parteien immer vor «tiefenpsychologischen» Interpretationen schützen

In der aktuellen Situation ist es wichtig, Bauch zu schützen und zu erklären, dass sein Sich-vor-die-Flasche-Setzen lediglich einen bestimmten Aspekt ausdrückt (die Wichtigkeit der Klinik für ihn) und nicht als Ganzes gedeutet werden sollte, zum Beispiel: «Er zeigt in der Art, wie er in der Aufstellung agiert, seinen narzisstischen Grundcharakter.»

Überhaupt ist das tiefenpsychologische Deuten von Details grundsätzlich zu unterlassen – vom Klärungshelfer selber wie auch von allen anderen. Also soll man beispielsweise weder beim Malen der Bilder noch bei dem Standogramm über das hinausgehen, was der Betroffene sagt beziehungsweise was er aktuell damit ausdrücken wollte. Lediglich in Form von Feedback werden Hypothesen angeboten. («Auf mich wirkt Ihr Hinsetzen und Nicht-auf-die-anderen-Schauen so, als ob es Sie wenig interessiert, was die von Ihnen denken, fast als wären die Ihnen völlig egal – ist da was dran oder ist das überinterpretiert?»; «Steckt in der Farbe Rot auch etwas von der Wut, die da für mich durchzuschimmern scheint, oder sagt das nichts aus?») Wenn der Gefragte ablehnt und die Vermutung von sich weist, lässt der Klärungshelfer die Hypothese sofort fallen und stellt sich sogar schützend vor den Betroffenen, falls die anderen Parteien ihrerseits hineindeuten wollen.

Hingegen darf und muss der Klärungshelfer Zusammenhänge herstellen, wo sie hilfreich und leicht nachvollziehbar sind. Diese bietet er wieder als Vermutung an – siehe weiterer Dialogtext.

Ich werde es also ansprechen und Bauch vor der Unterstellung von Herzle schützen. Ich werde das mit einer kleinen Zwischenerklärung machen.

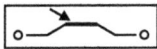

8.11 Ausstieg aus dem Dialog: Es bringt jetzt nichts mehr ...

KH (spricht Herzle an): Sie erkennen wahrscheinlich in dem Hinsetzen von Herrn Bauch etwas wieder, das Sie auch so empfunden haben, als Sie nach dem Unfall zurückkamen, nämlich: Er sitzt auf der Klinik und kümmert sich nicht darum, wie es Ihnen geht, ob Sie Ihren Platz finden oder nicht usw. Das bringt Sie jetzt auf die Palme, weil dieses Thema für Sie bis heute schwierig ist. Das ist vielleicht sogar ein Hauptaspekt Ihrer Verletzung. Stimmt das so? (Herzle hört aufmerksam zu und bestätigt durch Nicken.)

Dadurch aber überinterpretieren Sie in meinen Augen das, was Herr Bauch auf meine Instruktion hin hier und jetzt in dem Standogramm zum Ausdruck bringen wollte. Ich möchte da deutlich Stopp sagen, weil sonst die Gefahr besteht, dass an ihm etwas hängenbleibt, was nicht zu ihm gehört. Er hat gesagt, dass er mit dem Sich-gleich-Hinsetzen zeigen wollte, dass er sehr zur Klinik steht. Im zweiten Schritt hat er dann gesagt, er würde es jetzt nicht mehr so machen, sondern sich auch noch auf Sie beide beziehen. Stimmt das, Herr Bauch?

BAUCH: Ja, auf jeden Fall. Ich habe das, wie wir es machen sollten, auch irgendwie falsch verstanden, zuerst.

KH: Hören Sie das, Herr Herzle?

HERZLE: Ja klar, aber es fällt mir schwer, es zu glauben.

KH: Ist ja auch klar, weil Ihre Verletzung real und nach wie vor da ist. Hier zeigt sich für mich deutlich, wie eine negative Erwartungshaltung, die verursacht wird durch ungute Erfahrungen und Verletzungen – die ja nicht eingebildet sind, die Sie tatsächlich erlebt haben und jetzt bei Ihnen eingeätzt sind –, wie diese Erwartungshaltung alles einfärbt, was man sieht, ähnlich einer Sonnenbrille. Sie zum Beispiel, Herr Herzle, sehen bei Herrn Bauch in der Hinsetzaktion eine

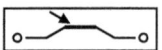

von Ihnen so empfundene und erlebte ignorante Haltung Ihnen gegenüber und reagieren genau darauf, auch wenn es in der aktuellen Situation etwas anderes bedeutet oder bedeuten soll. Und dieser Mechanismus läuft im Alltag unendlich häufig ab und verfestigt sich zu fixen Bildern, die wir gegenseitig voneinander haben und die nur sehr schwer zu korrigieren sind. Da stehen dann eben Stühle im direkten Weg.

Alle drei nicken bestätigend.

Übergang vom Dialog in die Erklärung klar gestalten
Der Klärungsprozess ist fast übergangslos und unbemerkt in die Phase der Erklärungen (und damit später auch Lösungen) übergegangen. Der Klärungshelfer erklärt hier eher, als dass er Ausdruck und Dialog fördert, wie bisher. Er baut um die wunden Stellen einen Schutzraum auf und möchte ein grundsätzliches Verständnis der kommunikativen Abläufe vermitteln.

Er bremst sich aber hier und beendet vor dem vollständigen Übergang in die Erklärungsphase die Reflexionsrunde nach der Aufstellung, aus der heraus die angespannte Situation entstanden ist.

Üblicherweise wird der Dialog mit den Worten beendet: «Ich will den Dialogfaden zwischen Ihnen jetzt abschneiden und Ihnen sagen, wie ich das alles von außen sehe.» Sofort lehnen sich dann die Konfliktparteien dankbar und wie erleichtert zurück und schauen gespannt auf den Klärungshelfer, als ginge es darum, ein Urteil zu vernehmen. Stattdessen beginnt die Erklärungs- und Lösungsphase (siehe S. 255).

KH: Machen wir weiter in der Runde. Wie geht es Ihnen nach der Aufstellung, Herr Bauch?
BAUCH (in ruhigem Ton): Mir ist noch klarer geworden, wie sehr ich an der Klinik hänge, wie viel sie mir bedeutet. Umso

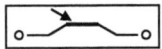

mehr frustriert es mich, dass wir so dämlich mit unseren Stühlen rumstehen. Am liebsten würde ich die einfach weghauen. Schluss damit. Aber sie geben auch so etwas wie Schutz – ohne sie würde ich einfach nicht dastehen wollen, das stimmt für mich noch nicht. (Er wirkt spürbar offener und weicher.)

Ich freue mich über seine gewachsene Offenheit, wenn er auch noch nicht ohne Stuhl dastehen möchte. Es scheint für ihn gut gewesen zu sein, dass ich vor dem Mittagessen so klar seine Unversöhnlichkeit ausgedrückt habe und er so ehrlich von Herzle gehört hat, dass er ihn tatsächlich verletzen wollte. Ein bisschen wundere ich mich, wie sehr sich seine unversöhnliche Haltung («Aber ich kann ihm jetzt trotzdem nicht verzeihen, trotz der Ehrlichkeit.») gewandelt hat, aber ich wage es fast nicht, ihn darauf anzusprechen. Ich befürchte, dass er sich dann wieder verschließt, sich sozusagen erinnert und dann zumacht ...

Positive Veränderung überprüfen
Auch wenn es verständlich ist, dass der Klärungshelfer sich scheut, nach den Hintergründen für den Stimmungswandel Bauchs zu fragen, so wäre es doch sinnvoll und für den Prozess hilfreich. Einerseits um die Öffnung durch das Aussprechen ins Bewusstsein aller zu heben, andererseits um auch für die anderen diesen Schritt nachvollziehbar und damit glaubhaft zu gestalten. Und wenn er keinen Bestand hat bei genauerer Nachfrage, dann ist es sowieso besser, es wird jetzt deutlich, als dass alle sich umsonst Hoffnungen machen.

KH: Ich erlebe Sie offener als vorhin. Was hat sich verändert zum Vormittag?
BAUCH (reflektiert): Ich weiß selber nicht. Schon nach der Mittagspause konnte ich allen mehr in die Augen schauen,

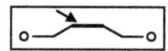

hab ich bemerkt. Und jetzt diese Übung fand ich auch gut. Weiß selber nicht. Fühl mich aber tatsächlich besser.
KH: Ich freue mich jedenfalls darüber ...

Zwischenfrage: **Was denken Sie über diese Bemerkung des Klärungshelfers?**
— Der Klärungshelfer sollte keinen persönlichen Kommentar abgeben, wie es ihm mit den Veränderungen geht. Dies beeinflusst zu sehr das Verhalten der anderen.
— Ist gut, da authentisch. Auch der Moment ist günstig, da er eine positive Entwicklung durch seine Äußerung wahrscheinlich günstig beeinflusst.

8.12 EXKURS: Der Klärungshelfer zwischen Profi und Mensch

Der Klärungshelfer befindet sich bei seiner Arbeit stets in einem Balanceakt zwischen zwei Qualitäten, die seine Haltung und Reaktionen während der Klärung bestimmen: Auf der einen Seite ist er der «kritische Anwalt der Wahrheit und Klarheit», der Profi sozusagen, der ohne persönliche Verstrickung sensibel und unerbittlich das wahrnimmt und ausspricht, was zwischen den Zeilen und Menschen mitschwingt. Dabei ist er weder auf die Bestätigung durch die Betroffenen aus noch auf irgendein bestimmtes inhaltliches Ergebnis.

Auf der anderen Seite ist es für den Klärungsprozess nicht nur unvermeidlich, sondern geradezu segensreich, wenn der Klärungshelfer ganz da ist und spürbar wird mit allen dazugehörigen persönlichen «Fehlern und Abweichungen» vom Idealbild – seiner Unsicherheit, Abhängigkeit, Freude, seinem Galgenhumor ...

Zu viel vom einen wirkt sich ebenso blockierend aus wie zu wenig.

Als «Anwalt der Wahrheit und Klarheit» könnte er an dieser Stelle noch genauer nachforschen, was Bauch bewegt, berührt hat, wie die anderen darauf reagieren oder es selber direkt benennen. Dies könnte für die kognitive Zementierung der emotional automatisch abgelaufenen Öffnung hilfreich sein und sie stabilisieren. Ebenso aber ist es für alle heilsam, spürbar authentische Reaktionen vom Klärungshelfer zu erleben, da er dabei Offenheit, Unmittelbarkeit, echtes Engagement als ganze Person vermittelt, was ebenfalls den Prozess intensiviert.

Der Klärungshelfer hat grundsätzlich die Aufgabe, an beiden Fähigkeiten zu arbeiten: einerseits an der Ausbildung seiner professionellen Rolle und allem, was dazugehört an Gesprächstechniken, Methoden, Einfühlung, Konfliktdiagnosen usw. – andererseits an der Entfaltung seiner Selbstreflexionsfähigkeit (Was geschieht gerade in mir?) und der angemessenen Vermittlung seines inneren Erlebens nach außen.

KH: ... Für mich, Herr Bauch, ist es klar, warum. Nämlich: Sie waren ehrlich und offen im Ausdrücken Ihrer inneren Grenzen. Sie haben klar gesagt, dass Sie sich nicht öffnen wollen, weil einfach keine Basis und kein Vertrauen mehr da ist und Sie es zwar etwas bedauern, dies aber nun mal nicht zu verändern ist. Das ist die größte Offenheit, die Sie bieten konnten, nämlich zu sagen: Es geht nicht, ich habe kein Vertrauen mehr. Es ist paradox: Zu sagen, ich habe kein Vertrauen, ist der größte Vertrauensbeweis, der in diesem Moment möglich ist. Das muss man sich mal klarmachen, dass negative Äußerungen über die Beziehung das Ehrlichste und damit Vertrauensstiftende sind, was in dem Moment geht. Das heißt, dass diejenigen, die wir als Kommunikationsterroristen erleben, die also das Negative auf den Tisch bringen und offen aussprechen, die sind, die noch Interesse und Hoffnung haben auf eine Verbesserung der Situation. Die anderen vom Nähepol aber, die mit bester Ab-

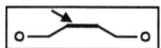

sicht Negatives verheimlichen, schlucken oder gar schminken und uns daher nicht negativ auffallen, sind auf Dauer die Vertrauens- und Ehrlichkeitsvernichter.

HERZLE: Ach, so ist das. Jetzt bin ich auf einmal der Böse, mit meiner friedliebenden Art. Oder wie soll ich das verstehen?

KH: Ja, wenn Sie im Alltag schlucken und davon einen Aggressionskropf kriegen, der dann nach einer gewissen Zeit explodiert. Jetzt aber bestehen Sie darauf, mitzuteilen, was Sie verletzt hat. Jetzt wird das sichtbar, und Sie stehen zu sich, wenn Sie zum Beispiel sagen: «Ich wollte dich verletzen.» Genau dieser Satz hat ja den Kontakt zu Herrn Bauch erst möglich gemacht.

BAUCH: Dann soll er aber nicht mehr solche Briefe schreiben.

KH: Das ist ja die Explosion des Kropfes. Die wäre jetzt nicht mehr nötig ... Ich frage mich jetzt nur, was wir mit der gesamten Situation machen. Es ist deutlich, dass Sie drei miteinander wollen. Im Weg stehen Ihnen die Verletzungen, die im Laufe der Zeit entstanden sind. Aber wie kriegen Sie die weg? ...

Zwischenfrage: **Was machen Sie? Was schlagen Sie vor?**

— Jeder soll noch einmal sagen, was seine Verletzung ist. Anschließend frage ich jeden, was er von den anderen braucht, um sich wieder vertrauensvoll auf sie einlassen zu können.

— Ich halte einen kleinen erklärenden Vortrag darüber, wie Verletzungen grundsätzlich ausheilen können, und zeige dabei auf, was wir im Gespräch bereits in diesem Sinn unternommen haben.

— Um den Prozess zu beschleunigen, sage ich, welche Verletzungen ich bei jedem von den dreien wahrnehme. Was ich dann unternehme, lasse ich auf mich zukommen, je nach Stimmung.

Alle drei aufgezeigten Wege sind an dieser Stelle gut denkbar.

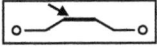

Ich entscheide mich, die jeweiligen Verletzungen in meinen Worten für sie zu benennen, da ich jetzt Zeit gewinnen möchte.

KH: Ich sage mal, was ich bei jedem von Ihnen als Verletzung sehe. Darf ich mal neben Sie kommen, Herr Herzle?

Herzle bestätigt.

KH / HERZLE: Ich bin nach dem Unfall zurückgekommen und habe seither das Gefühl, keinen angemessenen Platz mehr in der Klinik zu haben. (Herzle bestätigt nickend.) Offiziell natürlich schon. Da ist mein Schreibtisch, ich bin scheinbar voll dabei. Aber unterschwellig vermeine ich zu spüren, dass meine Meinung nicht wirklich gefragt ist, ich sogar störe, zu viel bin – speziell für dich, Basil. (Der Klärungshelfer schaut Herzle fragend an.) Stimmt das so? (Herzle nickt.) Und dabei wäre es mir gerade wichtig, von dir Anerkennung und Respekt zu kriegen statt frecher, schnoddriger Worte.

HERZLE: Ja, ganz genau. Anerkennung und Respekt.

KH (geht auf seinen Platz zurück und fragt Bauch): Darf ich mal neben Sie kommen, Herr Bauch?

BAUCH: Moment bitte. Auf die Verletzung von Herzle würde ich gerne was antworten. Darf ich?

Zwischenfrage: Lassen Sie ihn antworten?

— Nein. In dieser Runde möchte ich als Klärungshelfer, wie angekündigt, für jeden seine Verletzungen benennen. Deswegen werde ich jetzt für Bauch sprechen und danach noch für Luftmeier, und dann erst kann er erwidern.

— Ja. Ich muss zulassen, was er dazu sagen möchte, da jede Gelegenheit, wesentlichen Kontakt herzustellen, wichtig ist. Ich achte aber darauf, dass ich meinen Fahrplan, jedem seine Verletzung zu verdeutlichen, nicht aus den Augen verliere.

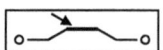

In der Art, wie Bauch die Frage äußert, liegt etwas, was mich interessiert. Er fragt mich, statt dass er einfach losschießt. Vielleicht ist es ja neu, was er sagen möchte. Ich entscheide mich nach kurzem Überlegen gegen meinen Plan, jetzt erst mal für alle die Verletzungen zu benennen, und lasse ihn antworten.

KH nickt.

BAUCH (immer aufbrausender werdend): Du willst Anerkennung und Respekt? Also, da stellen sich bei mir gleich wieder die Fußnägel hoch. Was wir, Luftmeier und ich, für die Klinik leisten, ist ohne Ende viel. Wir schuften uns einen ab, dass der Laden läuft, und das auch für dich, denn wenn wir uns nicht so reinhängen würden, dann sähe es hier ganz anders aus, ganz anders. Und jetzt beschwerst du dich, dass wir dich nicht genug respektieren. Wo bleibt denn der Respekt vor dem, was wir für die Klinik machen? Der fehlt ja komplett – stattdessen kriegen wir von dir noch eine drüber, von hinten. Also, da reicht es mir doch gleich wieder.

Die Stimmung ist sofort wieder angespannt und verhärtet.

Das gibt es doch nicht! Er sagt nichts Neues. Es ist absolut frustrierend. Gerade ist etwas Ruhe entstanden, schon platzt wieder so eine Gefühlsbombe ins Geschehen. Warum habe ich ihn nur reden lassen???

Zwischenfrage: Was jetzt?
— Gleich elegant aufnehmen und sagen: «Ja, das ist Ihre Verletzung – danke, dass Sie es gleich selber dargestellt haben. Und jetzt komme ich mal zu Ihnen, Herr Luftmeier.»
— Für Bauch doppeln und das von ihm Gesagte in Worten wiederholen, die nicht von Gefühlen regiert werden, son-

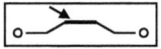

2. Tag – Ausstieg aus dem Dialog 251

dern sie als Resultat seiner Verletzung sichtbar werden lassen, und die von den anderen gut gehört werden können.
— Ich gebe es auf. Die Verletzungen sind einfach so heftig, dass sie immer wieder aufeinanderprallen werden. Ich gebe den Parteien das Feedback, dass einfach nichts mehr zu retten ist in ihrem Miteinander, und wechsle dann endgültig in die Phase Erklärungen und Lösungen.
— Ohne zu doppeln, frage ich, wie Herzle darauf reagiert – also direktes Dialogisieren.

Bloß jetzt nicht wieder zurück zum Dialogisieren! Ich will seinen Ausbruch nutzen zur Darstellung seiner Verletzung, indem ich sie neben ihm dopple und sie umformuliere. Ich gebe es langsam auf, irgendwann mal auf Ebene 4 zu landen.

KH: Darf ich mal neben Ihnen Ihre Verletzung sagen, die Sie ja gerade deutlich haben werden lassen?
BAUCH bestätigt etwas erstaunt.
KH / Bauch (spricht Herzle an): Ich habe in der Zeit, als du krank warst, so viel für das Überleben und Gedeihen der Klinik getan, und es ist alles so gut geraten. Nicht nur die Bewahrung, sondern auch noch eine gute Weiterentwicklung. Das habe ich für uns beide gemacht. Ja, das habe ich für mich gemacht, klar. Aber auch, weil ich es mir und dir beweisen wollte und weil es einfach so meine Art ist, da, wo Not ist, anzupacken. Es hat auch Spaß gemacht, aber es war auch riesig, gigantisch anstrengend. Ich habe gelitten, gerade auch mein Privatleben. Und ich habe es auch für dich gemacht, damit dein Aufbauwerk, deine Sicherheit und deine Rückkehr garantiert sind. Und dann kommst du wieder und sagst nur ein paar dünne Dankesworte. Dabei verdankst du mir, uns, alles, was jetzt noch steht. Aber du siehst das offensichtlich nicht, denn sonst hättest du nicht so einen Brief geschrieben, in dem du alles, was ich gerettet

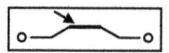

und weitergebaut habe, infrage stellst, ja sogar bereit bist, es zu zerstören. Das empört mich und verletzt mich. Und du siehst das nicht – du siehst mich nicht. Du hast die Größenverhältnisse aus den Augen verloren. Ich brauche, dass du diese meine Leistung in jeder Zelle deines Wesens spürst und anerkennst. Das ist mein Stuhl zwischen uns.

BAUCH: Genau so ist es.

KH (wieder von seinem Platz aus, an Luftmeier): Darf ich auch noch für Sie, Herr Luftmeier, Ihren Verletzungsstuhl benennen? (Er nickt.)

KH/LUFTMEIER: Ich habe von Anfang an im vollsten Vertrauen mein Bestes gegeben. Habe mich gefreut, mit euch zu arbeiten, gerade auch, weil wir uns alle ganz gut kannten. Alles lief ideal für mich, bis es langsam blöd für mich wurde, zwischen euch beiden zu stehen. Ich wollte im Guten vermitteln. Aber ich war erfolglos und litt innerlich. Und dann plötzlich dieser Blitz aus leicht bewölktem Himmel. Erschrecken. Angst. Was soll das bedeuten? Habe ich mich so getäuscht? Es hat mich so tief getroffen, wie gnadenlos du vorgegangen bist, so sehr, dass ich nach wie vor in Habtachtstellung bin und mich kaum öffnen kann. (Geht zu seinem Platz.)

LUFTMEIER: Ja.

8.13 EXKURS: Nicht schön, aber klar: Unversöhnlichkeit bleibt

Es ist offensichtlich, dass alle vom jeweils anderen Respekt und Anerkennung brauchen, keiner aber in der Lage ist, den notwendigen und wirksamen ersten Schritt zu machen. Herzle hat sich zwar gestern entschuldigt, aber der Ton, in dem er es gemacht hat, hat die beiden anderen offenbar nicht erreichen können. Bei allen

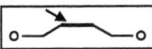

bleibt das deutliche Gefühl, ein Recht auf Würdigung durch den anderen zu haben.

Durch den Brief von Herzle haben Bauch und Luftmeier wahrscheinlich das Gefühl, «moralisch» mehr Anrecht auf erste, deutliche Schritte Herzles zu haben – sie sind ja schließlich die objektiv ungerecht behandelten Opfer (Ottos Kündigung und die falsch datierte Mail). Aus ihrer nachvollziehbaren Perspektive heraus soll sich Herzle ausführlich und glaubhaft entschuldigen und in eine ausgleichende Vorleistung mit Würdigung und Dankbarkeit gehen, statt immer von «sich und früher zu jammern». Herzle wiederum hat über Jahre hinweg gelitten und wahrscheinlich das Gefühl, dass sein Einsehen von gestern doch reichen müsste. Weiter kann er nicht auf sie zugehen, weil er endlich ein grundsätzliches Verständnis für sein jahrelanges Leiden erwartet.

Das Ziel der Klärungshilfe ist Klarheit und nicht Harmonie – und diese Klarheit ist hier die Unversöhnlichkeit und Unfähigkeit, Dank und Respekt zu zollen. Was aus Sicht des Harmoniestiftens ein Scheitern bedeutet, ist aus Sicht der Klärungshilfe ein Erfolg: Es ist klar geworden, dass eine unüberwindbare Unversöhnlichkeit bleibt – nicht schön, aber gut.

... und damit in die Erklärungs- und Lösungsphase
Mit diesem Ergebnis ist es jetzt angezeigt, in die Phase des Erklärens vollständig und deutlich überzugehen, denn:
— Trotz der ausführlichen Erkundung der Themenhinter- und Gefühlsuntergründe ist es nicht möglich, mehr aufeinander zuzugehen. Im Gegenteil: Das Gesprächskarussell der Eskalation beginnt sich immer wieder wie wild zu drehen, wie es nach Bauchs letztem Ausbruch geschehen wäre, hätte der Klärungshelfer dies nicht genutzt, um auch dessen Verletzung darzustellen.

Der Nachmittag ist bereits fortgeschritten und das Ende der Klärung nah.

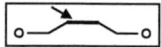

9 Erklärungs- und Lösungsphase

9.1 ERKLÄREN – ZIEL: Emotionen beruhigen und zur konstruktiven Lösungssuche befähigen

Wenn die Dialoge in Ruhe und gegenseitigem Verstehen enden, dann ist kein weiteres Erklären nötig, wenngleich auch oft sinnvoll. Es ermöglicht dann ein noch tieferes Verstehen der Verwicklungen und des Weges hinaus. Das ist gut für die Prophylaxe zukünftiger Situationen («kognitives Zementieren» nach Ruth Cohn).

Wenn, wie hier, diese Ruhe nicht eintritt, dann ist dies zwar frustrierend, aber die ganze Arbeit in der Selbstklärung und im Dialog deswegen noch lange nicht umsonst gewesen.

Erstens haben sich manche Emotionen durch den verbalen Ausdruck im direkten Dialog zu bewegen begonnen, was nicht selten dazu führt, dass sich jetzt beim Erklären (oder später im Alltag) die Spannungen auf «wundersame» Weise doch noch auflösen: Ein möglichst vollständiger Ausdruck der negativen Wahrheit regt natürliche Selbstheilungsprozesse an.

Zweitens hat der bisherige Weg klargemacht, was alles für die schwierige Situation verantwortlich ist. Mit diesem Wissen ist es jetzt gut möglich, angemessene und tragfähige Lösungen zu finden – aber dafür braucht es nach dem «Tieftauchen in der Gefühlssee» vorher eine Beruhigung durch Distanz im Aufsteigen zum Rationalen.

Das Erklären liefert diese Distanz, indem der Klärungshelfer mit Blick zurück das Geschehen, die Konstellationen und Entwicklungen beschreibt und würdigt. Die Betroffenen werden dabei zu Betrachtern ihrer Situation, treten also gefühlsmäßig etwas aus sich heraus, gehen auf Distanz zum Erleben im Konflikt.

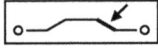

ZIEL – Emotionen beruhigen 255

Und je besser es dem Klärungshelfer gelingt, mit seinen Erklärungen und Modellen die gegenseitige Verstrickung und den Anteil jedes Einzelnen am Gesamtwerk ohne einseitige Schuldzuweisung zu benennen, desto eher entsteht unter den Betrachtern ein Gemeinsamkeitsgefühl. Deswegen sollen Erklärungsmodelle verwendet werden, die nicht monokausal Opfer, Täter, Kranke und Böse festlegen oder Schuld und Strafe verteilen.

Systemisch statt monokausal
Dabei wird aus der **Schuldfrage** eine Situationsbeschreibung, die die jeweilige **Beteiligung** aller Betroffenen aufzeigt. Aus **Täter** und **Opfer** werden Gefangene einer **teufelskreisartigen Wechselwirkung**: Jeder empfindet sich so als reagierendes Opfer, das zu seinen, von ihm selber als normal und gesund erlebten Schritten vom anderen gedrängt wird. Dabei erkennt er seinen Anteil beim Anheizen des Teufelskreises nicht. Seine Reaktionen sind nämlich keineswegs objektiv notwendig und stellen zusätzlich selber wieder neue Missetaten in den Augen des anderen dar, auf die dieser wiederum reagiert usw.

Selbst offensichtliche und den Konflikt verschlimmernde **individuelle Eigenheiten** (Unversöhnlichkeit, beleidigte Leberwurst), neurotische Reaktionen (sich von allem angegriffen fühlen, cholerische Ausbrüche) werden beim systemischen Erklären in einen **konstellationspsychologischen und arbeitsorganisatorischen Zusammenhang** («In einer solchen Situation würde sich jeder so fühlen wie Sie») gestellt. Sie verlieren damit die individuelle Pathologie, die im Konflikt einander um die Ohren gehauen wird («Du Profimimose und Diplommärtyrer!»).

Vorverletzungsmodell
Der wichtigste Erklärungsbegriff ist dabei die **Vorverletzung**: Diese bringt jeder schon als problemverschlimmernden Hintergrund mit in den Konflikt. Sie wird aber erst hier grotesk sichtbar und dadurch zu einer zusätzlichen Störung. Sie ist das Resultat vergangener

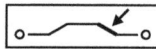

schlechter Erfahrungen und Verletzungen, die jeder Mensch früher oder später erlitten hat (Familie, Schule ...). Keiner kann etwas dafür, und jeder hat ein Recht darauf, in schwierigen Situationen dadurch schwierig und erschwerend zu reagieren.

Ruhig und nicht verurteilend beschreiben

Das alles wird vom Klärungshelfer mit deutlichen, nicht beschönigenden, aber ruhigen und neutralen Worten beschrieben und gewürdigt. Dadurch wird Verstehen und Akzeptieren statt Verurteilen möglich. Die Konfliktparteien nicken alle meist deutlich zu den Ausführungen und blicken einander etwas versöhnlicher an. Verstehen heißt jedoch nicht einverstanden sein – offensichtliche Missetaten sind dadurch nicht gebilligt oder getilgt. Statt **Rache** und **Bestrafung** gilt es jetzt in der Lösung, einen **Ausgleich** für die Vergangenheit mit angemessenen **Konsequenzen**, **Verabredungen** und **Regeln** für die Zukunft zu finden.

Unterschied zu den kleinen Erklärungen in der Dialogphase

Anders als hier in der Erklärungs- und Lösungsphase hat der Klärungshelfer in der Dialogphase bisher lediglich einzelne Kommunikationsakte durch Erklärungen kurz kommentiert, jeweils mit dem Ziel, Missverständnisse aufzuklären und Verstehen und Akzeptanz zu fördern (zum Beispiel S. 195). Stets aber hat er dort vermieden, dass die Erklärungen zu weit vom Empfinden der Gefühle wegführen, um die Chance zu wahren, auf der Gefühlsebene noch Erkennen, Akzeptanz und damit Entspannung zu ermöglichen.

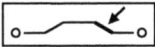

ZIEL – Emotionen beruhigen

9.2 Erklären 1: Der Klärungshelfer erklärt den dreien die verbleibenden Spannungen

KH: Dies sind also die Stühle zwischen Ihnen, Ihre Verletzungen. Ich bin froh, dass sie so deutlich wurden. Dadurch sind sie aber nicht weg! Die bleiben jetzt und im Alltag. (Hält einen Moment inne.) Ich will Ihnen sagen, wie ich das Ganze von außen sehe. Ich kann Sie alle gut verstehen. Ich sage Ihnen mal, wie das für mich zusammenspielt. Im Prinzip wollen Sie das Gleiche, nämlich Anerkennung und Respekt für das, was Sie für die Klinik geleistet haben. Sie, Herr Herzle, haben die Klinik aufgebaut, und jetzt erleben Sie, dass es statt Dankbarkeit dafür keinen Platz für Sie gibt. Und Sie, Herr Bauch, Sie haben in den letzten Jahren Übermenschliches geleistet, haben die Klinik eine Zeit lang fast alleine getragen, und jetzt erleben Sie, dass es dafür statt Dankbarkeit eine von hinten auf die Rübe gibt. Sie, Herr Luftmeier, Sie kommen in einen Kreis alter Bekannter, ja fast Freunde, und jetzt entpuppt sich das Ganze als Schlangengrube oder besser vielleicht als Stierkampfarena, und Sie sind mitten im Stierkampf unter die Hufe geraten. Wenn ich mich in jeden von Ihnen hineinversetze, dann kann ich Ihr Verhalten voll nachvollziehen.

Was jeder von Ihnen bräuchte, wäre, dass die anderen sehen könnten, wie es ihm an seinem Platz ergeht, was er erlebt hat, nach was er dürstet und was ihm zusteht. Denn das Fatale ist, dass es nicht viel nützt, dass jemand anderes Sie darin versteht, also weder Ihre Frauen oder Freunde noch ich als Ihr externer Begleiter. Das tut gut, erleichtert, aber der, der es hören und sehen müsste, sind Sie, Herr Herzle, für Sie (Bauch), und Sie, Herr Bauch, für Sie (Herzle). Und natürlich auch für Sie (Luftmeier) und umgekehrt Ihnen gegenüber. Und mit Hören meine ich nicht nur sachlich zur Kenntnis nehmen, sondern idealerweise innerlich nachvollziehen und nachfühlen, also mit dem Herzen hören und zustimmen.

Aber das ist es ja gerade, was Sie sich nicht geben können, weil Sie alle wie Bettler sind, die sich gegenseitig flehentlich anbetteln, aber die Sammelbüchsen sind leer. Sie können sich nichts geben. Sie können sich auch deswegen nichts geben, weil Sie alle innerlich getroffen, verletzt sind und sich deswegen ganz natürlich zu schützen begonnen haben. Sie haben eine innere Burgmauer hochgezogen. Jetzt sprechen die Kanonen. Und das, was Ihnen helfen könnte, das Hören, Sehen, Verstehen durch den Partner, geht nicht. Keiner von Ihnen ist in der Lage, die Mauern wirksam abzutragen, den anderen in sein inneres Haus zum Schauen einzuladen, denn er fürchtet den Dolch im Gewande des Besuchers. Und keiner ist in der Lage, dem anderen einen Friedensbesuch abzustatten, ohne Waffen, einfach als Mitfühlender, Interessierter. Wenn einer zum anderen kommt, dann mit Rüstung, Notwaffe und auf das Schlimmste eingestellt.

Verstehen Sie mich bitte nicht falsch, ich will Sie damit nicht angreifen. Sie verhalten sich vollkommen nachvollziehbar, aber es ist eben tragisch. Jeder von Ihnen hat das Gefühl, das aus seiner Sicht vollkommen berechtigte Gefühl, der andere solle anfangen mit dem Aufeinander-Zugehen. Und so stecken Sie eben fest. Und immer wieder sprechen die Kanonen, auf beiden Seiten. Können Sie das nachvollziehen?

Alle drei hören aufmerksam zu und nicken nachdenklich.

Auf einmal verdichtet sich in mir ein Gedanke, der mir schon in den Stunden vorher immer wieder im Kopf herumgegeistert ist, den ich aber nicht genauer hätte benennen können...

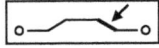   Erklären 1: Verbleibende Spannungen

9.3 Die «Indianerreihe» bringt Bewegung ...

KH: Und noch einen Aspekt Ihrer Situation möchte ich herausgreifen und mal genauer beleuchten, weil ich glaube, dass das zum Verstehen der Entwicklung wichtig ist. Aber, wie fange ich damit an ...?

Im Miteinander gibt es immer wieder gewisse Reihenfolgen oder besser gesagt Rangfolgen. Das ist offensichtlich in der Hierarchie so – zuerst der Chefarzt, dann der Oberarzt, dann die Assistenten. Aber selbst wenn alle faktisch gleich viel zu sagen haben, wie bei Ihnen drei als Chefärzte, so gibt es auch dort eine Rangfolge, die darauf beruht, dass Sie drei eben trotz gleicher Hierarchiestufe unterschiedlich sind. Zum Beispiel gibt es Unterschiede in der Zugehörigkeit, wie lange jemand in der aktuellen Position ist. Und es gibt Unterschiede in der Leistung, im Einsatz, wie viel und was also der Einzelne für das Ganze beiträgt – der eine mehr, der andere weniger. Das mal grundsätzlich.

Wir leben heute in einer Leistungsgesellschaft, wir bewundern den, der durch seine Leistung heraussticht aus der Masse – größer, besser, schneller, weiter, jünger usw. Dies gilt im Besonderen für die Berufswelt: Wer viel leistet, ist dabei, wer nichts mehr bringt, ist weg vom Fenster – als Unternehmen im Markt wie auch als Angestellter im Unternehmen. Deswegen ist es nicht verwunderlich, dass wir Leistung sehr hoch bewerten – ist ja auch verständlich, dass wir die schätzen, die uns durch ihren Einsatz und ihre Leistungskraft das Ganze tragen und erhalten helfen. Wenn wir also eine Rangfolge unter Ihnen bilden würden, dann würden Sie, Herr Bauch und Herr Luftmeier, sich um Platz eins und zwei bewerben, und Sie, Herr Herzle, Sie kämen auf Position drei. Dies liegt ganz allein schon an der Altersstruktur bei Ihnen dreien und an den seit Ihrem Unfall gesundheitlich eingeschränkten Möglichkeiten, Herr Herzle.

Da liegen die Jungen in der Regel vorne. Sie sind ja auch viel näher an den neuen Medien und Techniken dran usw.

Was aber an dieser Leistungsreihenfolge das Problem ist, ist, dass sie den Boden unter den Füßen verliert – oder besser gesagt: ihn nicht achtet. Denn dass die Jungen heute so viel leisten können, beginnt nicht im luftleeren Raum, sondern baut direkt auf dem auf, was die Alten vorher ... wie soll ich sagen ...? Es steht auf dem Boden, den die Alten den Jungen zur Verfügung gestellt haben, was sie sozusagen vorher nutzbar gemacht haben, sie haben gerodet, gepflügt usw. Auch wenn die Alten, bitte, nehmen Sie das jetzt nicht persönlich, Herr Herzle, ich will nicht sagen, dass Sie alt sind, auch wenn die Alten nicht mehr so viel leisten können, gebührt ihnen der Platz ganz vorne in der Reihenfolge. In der theoretischen Betrachtung von Systemen heißt das: Zugehörigkeit geht vor Leistung. Im Gegensatz zu den Löwen und Affen, wo der Alte, der nicht mehr leisten kann, weggebissen und vertrieben wird, sind wir Menschen durch unsere Kulturentwicklung so geprägt, dass die Achtung vor den Alten in uns tief verwurzelt ist. Wie zum Beispiel die Indianer, die ihre Alten verehren, auch wenn die Jungen die sind, die auf Jagd gehen, also Leistung erbringen. Wenn man Sie also nach der Zugehörigkeit aufstellen würde, dann stünden Sie, Herr Herzle, ganz vorne, Sie, Herr Bauch, an zweiter Position, und Sie, Herr Luftmeier, kämen an der dritten. Herr Luftmeier, Sie würden sich gegenüber Herrn Bauch und Herrn Herzle verneigen und damit ihren Platz anerkennen, und Sie, Herr Bauch, vor Herrn Herzle und damit Ihren Platz und seine Vorherrschaft anerkennen. In einem zweiten Schritt würde man dann die Leistungsträger beim Namen nennen, und alle anderen würden ihren Dank und ihre Anerkennung aussprechen. So wäre die Welt aus systemischer Sicht bei Ihnen in Ordnung.

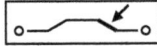 *Die «Indianerreihe» bringt Bewegung ...*

9.4 EXKURS: Zugehörigkeit geht vor Leistung

Insa Sparrer (2001) beschreibt in ihrem Buch «Wunder, Lösung und System» ausführlich die Grundprinzipien für den Erhalt von Systemen (zum Beispiel Teams). Dort wird (nach Prinzip 1: «Recht auf Zugehörigkeit») im Prinzip 2 «Schutz von Wachstum» (S. 116 ff.) gefordert: «Innerhalb von Systemen hat das ältere Systemmitglied Vorrang vor dem jüngeren.» Bei den dreien heißt das, dass Herzle als der Älteste und eigentliche Gründer Vorrang vor Bauch an zweiter Position und Luftmeier als Drittem hat (nicht nach Lebensalter, sondern nach Zugehörigkeitsdauer). Dieser Vorrang steht Herzle zu, auch ohne dass er darum kämpfen muss. Erst dadurch kann das System sich erhalten und gesund wachsen. Dieser Vorrang wird Herzle von Bauch aber nicht gewährt. Bauch verweist, ohne es zu kennen, auf das dritte («Vorrang des höheren Einsatzes») und vierte Prinzip («Vorrang der höheren Leistung»), nach denen er und Luftmeier Vorrang vor Herzle hätten, der in den letzten Jahren aufgrund seines Unfalls und wahrscheinlich auch Alters nicht mehr den vollen Einsatz und die Leistung für die Klinik bringen kann. Diese beiden Prinzipien aber sind hierarchisch dem Prinzip von Wachstum nachgeordnet, das heißt, Herzle gebührt aufgrund seiner längeren Zugehörigkeit Respekt und Achtung.

9.5 ... Bewegung, aber in welche Richtung?

Während der Klärungshelfer dies alles erklärt, hat Herzle still und leise zu weinen begonnen. Er versucht sich sichtlich zu beherrschen und es zu verbergen, aber die Tränen laufen ihm über die Wangen, und die beiden anderen sind bereits auf ihn aufmerksam geworden.

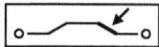

Zwischenfrage: **Was machen Sie mit der Beobachtung?**

— Da ich es begrüße, dass Herzle emotional so sichtbar wird, mache ich weiter und male das Bild noch etwas aus, in der Hoffnung, das Ganze würde doch noch auf Ebene 4 landen.

— Ich fühle mich schuldig und versuche wieder ein sicheres Terrain zu erreichen, um Herzle diesen emotionalen Moment zu ersparen. Dazu beende ich den Vortrag und vermeide es, Herzle anzusprechen, damit er sich wieder innerlich fangen kann, und gehe zu Lösungen über.

Schwierige Gefühle auch noch verstärken?

Auch wenn es für Herzle wahrscheinlich nicht angenehm ist, diese Situation durchzustehen (er als Mann, Akademiker, Professor weint …), so ist es doch ein Teil der Wahrheit – offenbar sind intensive Gefühle ausgelöst worden, die jetzt ausgedrückt und ausgehalten werden müssen. Es empfiehlt sich, achtsam in diese Ebene 4 hineinzugehen, damit die aufgestauten Gefühle heilsam abfließen können. Deswegen kann es sinnvoll sein, das noch etwas fortzusetzen, was bei ihm zu dieser inneren Bewegung geführt hat – hier also weiter zu erklären, damit er mehr in seine Gefühle hineinkommen kann.

> *Ich beobachte voller Mitgefühl, dass Herzle so berührt ist. Bin auch den Tränen nahe und spreche aus diesem Gefühl weiter.*
>
> KH: Herr Herzle hat im übertragenen Sinne den Boden urbar gemacht, von Steinen befreit, gepflügt und angepflanzt. Auch wenn Sie mittlerweile teilweise ganz neue Pflanzen mitgebracht haben und das komplette Bewässerungssystem überholt haben, so bauen Sie doch auf dem auf, was er sich einst erarbeitet hat. Und dafür gebührt ihm – einfach so – Dank und Respekt. Und ganz wichtig ist dabei, dass diese Reihenfolge nach Zugehörigkeit nicht erkämpft werden

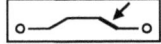

kann und nicht umgekrempelt werden darf; sie ist einfach durch das Nacheinander beim Dazukommen so gegeben, er ist die Nummer eins – aus, basta.

Während der letzten Sätze hat Herzle angefangen, immer heftiger zu atmen, es fällt ihm immer schwerer, sich zu kontrollieren und zu beherrschen. Das Atmen geht dann über in ein Schluchzen, bis richtig die Tränen fließen und er nach vorne gebeugt dasitzt und sich beide Hände vor das Gesicht hält. Er schluchzt von einem Weinkrampf geschüttelt. Bauch und Luftmeier sitzen sichtlich betroffen und verstört auf ihren Plätzen.

Zwischenfrage: **Was machen Sie jetzt?**
— Ich gehe auf Herzle zu und lege ihm meinen Arm um die Schultern, damit er sich in diesem schwierigen Moment nicht alleine fühlt.
— Da ich offenbar eine Grenze überschritten habe, entschuldige ich mich bei ihm für mein Zu-nahe-Treten.
— Es ist ungewiss, warum er weint – deswegen spreche ich ihn an und frage, was ihn denn berührt hat. Dies mache ich sofort, um zu verhindern, dass wir anderen uns ein falsches Bild von der Situation machen.
— Ich warte ab und gebe seinen Gefühlen den Raum, den sie brauchen. Den anderen signalisiere ich, dass dies in Ordnung ist.

9.6 EXKURS: Tiefer Gefühlsausdruck verbindet – automatische Solidarisierung

Die starke Reaktion von Herzle kommt unerwartet und birgt eine gute Chance für das Ausheilen alter Verletzungen. Auch wenn noch nicht ganz gewiss ist, weswegen Herzle weint, so ist für alle

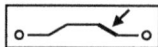

spürbar, dass er eine Ebene tiefer in der «Wehschicht» (siehe S. 152, 342 und auch «Klärungshilfe 2», Kapitel «Der Mensch ein Schichtenwesen», S. 175 ff.), ganz angekommen ist. Dies bewirkt oft bei den anderen einen Gesinnungswandel. Beim Anblick des ungeschützt offenen und sichtbar tief bewegten, verletzten Menschen fällt es anderen deutlich schwerer, ihr altes Feindbild («Er ist ein Egoist und will uns rausdrängen») aufrechtzuerhalten. Darüber hinaus berühren so stark gezeigte Gefühle immer auch alle anderen Anwesenden, weil jeder eine sonst gut geschützte Schicht gespeicherter Verletzungen hat und jetzt instinktiv sich und den anderen als ebenso vorverletztes Wesen begreift.

So gelingt jetzt eventuell doch noch, was vorher in der Dialogphase offenbar noch nicht möglich war: die automatische Solidarisierung durch gegenseitiges Verstehen.

In dieser Intensität liegt also für den Klärungsprozess eine Chance, die man am besten dadurch nutzt, dass dieser Moment mit einer achtsamen Stille durch alle wahrgenommen und ausgehalten wird. Dazu gibt der Klärungshelfer Herzle den Raum und die Zeit, die er braucht – er vermeidet es, zu früh zu fragen, was ihn denn bewegt, weil das Beantworten der Frage für Herzle bedeutet, vom Fühlen und Spüren zum Denken und Reden zu gehen, was die Intensität sofort verändert und eventuell zu früh beendet. Jede Sekunde Stille ist ein Gewinn für die Zukunft.

Umgang mit Tränen

Ferner muss der Klärungshelfer, um für das Gefühl und die Tränen den Raum zu schaffen, seine volle Präsenz und Akzeptanz der Situation nonverbal deutlich ausdrücken – einerseits gegenüber Herzle, andererseits aber auch gegenüber Bauch und Luftmeier.

Gegenüber Herzle am besten, indem er ihn mitfühlend und aufmerksam anschaut, ihm fast unmerklich zunickt, ihm vielleicht höchstens gegen Ende bedächtig ein Papiertaschentuch reicht – er muss allerdings sehr sorgsam darauf achten, dass er ihm nicht zu

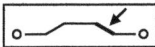

nahe tritt, weder durch unpassende Formulierungen («Das ist jetzt aber schmerzhaft, gell?») noch körperlich (Hand auflegen, Umarmungsarien). Auch gilt es, achtsam darüber zu wachen, dass andere dem sich Öffnenden in diesem Moment nicht zu nahe treten, also genau hinspüren, ob die verbal oder nonverbal gezeigte Zuwendung stimmig ist, und wenn nicht, diese freundlich und sanft nonverbal unterbinden.

Bauch und Luftmeier brauchen in dieser Phase klare Signale, dass der Klärungshelfer Herr der Situation ist und sie einfach nur da sein dürfen, nichts sagen oder fragen sollen oder müssen. Dies geschieht am besten nonverbal.

Verbal können Tränen folgendermaßen eingebunden werden: «Und das Gefühl, das jetzt aufkommt und das wir nicht stören sollten, gehört einfach zu diesem Teil der Wahrheit dazu» (Schulz von Thun).

Wenn die erste Welle abebbt, fragt der Klärungshelfer den Betroffenen, was ihn denn so berührt hat. Danach erst fragt er die anderen, wie sie darauf reagieren.

Nicht alle Tränen bewirken eine solche Intensität, zum Beispiel, wenn ihnen Selbstmitleid, Manipulation, Pathos, Sentimentalität ... zugrunde liegen. An der inneren Reaktion des Klärungshelfers und mit einem Blick in die Runde kann dies relativ leicht unterschieden werden. Trotzdem gilt hier auf der Handlungsebene das gleiche Vorgehen (abwarten, anschauen, nachfragen). Zusätzlich gilt noch: Nicht verurteilen, sondern das Echte dahinter suchen und doppeln.

Ich bin sehr berührt von der Intensität der Gefühle von Herzle – auch meine Augen sind feucht. Ich freue mich über diese überraschende Wendung des Geschehens. Darin erahne ich die Möglichkeit, dass die festgefahrenen Fronten etwas in Bewegung geraten können. Allerdings ist noch etwas unklar, was Herzle so bewegt, und noch viel unklarer, wie Bauch und Luftmeier darauf reagieren werden ...

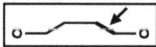

Der Klärungshelfer signalisiert Bauch und Luftmeier nonverbal, dass er da ist, dass es gut ist. Herzle weint relativ lange, zirka drei bis vier Minuten. In dieser Phase ist er wie in sich abgeschlossen. Als das Weinen etwas abebbt, Herzle wiederauftaucht und die anderen wahrnimmt, nicht direkt, eher sehr scheu und beiläufig, sagt der Klärungshelfer, Herzle zunickend:

KH: Ja, da löst sich einiges.

Herzle nickt andeutungsweise zurück, und als die Tränen bei ihm nachlassen und keiner der Anwesenden Taschentücher griffbereit hat, schlägt der Klärungshelfer eine ganz kurze Unterbrechung vor.Bewegung

KH: Machen wir eine Miniunterbrechung von maximal zwei Minuten für Papiertaschentuch und etwas frische Luft.

Herzle steht wackelig auf und nimmt das rasch von Luftmeier geholte Toilettenpapier entgegen. Es herrscht Schweigen unter den dreien, alle sind wie benommen, in sich gekehrt. Nach kurzem Lüften setzen sich alle wieder.

Ich bin jetzt sehr gespannt, was Herzle sagen wird und wie die anderen reagieren werden. Wird es in eine gute Richtung gehen? Werden Bauch und Luftmeier ihn verstehen, sich versöhnlich zeigen, oder werden sie befremdet reagieren, ablehnend, da ihre Verletzungen so groß und verhärtet sind? Wie werden sie auf das reagieren, was ich in Sachen Rangfolge gesagt habe? Werden sie zustimmen oder sich dagegen auflehnen? Besonders neugierig bin ich auf Bauch ...

KH: Können wir weitermachen? (Herzle bestätigt.) Was hat Sie so berührt? Können Sie schon darüber reden?

 *... Bewegung, aber in welche Richtung?* 267

HERZLE (wirkt aufgeweicht, offen, sehr verletzlich und reagiert langsam): Ja ... fällt mir schwer. Für mich ... ist es so ... was Sie vorhin gesagt haben ...

Es beginnen bei ihm wieder leise Tränen zu fließen. Er verstummt und signalisiert mit den Händen, dass er noch nicht so darüber reden kann, aber bereit ist, dem weiteren Gespräch zu folgen.

KH: Also gut. Ich möchte jetzt von Ihnen beiden (Bauch und Luftmeier) hören, wie es Ihnen gerade geht mit der Reaktion Ihres Kollegen und auch mit dem, was ich vorhin ausgeführt habe über Rangfolgen. (Der Klärungshelfer schaut zuerst Luftmeier auffordernd an.)
LUFTMEIER (nachdenklich): Ja, gut ... Das mit der Rangfolge, das kann ich nachvollziehen, was Sie gesagt haben. Es erscheint mir logisch. Und die Reaktion von Herbert geht mir nahe. Ich kann noch gar nicht richtig was dazu sagen.

Der Klärungshelfer nickt Luftmeier zu und schaut nun Bauch auffordernd an, der etwas benommen dasitzt.

Und jetzt die spannende Frage: Wie wird Bauch darauf reagieren? Gerade seine Reaktion ist ja für Herzle so wichtig, und er ist so verhärtet und ablehnend.

BAUCH (antwortet langsam und innerlich beteiligt): Ja, ich verstehe das, und es berührt mich tief, wie ich Herbert sehe.

In diesem Moment beginnt Herzle mit einem unkontrollierten Schluchzer erneut krampfhaft zu weinen. Dieses Weinen dauert nochmal etwa drei Minuten. Bauch und Luftmeier sind sichtbar angerührt, auch sie haben Tränen in den Augen.

268 *Erklärungs- und Lösungsphase*

> *Auch mir stehen Tränen in den Augen, und ich bin tief berührt. Jetzt ist die Situation klar. Herzle ist wie erlöst, dass Bauch endlich mitfühlend und akzeptierend reagiert hat. Dies berührt auch mich.*

Ablehnung bei «Kontrollverlust/Zusammenbruch» wird befürchtet, geschieht aber fast nie

Die beiden Aussagen von Bauch und Luftmeier wirken erlösend auf Herzle, denn er wird sehr im Ungewissen gewesen sein, wie die beiden auf seinen «Kontrollverlust» reagieren. Die gängige Befürchtung ist, dass man nach solch einem «Zusammenbruch» im Berufsleben abgelehnt oder erst recht angegriffen wird. Die verständnisvollen Reaktionen lassen große Brocken aus seiner inneren Schutzmauer in seinen «Trauersee» rutschen.

Endlich kommt der Prozess doch noch auf Ebene 4 an. Wie schon auf Ebene 3 löst der Erste, der in die Ebene eintritt, eine Sogwirkung auf die anderen aus. Bei leichter aufzulösenden Konflikten geschieht dies bereits in der Dialogphase.

> Nach einer Weile, noch weinend, schaut Herzle auf und sagt leise bittend zu dem Klärungshelfer:
>
> HERZLE: Helfen Sie mir bitte, helfen Sie mir mit den Gefühlen!

Zwischenfrage: Was antworten Sie ihm?
— «Tut mir leid, aber wie soll ich Ihnen denn da helfen? Da müssen Sie jetzt schon alleine durch.»
— «Alles, was ich für Sie tun kann, ist, mit Ihnen dies aushalten, nur so kann ich Ihnen helfen.»
— Ich frage ihn, was er damit meint.

Schwierige Gefühle aushalten helfen
In dieser Situation ist die beste Art zu helfen, nicht wegzurennen, weder in Gedanken, Worten noch Werken. Also mit dem anderen sein – ihm signalisieren, dass man mitfühlt, ihn und seine Gefühle akzeptiert. Wahrscheinlich empfindet Herzle eine Mischung aus Scham, Trauer, Verzweiflung, Ohnmacht, Von-sich-selber-gerührt-Sein, Erkanntwerden, Erleichterung, Dankbarkeit.

> KH (spricht langsam): Ja. Ich helfe Ihnen, indem ich hier mit Ihnen bin, Ihre Gefühle auszuhalten – was für Sie sehr, sehr anstrengend ist. Das ist das, was ich tun kann. (Der Klärungshelfer wendet sich an Bauch und Luftmeier.) Dabeibleiben und einfach aushalten.

> *Als auch die zweite, sehr heftige Welle des Weinens ausläuft, wird Herzles Ausdruck im Gesicht ruhiger, entspannter, fast wie befreit. Er strahlt eine zarte, berührende Herzlichkeit aus und wirkt zugleich für das weitere Gespräch offen. Die beiden anderen und ich schauen ihn erwartungsvoll an. Dieser Moment ist wunderbar. Dafür ackere ich mich immer wieder durch die ganze schmutzige Wäsche. Berührt und zufrieden atme ich auf.*

> KH: Können Sie jetzt was sagen, zu dem, was mit Ihnen geschehen ist?
> HERZLE (spricht langsam, bedacht): Ja, klar. Ich verstehe es selber zwar nicht ganz ... oder besser, ich bin überrascht, sehr überrascht von der Stärke der Gefühle, die mich ... überrannt haben. Ich fühle mich jetzt ganz offen ... auch schutzlos, aber irgendwie auch frei, sogar fast wohl ... und spüre im Hintergrund schon auch Sorge, was jetzt ihr beide (Bauch und Luftmeier) darüber denkt, aber es überwiegt so ein friedliches Gefühl ... ja friedlich ... Was mich so berührt

270 *Erklärungs- und Lösungsphase*

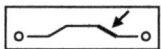

hat, ist das, was Sie gesagt haben. Dass ich ein Anrecht auf meinen Platz habe, einfach so, nicht darum kämpfen muss. Es hat mich so erlöst, dass es einfach so ist, einfach so. Mehr will ich ja gar nicht, das reicht mir schon so ... Und wenn ich jetzt auf das schaue, was in den letzten Wochen geschehen ist, dann ... (Er schüttelt den Kopf und verstummt.)

KH: Sagen Sie den beiden direkt, wie Sie jetzt über das denken, was passiert ist, in den letzten Wochen.

HERZLE: Ja. (Er wendet sich an Luftmeier und beginnt.) Also. Ich ...

Ich bin irritiert. Ich messe seinen Worten großen Wert bei, da ich erwarte, dass sie aus seiner tiefen Bewegung heraus so sein werden, dass sie die beiden anderen erreichen können. Und jetzt wendet er sich lediglich an Luftmeier und nicht an Bauch, wo es gerade bei ihm so wichtig ist?

Der Klärungshelfer unterbricht ihn und fordert ihn auf, sich nicht nur an Luftmeier zu wenden, sondern zu beiden zu sprechen.

HERZLE (wehrt ruhig, aber bestimmt ab): Nein, nein. Ich muss das zu jedem einzeln sagen, ganz klar und persönlich, nacheinander. Das ist mir jetzt zu wichtig.

Ich bin erleichtert und erfreut, dass ich ihn nur missverstanden habe, denn das zeigt, dass er gerade auch auf Bauch zugehen möchte und wie wichtig es ihm ist, ihn erst nach Luftmeier, sozusagen als Steigerung, anzusprechen ...

KH: Ach so.
HERZLE (beginnt nochmal; er spricht langsam; es ist deutlich wahrzunehmen, dass er genau hinspürt, welche Worte er

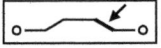

Schwierige Gefühle aushalten helfen

sprechen möchte): Ich sehe, was ich dir und auch deiner Familie angetan habe. Ich bedaure das tief und aufrichtig.

Luftmeier sieht ihn an, nickt auch etwas, aber es ist deutlich, dass es bei ihm nicht richtig ankommt. Der Klärungshelfer fragt Luftmeier:

KH: Sagen Sie mal, wie reagieren Sie darauf?
LUFTMEIER: Ja, ich höre das, aber ich kann es nicht richtig annehmen ... Ich habe einfach Angst.
KH: Welche Angst?
LUFTMEIER: Die Angst, dass es nach dieser Entschuldigung wieder anders weitergeht. Du (Herzle) hast dich schon öfter mal entschuldigt, hast nach der Kündigung Ottos gesagt, dass es dir jetzt auch zu heftig vorkommt, dass es dir leidtut. Wieso soll ich es jetzt annehmen?
KH: Spüren Sie einen Unterschied zu der Art, wie er sich damals entschuldigt hat?
LUFTMEIER: Ja, er spricht anders. Und trotzdem, ich bin einfach ein gebranntes Kind in diesem Punkt.
HERZLE (in einer ruhigen, zugewandten Art): Ja, ich verstehe das. Ich kann nur sagen, dass es mir jetzt sehr klar ist, was ich dir angetan habe, und dass ich es tief bedaure – und dass ich alles tun werde, dass es dazu nicht mehr kommt. Und was für mich den großen Unterschied macht, ist, dass ich jetzt das Gefühl habe ... und hoffe, nicht mehr um meinen Platz kämpfen zu müssen, weil ich den jetzt zugestanden ... weil ich den jetzt einfach habe. Und deswegen spüre ich das anders, sehe ich das anders und verstehe das ganz anders.
LUFTMEIER: Ja, das höre ich. Ich habe da nur ein Bild im Kopf, das möchte ich sagen. Ich laufe wie mit einer Rüstung rum, und die ist an einer Stelle offen, und diese Stelle muss ich mit einer Hand immer schützen, und das ist verkrampft und anstrengend.

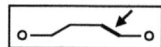

KH: Ja, das kann auch nicht schnell gehen. Lassen Sie ruhig Ihren Schutz da, solange Sie ihn brauchen. Das ist gut so. Völlig normal.

HERZLE: Ja, ich sehe das, dass du diesen Schutz brauchst und dass da Kraft von dir verlorengeht. Ich kann dich nur bitten, vertraue mir, mache wieder auf, wenn es geht. Aber mehr als sagen, dass es so ist, kann ich nicht.

LUFTMEIER: Ja, das sehe ich ein. So ist es.

HERZLE (wendet sich an Bauch und spricht offen und innig): Ich sehe deutlich, wie ich dich verletzt habe, wie ich sogar angefangen habe, dich in deiner fachlichen Leistung anzugreifen und herabzusetzen. Ich sehe auch sehr klar, warum ich das gemacht habe, aus welcher inneren Notlage heraus. Und auch wenn ich mein Verhalten nachvollziehen kann, will ich mich damit nicht im mindesten herausreden, denn was ich dir und deiner Familie angetan habe, das sehe ich so klar und kann dir gar nicht sagen, wie sehr ich das bedauere. (Er macht eine Pause.) Ich achte und wertschätze dich und deine Arbeit sehr. Und bitte dich, mir, sobald du das kannst, zu verzeihen.

Was Herzle sagt, berührt mich. Es fühlt sich stimmig an. Die letzten Gesprächsstunden haben ein Aufweichen bewirkt. Jetzt fühlt er sich zusätzlich durch meine Ausführungen gewürdigt und verstanden. Sein Bedürfnis nach einem sicheren, angemessenen Platz ist bestätigt, was zu einer tiefen Erleichterung geführt hat, denn nichts anderes wollte er wahrscheinlich durch seine massiven Attacken erreichen. Durch diese erlösende Erfahrung öffnet sich sein Herz für die beiden anderen.

Luftmeier ist allerdings noch relativ verschlossen. Das ist schade, aber er braucht halt seine Zeit.

Ich bin neugierig, wie Bauch darauf reagiert, ob er es ihm abnehmen kann oder ob er ablehnt, zurückweist. Ich mache

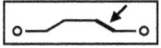

mich innerlich bereit, für Herzle zu doppeln. Aber es kommt anders ...

Bauch hat Herzle aufmerksam angeschaut, während dieser seine Worte sehr bewusst gewählt hat. Auch Bauch scheint plötzlich angerührt zu sein. Seine Augen sind feucht.

BAUCH: Ja, ich höre dich – deine Entschuldigung. Und mir ist auch klar, was das für ein Schritt für dich ist, dies so zu sagen, und was es dir bedeutet, und deswegen glaube ich dir auch irgendwie. Und trotzdem, ich bin nur zu einem Teil ... kann ich das aufnehmen und annehmen, und der Rest ist einfach nach wie vor zu, aber es ist nicht mehr so wie vorher.

KH: Welche Idee haben Sie, woher diese halbe Verschlossenheit kommen könnte? Etwas, was Sie sagen möchten, was Sie fragen möchten? Überlegen Sie mal.

BAUCH (überlegt): Nein, keine Ahnung. Na ja, es ist schon auch das, was Luftmeier gesagt hat: «Ich weiß nicht, wird sich das auch nicht wiederholen?» Aber da habe ich ja gehört, was du gesagt hast. Und ich denke, es braucht auch einfach seine Zeit.

KH: Ja, so sehe ich das auch. Ich möchte das jetzt so stehen und innerlich wirken lassen. Geht das so für Sie? Oder gibt es jetzt aktuell noch was zu ergänzen, zu erwidern? (Alle drei schütteln den Kopf.) Wenn nicht, dann machen wir eine kleine Pause – etwa sieben Minuten – und schauen danach, was es noch zu besprechen gibt.

Die Atmosphäre ist jetzt deutlich gelöster und freier. Nach der kurzen Pause kommen alle in gelöster, achtsamer Stimmung zusammen.

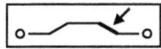

9.7 Erklären 2: Die Wesensallergie zwischen Herzle und Bauch

KH: So. Ich habe Ihnen heute Vormittag mal angedeutet, dass ich noch etwas sagen möchte zu Ihrer unterschiedlichen Art zu kommunizieren. Das war, als es um die Vorwürfe «fassadenhaft, unpassender Ton mit Patienten» usw. ging. Erinnern Sie sich?

Alle drei erinnern sich und nicken.

KH: Darauf möchte ich jetzt noch einmal eingehen, da ich es für wichtig halte, dass Sie die Dynamik durchschauen und damit auch positiv beeinflussen können. Sie, Herr Bauch, haben gesagt, dass Sie das Verhalten von Herrn Herzle so erleben, dass Sie nicht genau wissen, woran Sie sind. Sie haben von «fassadenhaft» gesprochen. Darf ich mal phantasieren, wie es Ihnen da mit Herrn Herzle geht?
BAUCH (nickt): Ja, gerne.
KH: Also. An sich ist es Ihnen angenehm, mit Herrn Herzle zu sprechen – herzlicher Ton, vertraut. Aber immer wieder erleben Sie im Kontakt mit ihm Situationen, in denen Sie sich fragen, woran Sie sind, was Sie jetzt ernst nehmen sollen, was wahr ist. Es irritiert Sie zum Beispiel, dass in eine angespannte Situation hinein, in der es Ihnen mit ihm nicht besonders gut geht, er plötzlich nette Worte macht, mit denen Sie nichts anfangen können. Stimmt das so?
BAUCH (hört aufmerksam zu und nickt immer wieder bestätigend): Ja, ganz genau. Ich weiß in solchen Momenten nicht, mit wem ich es zu tun habe, woran ich eigentlich bin.
KH: Können Sie mal ein Beispiel nennen, eine ganz konkrete Situation beschreiben?
BAUCH: Ja. Ich hatte im Oktober Geburtstag, und da war ja die Stimmung schon angespannt zwischen uns. Und in solch

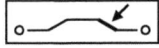

einer schwierigen Stimmung kommst du, Herbert, dann plötzlich auf mich zu und überreichst mir ein Geschenk, liebevoll von dir eingepackt, ein Buch mit persönlicher Widmung. Und all das so, als wäre alles Friede, Freude, Eierkuchen zwischen uns. Ich bin dann so vor den Kopf gestoßen, ich kann es so wenig fassen, dass mir nichts dazu einfällt. Mit etwas Abstand, zu Hause dann, möchte ich dir am liebsten das Buch um die Ohren hauen, kannst du behalten. Was soll denn das ...?, frage ich mich dann: Willst du mich verarschen? Wie kannst du so nett tun, wenn zwischen uns die Stimmung so schwierig ist? Das finde ich dann gelinde gesagt daneben, sogar ziemlich hinterhältig.

KH: Genau. Kann ich gut verstehen. Gutes Beispiel dafür, wie man sich missverstehen kann, denn ich bin überzeugt, dass es Ihnen (Herzle) in der Situation ganz anders ging. Erinnern Sie sich an diese Situation, Herr Herzle?

HERZLE: Ja, selbstverständlich. Ich bin schockiert, wie er das aufgefasst hat. Bin wie vor den Kopf gestoßen ... «Als was Hinterhältiges». Also, ich weiß ja nicht ...

KH: Sagen Sie mal, was Sie damit beabsichtigt haben, wie es Ihnen erging.

HERZLE: Mich hat die Anspannung zwischen uns so angestrengt, mir ging es nicht gut, alles andere als gut. Und da wollte ich in diese angespannte Phase einfach etwas Leichtes bringen, es war mir regelrecht ein Bedürfnis, ihm etwas zu schenken. Nur weil wir gerade streiten, heißt das ja noch lange nicht, dass er mir als Mensch egal ist. Wir haben so viel durchgemacht miteinander, und da werde ich ihm nicht nichts zum Geburtstag schenken, nur weil wir uns gerade nicht so verstehen, wie wir uns das wünschen. Also wirklich nicht.

KH: Ganz genau, kann ich nachvollziehen. Und sehen Sie, darin liegt das Besondere Ihrer Kommunikation. Ich, von außen betrachtet, kann beide Haltungen bestens nachvoll-

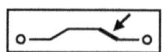

ziehen. Sie, Herr Bauch, sagen: Ja, was soll denn das? Was ist denn jetzt Ernst? Einerseits greift er mich an, ein paar Minuten später kommt er mit einem Buch und einem netten Lächeln daher. Was soll ich denn für wahr nehmen?
BAUCH (nickt bestätigend): Ganz genau.
KH: Und Sie, Herr Herzle, würden sagen: «Natürlich beides. Das schließt sich doch nicht aus. Ganz im Gegenteil. Wenn die Situation eh schon schwierig ist, dann sollten wir doch wenigstens die kleinen Gesten des alltäglichen Miteinanders nicht vernachlässigen, denn wo kämen wir denn sonst hin?»
HERZLE (bestätigt deutlich): Ganz genau so.
KH: Und Sie haben beide recht damit. Sie haben lediglich eine unterschiedliche Art, auf die Welt zu schauen. Und beide Weisen stehen gleichberechtigt nebeneinander – keine ist besser oder schlechter –, sie bewirken lediglich, dass das gegenseitige Verstehen oft so schwer glückt. Ich möchte Ihnen das mal räumlich verdeutlichen.

Der Kern der Erklärung

Hier wird lehrbuchartig deutlich, um was es in der Erklärungsphase im Kern geht: Das, was die Konfliktparteien als unvereinbare Gegensätze erleben, wird in einem größeren Rahmen theoretisch als berechtigt, akzeptabel, fast sich gegenseitig bedingend und ergänzend und damit absolut in Ordnung dargestellt. Die Wirkung bei den Konfliktparteien ist augenblicklich

— eine sichtbare Entspannung von der Last des Sich-schuldig-Fühlens und vom Abwälzenwollen dieses Gewichts,
— eine Erleichterung durch das Verstehen der Reaktionen und die Normalerklärung durch eine Fachperson
— und eine Erlösung von allzu dämonischen Gegnern. Im Gegenteil: «Die andere Konfliktpartei ist auch nur gefangen wie ich in einem Gewirr von Missverständnissen, unbekannten Mechanismen und Fehldeutungen.»

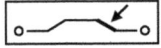

Der Klärungshelfer steht auf und deutet mit der Hand eine imaginäre Linie am Boden an. Damit will er die Nähe-Distanz-Dimension des Riemann-Thomann-Kreuzes (siehe «Klärungshilfe 1», S. 176 ff.; «Klärungshilfe 2», S. 231 ff.) verdeutlichen. Herzle ist in diesem System auf der Näheseite, Bauch auf der Distanzseite, Luftmeier irgendwo in der Mitte von den beiden anderen. Zuerst stellt der Klärungshelfer sich ganz links auf den äußersten Nähepol und erklärt:

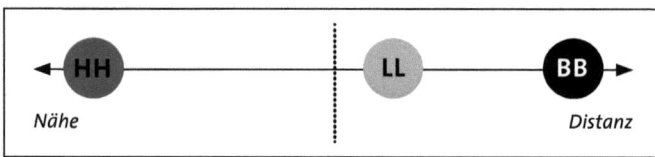

KH: Hier geht es um Nähe zu Menschen, vertraut sein, sich einlassen, sich öffnen, Grenzen aufheben, eins werden. Hier hat man es gerne, wenn Menschen einem sehr nahekommen. In einem Bild ausgedrückt: Man ist am liebsten in vertrauensvoller Gesellschaft, lacht harmonisch und singt mit Gleichgesinnten – man genießt es, nahe und herzliche Beziehungen zu haben. Harmonie, Kooperation, Miteinander, Gefühle, Vertrauen, all das sind Qualitäten, die hier auf dem Nähepol zählen. Was man nicht mag, ist lange alleine sein, sich streiten, «Nein» sagen und ein «Nein» hören, denn dann ist das Grundgefüge, das harmonische Miteinander, in dem man leben möchte, gefährdet, bedroht.

Er geht auf die andere Seite der Geraden und stellt sich auf den äußersten Distanzpol.

KH: Auf dieser Seite hier geht es um Abgrenzung von den anderen, Abstand wollen und brauchen. Wer hier steht, der kann alleine sein und genießt es auch, getreu dem Motto:

«Wenn ich in guter Gesellschaft sein möchte, dann bleibe ich am besten allein.» Er schätzt die Beschäftigung mit der Sache und scheut keinen Konflikt, da es ihm nichts ausmacht, wenn er am Schluss allein dasteht. Unabhängigkeit, Autonomie, Freiheit, Intellekt sind die Qualitäten, die hier zu Hause sind. Was man hier nicht mag, ist Gefühlsduselei, zu viel körperliche und seelische Nähe und Abhängigkeit.

Der Klärungshelfer geht wieder in die Mitte und spricht von dort.

KH: Jeder von uns hat beide Anteile in sich und erlebt sich mal auf der einen, mal auf der anderen Seite. Ob ich mich so oder so erlebe, ist abhängig von der konkreten Situation, den Menschen, die gerade um mich herum sind, und meiner aktuellen Stimmung. Aber jeder prägt in seinem Leben eine grundsätzliche Vorliebe für die eine oder die andere Qualität aus. Beide Extreme, Nähe und Distanz, bestehen übrigens gleichberechtigt nebeneinander. Nicht eine ist besser oder schlechter, sondern einfach nur anders.

So, jetzt konkret zu Ihnen. Ich habe Sie gestern und heute kennengelernt, und Sie haben mir über Ihren Alltag erzählt. Wenn ich Sie auf dieser Geraden aufeinander bezogen einordnen möchte, dann würde ich Sie so einschätzen, dass Sie, Herr Herzle, auf der Achse eher auf der Näheseite stehen, also hier links, Sie, Herr Bauch, im Verhältnis dazu hier rechts, auf der Distanzseite. Sie, Herr Luftmeier, Sie stehen für mich dazwischen, mit der Tendenz etwas zur Distanzseite (siehe Abbildung S. 278). Wie wirkt sich dies nun in Ihrem alltäglichen Miteinander und in Konflikten aus?

Der Klärungshelfer geht wieder nach links, auf die Näheseite, in etwa auf die Position von Herzle.

KH: Aus Ihrer Perspektive, Herr Herzle, versuchen Sie die Spannungen und Unstimmigkeiten, die Sie im Miteinander deutlich spüren, zu schlucken und zu verdauen. Leider gelingt das mit dem Verdauen nicht, sondern es wird lediglich im Aggressionskropf gestaut. Das machen Sie nicht aus bösem Willen, Sie merken es nicht einmal. Sie sagen lange nichts dazu. Im Alltag neutralisieren Sie Missstimmungen, indem Sie harmonisieren, ausgleichen, dämpfen und zurückstecken. Ihr Grundprinzip könnte in etwa so lauten: «Was man nicht möchte, dass es wächst, also zum Beispiel Spannungen, das lässt man am besten vertrocknen.» Und das macht man, indem man diese Spannungen zurückdrängt, sie nicht immer in den Mittelpunkt der Aufmerksamkeit stellt und nicht mit Darüberreden auch noch gießt. Was der Nähemensch mit Worten ausdrückt, wird für ihn wirklich und beginnt zu wachsen. Deswegen sollte man das Schöne und Gute pflegen, indem man immer wieder darüber spricht, es sich gegenseitig versichert. Für Sie als relativer Nähetyp gibt es auch immer Gutes, egal, wie schlecht die Stimmung ist, und das unterstreichen Sie. Sie wollen also mit einem Geschenk zum Geburtstag diesem Guten zwischen Ihnen auf die Beine helfen und sind geschockt, wenn es als hinterhältig oder falsch ankommt.

Herzle bestätigt alles mit deutlichem Kopfnicken. Der Klärungshelfer geht auf die rechte Seite, auf die Distanzposition von Bauch.

KH: Von hier sieht es anders aus. Wenn Spannungen in der Luft liegen, dann wollen Sie, Herr Bauch, sie auch benannt wissen. Ihr Motto könnte sein: «Durch Verschweigen verschwindet noch nichts aus der Welt – es ist dann lediglich nicht richtig greifbar, und man kann dann nicht gut damit umgehen.» Wenn der Distanzmensch etwas ausspricht, verliert es für ihn an Bedeutung. Daher sind ihm Lob und Würdigung suspekt. Deswegen sprechen Sie, Herr Bauch, das Trennende lieber gleich und direkt an und scheren sich auch kaum um die daraus eventuell erwachsenden Missstimmungen, die sind für Sie ja sowieso da. Ganz im Gegenteil, Sie schätzen diese Atmosphäre des reinigenden Gewitters. Wenn Ihnen jemand jetzt in einer solchen Phase des Aufeinanderprallens zum Beispiel ein Buch zum Geburtstag schenkt, dann kommt Ihnen das verlogen und falsch vor. Ein Geschenk in dieser Phase heißt Ihnen zu nahe treten mit einem falschen Gesicht. Für Sie sind Auseinandersetzung und Klartext angesagt und ein wahres Zeichen von Freundschaft und Vertrauen. Erst wenn alles geklärt ist, dann kann man sich auch wieder was schenken, aber bitte nicht vorher. Stimmt das so?

BAUCH (bestätigt kurz und knapp mit einem Nicken): Genau!

KH: Ihr Ziel, Herr Bauch, ist auch ein gutes Miteinander. Ihr Beitrag dazu besteht darin, dass Sie das beim Namen nennen, was Ihnen ungut erscheint. Und dazu bieten Sie Ihre Direktheit und Ehrlichkeit auf. Lieber hören Sie vom anderen «Idiot», wenn er das meint, als dass er nett drum herumformuliert.

BAUCH (bestätigt): Ganz genau.

Der Klärungshelfer geht wieder von der Achse weg zu seinem Platz, um von einem neutralen Ort aus zu sprechen.

KH: Beide wollen Sie letztlich das Gleiche, nämlich eine gute Zusammenarbeit, aber beide schlagen Sie unterschiedliche Wege ein – jeder aus seiner Sicht heraus den einzig wahren. Am leichtesten tun sich zwei, die auf dieser Geraden nahe beieinanderliegen. Wenn zwei Unterschiedliche sich aber getroffen haben und es jetzt miteinander können müssen, dann entsteht in angespannten Situationen schnell eine

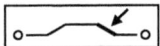

Erklären 2: Wesensallergie

Dynamik, in der jeder den anderen mit seinem Verhalten weiter nach außen auf dieser Achse treibt. Je mehr der «Distanzler» offen auf die unangenehmen Punkte hinweist, desto bedrohter empfindet der Nähetyp das Miteinander und möchte es auf seine Weise retten, indem er ein fröhliches, unproblematisches Klima propagiert, also in seinem Verhalten mehr Richtung Nähepol geht. Dies wiederum irritiert aber den «Distanzler» und seine Vorstellung von einer echten Beziehung, denn der befürchtet immer mehr eine unechte Pseudoharmonie, in der ein glaubwürdiger Vertrauenskontakt immer unmöglicher wird, was ihn dazu bringt, auf seine Weise die Zusammenarbeit zu retten und mehr auf Distanz zu gehen, also deutlicher auf Missstände hinzuweisen. Dies wiederum treibt den Nähetyp in Richtung Nähe. Er beginnt noch mehr auszugleichen, zu harmonisieren, zu verbinden – die völlig falsche Richtung für den «Distanzler», und das geht so weiter und weiter. Sie können sich vorstellen, dass zwei, die anfangs vielleicht sogar ähnlich nah beieinander auf der Geraden waren, am Schluss auf Extrempositionen enden, wo ihnen sogar ihr eigenes Verhalten fremd ist. Dort angelangt, kann man für den anderen und sein Tun nur noch Verachtung aufbringen. Er bedroht das Miteinander, das man selber zu retten versucht. Und das denken beide. Können Sie noch zuhören?

Alle drei bestätigen und wirken auch sehr interessiert.

KH: So gleichberechtigt beide Qualitäten auch sind, so haben Sie auch beide Ihre Themenheimatgebiete: Zur Nähestrebung gehört zum Beispiel das Helfen bis zur Selbstlosigkeit. Zur Distanzstrebung hingegen die ehrliche Gestaltung der Auseinandersetzung in Konflikten. Je nach Thema ist die eine oder andere Qualität dann im Vor- oder Nachteil. Im

Konflikt wirken sich dementsprechend die natürlichen Fähigkeiten der Nähetendenz ungünstig aus. Wenn Spannungen bereits groß geworden sind, bewirkt «nett und harmonisch» nichts Gutes mehr, sondern sogar das Gegenteil. Dann hilft nur noch, sich direkt miteinander und mit den schwierigen Themen auseinanderzusetzen. Schon in dem Verb «sich auseinandersetzen» liegt dieses Auf-Distanz-Gehen und aus dieser heraus miteinander zu reden. Wenn größere Spannungen im Raum sind, hilft nur noch das offene und klare Wort, sodass nach dem reinigenden Gewitter wieder die Sonne scheinen kann. Da tut sich der «Distanzler» deutlich leichter, denn ihn bedrohen die Spannungen während des Gesprächs weniger. Der Nähetyp aber muss sich regelrecht mit vollem Bewusstsein und gegen seine Natur für diesen Weg entscheiden, denn freiwillig schlägt er ihn nicht ein. Er ist großartig darin, das Miteinander zu bestätigen, es zu vertiefen und kleine Unstimmigkeiten durch seine verbindliche Art auszugleichen, überhaupt Menschen beieinanderzuhalten. Wenn es aber größere Spannungen gibt, dann führt seine natürliche Reaktion mit guter Miene und Mehrschlucken in die falsche Richtung und vergrößert so die Spannungen nur...

Können Sie das nachvollziehen? Was erkennen Sie davon in Ihrem Miteinander wieder?

LUFTMEIER: Da muss ich gleich was dazu sagen. Ich finde, das ist eine ganz gute Beschreibung für das Verhalten von dir, Herbert. Ich weiß auch oft nicht, woran ich eigentlich bei dir bin. Ich habe vorhin ja schon gesagt, dass ich einfach unsicher bin, ob ich dir jetzt glauben soll, wenn du dich entschuldigst. Und wenn ich das jetzt höre, dann beginne ich zu verstehen, warum du immer wieder plötzlich ganz nett und sogar herzlich sein kannst. Ich bin da viel mehr so, wie Sie (Klärungshelfer) den anderen Typ mit der Distanz beschrieben haben, obwohl du (Bauch) mich da locker noch

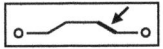

überholst. Das stimmt schon so, wie Sie (Klärungshelfer) uns auf der Linie eingeschätzt haben.

BAUCH: Ja, ich fühle mich da verstanden, sehr verstanden. Es ist mir wirklich ein Bedürfnis, die Dinge klarzukriegen, und wenn du (Herzle) dann auf einmal so daherkommst, als wäre alles in Ordnung zwischen uns, dann platzt mir regelrecht der Kragen. Und wenn ich jetzt höre, warum du (Herzle) das so machst, dann kann ich mir dein Verhalten erklären. Ich höre es und nehme es an, wenn es mir auch nicht im Traume einfallen würde, mich so zu verhalten.

KH: Das ist gut gesagt. Es geht darum, das andere Handeln zu verstehen, und nicht selber so zu werden. Wichtig ist einfach nur, zu erkennen, warum das so geschieht, denn dann verändert sich die eigene automatische Reaktion ein bisschen. Wie geht es Ihnen, Herr Herzle?

HERZLE: Tja. Ich fühle mich schon erkannt, und es ist mir auch nicht ganz neu. Ich weiß, dass ich viel zu lange nicht das anspreche, was mich stört, mich nervt. Es fällt mir eben sehr schwer. Und ich arbeite schon daran, aber immer wieder ... es ist nicht so einfach für mich. Wenn Sie (Klärungshelfer) das so beschreiben, dann wünschte ich mir, auch mit Leichtigkeit auf den Tisch zu hauen ... Aber wenn ich es mal mache, dann geht es auch nicht gut aus. Mir fällt da ein ganz konkretes Beispiel ein. Erinnerst du dich, Basil, als du vor vielleicht einem halben Jahr mit einer Krankenakte zu mir gekomken bist und vor ein paar Assistenzärzten in einem unmöglichen Ton gesagt hast, dass ich das gefälligst selber weiterleiten soll? Ich war zuerst total geschockt und bin dann aber geplatzt und habe dir vor allen in scharfem Ton gesagt, dass du so mit mir nicht reden kannst. Du bist wie gelähmt stehen geblieben, hast dann einen hochroten Kopf bekommen und bist wortlos gegangen. Ich hatte danach den Eindruck, dass du sauer auf mich warst. Als ich dich am nächsten Tag drauf angesprochen habe, hast du in

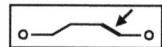

meinen Augen abwehrend reagiert, für mich hat sich das mindestens eine Woche so angefühlt. Also für mich heißt das, wenn ich mal was sage, dass es dann eben blöd endet und letztlich nichts bringt.

KH: Erinnern Sie sich an die Situation, Herr Bauch?

BAUCH: Ja, schon. Ich war wie vor den Kopf gestoßen. Für mich kam das wie aus heiterem Himmel. Ich hatte nicht den Eindruck, dass das, wie ich es gesagt habe, so daneben war. Für mich ist es schwierig, wenn sich bei dir (Herzle) so viel ansammelt und du dann plötzlich mit so einer Wucht daherkommst.

KH: Sehen Sie. Und hier beschreiben Sie den Mechanismus, wie wir immer wieder genau solche Erfahrungen machen, die dann unsere Art, auf die Welt zuzugehen, verfestigen. Kaum wagen Sie (Herzle) es mal, einen Konflikt anzusprechen, dann machen Sie nicht selten eine Erfahrung, die man so zusammenfassen kann: «Ich habe es doch gewusst, etwas ansprechen bringt ebenfalls nichts, denn jetzt sind alle beleidigt, und besser ist auch nichts.» Aber was genau ist da passiert? Sie beide wollen ja genau das Gleiche, nämlich ein angemessenes, gutes Arbeitsklima. Herr Bauch, Sie versuchen es zu erreichen, indem Sie das, was nicht passt, möglichst rasch ansprechen und auf den Tisch bringen. Sie, Herr Herzle, wollen es, indem Sie nicht immer gleich alles ansprechen, sondern es lieber mal schlucken, für sich behalten. Dabei sammelt sich im Lauf der Zeit aber mehr und mehr im Aggressionskropf an; und wenn Sie dann mal was ansprechen, dann wird das Ganze gleich viel größer, als Sie selber es eigentlich wollen. Sie treffen dann vielleicht nicht den Ton, den Sie bevorzugen würden, nämlich einen moderaten, verbindlichen. So machen Sie prompt die ungute Erfahrung, die Sie darin bestärkt, beim nächsten Mal wieder lieber nichts zu sagen, und deswegen sprechen Sie es dann wieder nicht an, was wieder begünstigt, dass es viel später

> wieder unerwartet heftig ausbricht. Sie haben in Ihrem Leben wahrscheinlich häufiger solche Erfahrungen gemacht.
>
> HERZLE: Ja, ganz genau. Ich erkenne schon sehr klar, welche Probleme das mit sich bringt, ich sehe da schon sehr meinen Anteil ... (Er verstummt.)
>
> KH: Für mich liegt darin auch ein Aspekt, wie sich Ihre Situation bis hierher entwickelt hat. Ihnen (Herzle) ist es nicht in dem Maß gelungen, sich die letzten Jahre ... wie soll ich sagen? ... Also, ich frage mich, wie es sich wohl entwickelt hätte, wenn Sie früher bereits äußern hätten können, wie es Ihnen seit Ihrem Unfall ergangen ist. Hätte dann vielleicht die Explosion im Oktober verhindert werden können?

Kein Opfer – kein Täter: Die Verteilung der «Schuld»

In der Dialogphase galt: «Wahrheit heilt.» Jetzt, im Übergang in die Lösungssuche, gilt: «Jeder hat einen ähnlich großen Anteil an der Gesamtentwicklung.» Dies soll verhindern, dass einer der Beteiligten als «Haupttäter» aus der Klärung geht, was beim jetzigen Stand der Erklärung Herzle wäre. Damit wäre der sensible Neustart des Miteinanders von Anfang an unglücklich belastet. Also, Achtung: Auch wenn Herzle seiner Gutmütigkeit entsprechend sogar «Ja» zu einer Mehrschuld sagen würde, muss der Klärungshelfer jedem eine gleiche Portion Mitbeteiligung an der Konflikteskalation zuschreiben. Allzu gerne nehmen die Nähetypen alle Verantwortung auf sich, was aus ihrem «Friedensengelsprinzip» erwächst: «Lieber nehme ich zu viel Schuld auf mich, als dass es bei Unstimmigkeiten bleibt oder gar zu einer Trennung kommt.» Demnach gilt es hier, darauf zu achten, neben dem Anteil von Herrn Herzle auch die Anteile von Bauch und Luftmeier aufzuzeigen.

> HERZLE: Ja, gute Frage. Ich sehe jetzt schon, dass ich im Oktober viel zu heftig reagiert habe und dass dies eine Folge der letzten Jahre ist. Aber ich weiß nicht, wie ich früher

hätte etwas anders machen können ... (Er verstummt nachdenklich.)

KH: Eben, das ist ja ein Teil der Dynamik. Ich stelle es mir so vor ... Also, Sie kommen noch nicht ganz fit zurück und haben den Eindruck, dass Sie nicht mehr so unentbehrlich und vielleicht nicht mehr so erwünscht sind, dass Sie sogar um Ihren Platz kämpfen müssen. Und Sie waren davon angeschlagen, erschüttert bis ins Mark. Die beiden anderen kommen Ihnen sehr selbstsicher, dominant vor. Jetzt wäre es angezeigt, dies anzusprechen, aber ...

HERZLE (fällt dem Klärungshelfer ins Wort und vervollständigt den Satz) ... das ist leicht gesagt, aber in der Situation erschien es mir unmöglich, zu sagen: «He, Leute, ich habe den Eindruck, Ihr wollt mich rausdrängen, das geht so nicht.» Ich habe mich schwach gefühlt, war mir selber nicht ganz sicher, also ich meine, das Wiedereinsteigen hat mich ganz gefordert. Ich war unsicher in mir, habe mir viel weniger zugetraut als vorher, und da soll ich dann sagen, dass ich mich unsicher fühle? Dann hätte ich ja das bestätigt, was ich sowieso schon befürchtet habe, dass die beiden dachten ... Das hätte mich noch mehr ins Abseits gedrängt ...

KH: Was haben Sie stattdessen gemacht?

HERZLE: Ja, was? ... Ich habe mich bemüht, mich stark und unangreifbar zu zeigen, habe mich sicher und souverän gegeben und dabei auch gehofft, dass es schon wieder wird, und es sah ja lange auch so aus ... immer wieder habe ich gedacht, dass ich mir nur einbilde, dass die beiden mich loshaben wollen.

KH: Ja, kann ich mir gut vorstellen, diese Entwicklung. So wird es immer später mit dem Ansprechen, und im Oktober dann ist der Kropf geplatzt, das Fass übergelaufen?

HERZLE: Ja natürlich. Da war mir auf einmal alles egal, ich wollte mir einfach nichts mehr gefallen lassen.

KH: Ich stelle es mir so vor, dass Sie mit den Forderungen viel-

Erklären 2: Wesensallergie 287

leicht eigentlich was anderes erreichen wollten als das, was auf dem Papier stand. Also nicht die Namensänderung und die Änderung des Gesellschaftsvertrags, darum ging es Ihnen gar nicht, sondern Sie wollten damit erreichen, im Äußeren verbrieft zu haben, was Sie im inneren Miteinander vermisst haben, nämlich Ihren festen, respektierten Platz. Kann das sein?

HERZLE (bestätigt sofort und deutlich): Ja, absolut so. Ich pfeife eigentlich auf diese Symbole. Es ging mir um diese Indianerreihe, die Sie (Klärungshelfer) vorhin beschrieben haben.

LUFTMEIER: Moment mal, heißt das, dass du (Herzle) jetzt auf diesen Punkten nicht mehr bestehst?

HERZLE (nickt): Mir wird langsam so deutlich klar, um was es mir wirklich ging oder geht. Mir geht es, wie er (Klärungshelfer) sagt, nicht um Äußeres, sondern um meinen Platz in unserer Runde.

LUFTMEIER (erstaunt): Aber deinen Platz, den hattest du die ganze Zeit über. Du bist so ... wie soll ich sagen ... eher dominant die ganze Zeit aufgetreten, nie hätte ich geglaubt, dass du Angst um deinen Platz hier hattest. Viel eher hatte ich Grund zur Sorge, von dir rausgedrängt zu werden, was du ja auch am Schluss wolltest.

HERZLE (nickt): Das war eine Überreaktion. Da hatte sich bei mir schon so viel aufgetürmt, dass ich einfach nicht mehr angemessen reagieren konnte.

Das läuft ja wunderbar, aber etwas schneller und leichter, als ich vor kurzem noch erwartet habe. Ich hatte doch noch vor, zu erklären, was die Anteile von Bauch und Luftmeier sind, damit wir dann hinreichend vorbereitet ins «Land der leichten Lösungen» gehen können. Jetzt gleiten sie aber von selber hinein ... entgegen der systemischen Regel der «Veranwortungs-Gleichverteilung» gehe ich einfach mit ...

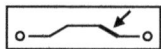

Herzle führt ins «Land der leichten Lösungen (LLL)»

Das Gespräch steuert jetzt deutlich auf das «Land der leichten Lösungen» zu. Was vorher hart umkämpft war, löst sich hier wie von selber in Wohlgefallen auf. Tatsächlich lässt Herzle offenbar von seinen noch gestern so vehement verteidigten Forderungen ab (Klinikname, Mehrentnahme aus dem Topf, Gesellschaftsvertrag), weil seine dahinterliegende Not (keinen gesicherten, respektierten Platz in der Reihe seiner beiden Kollegen zu haben – Angst, ausgeschlossen zu werden) erkannt, gezeigt und von seinen Kollegen anerkannt und glaubhaft als unnötig beantwortet wurde. Im «Dialog der Wahrheit» wurde Herzle langsam an das Spüren dieser Not herangeführt, aber erst durch die Erklärung der «Indianerreihe» mit voller Wucht getroffen: Jetzt konnte er ganz dazu stehen und seine Forderungen loslassen.

Die meisten zu vereinbarenden Lösungen werden voraussichtlich auf der jetzigen Stimmung und Akzeptanz der «Indianerreihe» basieren. Ich will wissen, ob diese Basis nur eine schöne Idee ist oder auch hält. Deswegen möchte ich etwas ausprobieren, was ich bisher in keiner Klärung gemacht habe: Ich will die Zugehörigkeitsordnung – im Unterschied zur Leistungshierarchie – für die drei erlebbar gestalten, indem ich ein Standogramm dazu aufstellen lasse. Damit soll die Stimmigkeit und Belastbarkeit der «Indianerreihe» getestet werden.

9.8 Ein zweites Standogramm: Erleben statt nur reden – Ist die Basis jetzt tragfähig?

KH: Ja, so läuft das. Ich möchte Ihnen nochmal was vorschlagen, was mir jetzt so einfällt, wenn ich Ihnen zuhöre. Bitte stehen Sie nochmal auf und stellen Sie die Stühle etwas an den Rand.

Alle stehen auf und machen Platz in der Mitte.

KH: Jetzt stellen Sie sich bitte in eine Reihe nebeneinander, und zwar in der Reihenfolge, wie die Indianer sich aufstellen würden, also Sie, Herr Herzle, ganz rechts, von Ihnen aus gesehen, Sie, Herr Bauch, an die zweite Position daneben und Sie, Herr Luftmeier, an dritter.

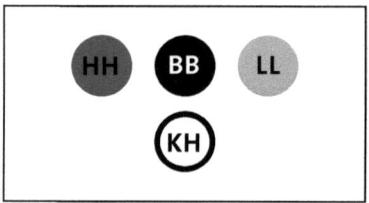

Die drei stellen sich so auf, der Klärungshelfer steht ihnen gegenüber.

KH: So, jetzt möchte ich herausfinden, wie sich das für Sie anfühlt und ob die Indianerreihe stimmig ist. Stellen Sie sich vor, dass Ihre Oberärzte sich neben Ihnen, Herr Luftmeier, in der Reihe anschließen würden, und zwar der, der am längsten dabei ist, als Erster, und dann so weiter und dann die Assistenzärzte, auch nach Zugehörigkeit. Wie geht es Ihnen auf Ihren Plätzen?

Der Klärungshelfer schaut Herzle als Ersten auffordernd an.

HERZLE: Ja, sehr gut. Vielleicht etwas eng, aber gut.
KH: Was meinen Sie mit eng?
HERZLE: Bauch steht etwas nahe an mir dran.
KH: Stellen Sie sich mal etwas weiter auseinander.

Alle drei rücken etwas auseinander.

HERZLE: Ja, so ist gut jetzt.
KH: Wie geht's Ihnen, Herr Bauch?
BAUCH: Für mich ist es gut so. Ich bin so zwischen drinnen, aber das fühlt sich gut an.
KH: Und Sie, Herr Luftmeier?
LUFTMEIER: Ich bin hier absolut richtig, auf diesem Platz. Überhaupt kein Problem.
KH: Gut, dann schauen Sie, Herr Luftmeier, mal nach rechts zu Ihren Kollegen Herrn Bauch und Herrn Herzle und sagen Sie den beiden versuchsweise so etwas wie: «Ich respektiere und achte euch beide auf euren Plätzen.» Das ist jetzt nicht wie gestern und heute Vormittag, als ich jeweils für Sie gesprochen habe, sondern ein neues Experiment. Und schauen Sie dabei genau, ob das so stimmt für Sie oder ob eher etwas anderes besser wäre.
LUFTMEIER: Wortwörtlich? Oder darf ich meine Worte wählen?
KH: Sagen Sie es am besten in Ihren Worten – in dem von mir vorgegebenen Sinn, aber eben nur, wie es für Sie stimmt.
LUFTMEIER: Also: Mir geht es gut auf meinem Platz, und ich respektiere euch auf euren Plätzen – da gab es nie einen Zweifel.
KH (spricht Herzle und Bauch an): Wie ist es für Sie beide?
BAUCH und HERZLE (nicken): Gut.
KH: Okay. Dann Sie, Herr Bauch, schauen Sie bitte nach

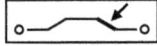

rechts zu Herrn Herzle und sagen Sie versuchsweise sinngemäß das, was Sie von Herrn Luftmeier gehört haben. Und schauen Sie, ob das für Sie so stimmt.

BAUCH (schaut Herzle länger an und sagt dann ganz bewusst): Ich respektiere und achte dich als Nummer eins.

KH (beobachtet Herzle genau und fragt ihn dann): Wie geht es Ihnen damit?

HERZLE (schaut Bauch in die Augen, nickt langsam): Ja, das glaube ich ihm. Und es tut gut, das zu hören.

KH: Dann sagen Sie, Herr Herzle, den beiden versuchsweise so etwas wie: «Ich respektiere eure Leistung für die Klinik und bin dankbar, dass ich euch habe.» Und schauen Sie dann auch genau, ob das für Sie so stimmt.

HERZLE (ohne zu zögern): Ja, sehr gerne. Ich bin sehr dankbar, dass ihr mit eurer Leistung die Klinik so gut am Laufen haltet, und freue mich sehr darüber.

Der Klärungshelfer lässt den beiden Zeit, dies aufzunehmen und nachzuspüren.

KH: So, dann wenden Sie sich bitte alle drei nach rechts, sodass Sie wie ein Zug hintereinanderstehen. Dann legen Sie dem Vordermann die rechte Hand auf die Schulter.

Sagen Sie dann von hinten versuchsweise Ihrem Vordermann: «Ich unterstütze dich nach besten Kräften.» Herr Luftmeier, bitte beginnen Sie wieder und achten Sie wie immer genau darauf, ob das für Sie auch so stimmt, oder eben nicht ganz.

Dies sagen beide zum Vordermann, langsam und den inneren Reaktionen nachspürend. In einem zweiten Schritt drehen sich dann alle um 180 Grad um, wobei jetzt Herzle auf seiner ersten Position ganz hinten steht und Bauch die rechte Hand auf die Schulter legt. Dann sagt Herzle zu Bauch: «Ich unterstütze dich nach besten Kräften.» Dabei kommt es nochmal zu einem gefühlsintensiven berührenden Moment. Bauch ist sichtlich gerührt und sagt, dass es sich wie in alten Zeiten anfühlt, ein Gefühl, das er in den letzten Jahren sehr vermisst hat und über das er sich gerade sehr freut. Die Stimmung ist wie verwandelt. Nachdem auch Bauch Luftmeier seine Unterstützung zugesagt hat, schlägt der Klärungshelfer eine kurze Pause vor.

Vertiefen in der Erklärungs- und Lösungsphase
Der Klärungshelfer hat während der Dialogphase mehrfach für Herzle durch Doppeln ausgedrückt, dass dieser «seinen Platz» brauche. Auch die wenig verständnisvollen Reaktionen der beiden anderen hat er daraufhin mit den jeweiligen Hintergründen gedoppelt und wirken lassen. Es kam allerdings bei diesen Dialogen noch nicht zum spürbaren und wirksamen Schritt auf die Ebene 4. Trotzdem war all das unerlässlich und bereitete den Boden für die dann beruhigende und lösende Wirkung der «Indianerreihenerklärung».

In der Erklärungsphase hat der Klärungshelfer die Rolle des Experten für interaktive Zusammenhänge. Als Autorität, quasi ex cathedra, betont er nun, dass Herzle «einfach so», also ohne jeglichen Kampf darum, Respekt und «Vorrang» gebührt. Dies entlastet Herzle dermaßen, dass er sein Darum-Kämpfen beenden und all den Schmerz der letzten Jahre spüren und ausdrücken kann. Dieser erreicht endlich die beiden anderen. Nicht selten kommt es in Klärungsgesprächen erst in der Erklärungsphase zu einem Durchbruch auf Ebene 4 mit der Wirkung der Konfliktaufweichung und damit der «automatischen Solidarisierung» (siehe S. 264).

Da es für die drei Ärzte und ihre zukünftige Zusammenarbeit von zentraler Bedeutung ist, dass jeder seinen eigenen Platz und den der beiden anderen akzeptiert und fürs Ganze zu würdigen weiß, soll mit dem zweiten, unüblichen Standogramm

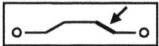

überprüft werden, ob die «Indianerreihe» auch wirklich Hand und Fuß hat, also innerlich gedeckt ist. Der Klärungshelfer könnte dies auch durch Dialogisieren und Doppeln machen: «Sagen Sie zu Ihren beiden Partnern der Reihe nach, wie Sie jetzt, nach der Erklärung der Indianerreihe, zueinander stehen.» Dann könnte er die Aussagen verdeutlichend doppeln. Da sich die Klärungshilfe aber in der Erklärungs- und Lösungsphase befindet, nutzt er zur Vertiefung und Überprüfung das Standogramm. Das Standogramm ist entlehnt aus dem Methodenrepertoire der Organisationsaufstellungen, wird allerdings hier für die Klärungshilfe abgewandelt. Der Klärungshelfer gibt den dreien lediglich als grobe Orientierung und Anregung einen Modellsatz vor, der sinngemäß verwendet und durch Aussprechen vor allem innerlich auf Stimmigkeit überprüft werden soll. Damit vertieft er, ohne nochmal in die Dialogphase einzusteigen.

> Nach der kleinen Pause kommen alle im Kreis wieder zusammen. Es ist mittlerweile 16 Uhr. Der Endzeitpunkt ist wie vereinbart noch offen (open end).

Zwischenfrage: Wie leiten Sie in die nächste Phase über? Welches Thema nehmen Sie?

— Indem ich mit allen Betroffenen die Sammlung der Themen auf dem Flipchart «Diagnose Ist-Zustand» durchgehe und aufzeige, welche Themen bereits besprochen sind, schlage ich ein nächstes Sachthema vor – zum Beispiel das KaliTec-Projekt (Wie mit der Situation umgehen?), dann die Stimmung unter den Mitarbeitern und alle Themen, die daran hängen …

— Jetzt lass es aber gut sein. Da wir wirklich viel gearbeitet haben und an einem guten emotionalen Höhe- und Wendepunkt in der Klärung angekommen sind, schlage ich auf keinen Fall ein weiteres Thema vor, schon gar kein sach-

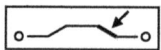

liches – um Gottes willen! Ich breche ab und vereinbare höchstens noch einen nächsten Termin für die Bearbeitung der ausstehenden Themen.

Lösungen, zumindest aber weitere inhaltliche und/oder zwischenmenschliche Vereinbarungen, müssen sein
Nach dem emotionalen Dialog finden sich die Lösungen oftmals leicht. Allein aus diesem Grund wäre es schade, den Prozess an dieser Stelle abzubrechen. Auch haben die Betroffenen zumeist das Bedürfnis, konkrete, fassbare Ergebnisse am Schluss zu haben, die am klarsten an sachlichen Fragestellungen zu sehen sind. Deswegen ist es jetzt sinnvoll, mit der verbleibenden Zeit und Kraft die noch offenen Themen zu bearbeiten, also voll und ganz in die Lösungsphase überzugehen.

9.9 LÖSUNGEN – ZIEL: Menschen-, sach- und situationsgerechte Lösungen verabreden

Erst jetzt geht es um die inhaltlich strittigen Punkte, mit denen die Parteien ursprünglich angetreten sind und um die sie sich alleine (oder mit Anwälten) ausschließlich gestritten hätten.

Hinter jeder ultimativen, sachlichen Forderung, die den Gegenparteien massiv und bedrohlich erscheint, steckt bekanntlich ein dringendes, unsichtbares, schwerer benenn- und vertretbares Bedürfnis. Die Theorie der Klärungshilfe sagt nun: Dahinter wiederum verbirgt sich eine subjektiv katastrophale, meist auch verdrängte Erfahrung von Not (hilflos und verzweifelt einer Willkür ausgeliefert sein, ausgeschlossen worden sein, ausgelacht und ungerecht behandelt worden sein usw. in Familie, Schule, Peergroup …).

Die betroffene Person hat sich innerlich geschworen, diese Not auf keinen Fall wieder erleben zu wollen. Genau dadurch wird alles noch verschlimmert, da die Angst, jene schlechte Erfahrung oder

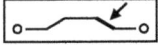

Ähnliches genau in der aktuellen Situation wiedererleben zu müssen, die Gefühle und das Handeln noch verschärft. Die Person fährt Abwehrgeschütze auf, die sowohl überdimensioniert als auch ungeeignet sind, genau diese Bedrohung abzuwehren – im Gegenteil: Sie ziehen das zu Vermeidende direkt an, inszenieren und konstellieren das ursprüngliche Drama perfekt neu («Wiederholungszwang») und erreichen damit genau das Befürchtete.

Gelingt es nun dem Klärungshelfer, im Dialog (oder spätestens wie hier in der Erklärung) die Parteien so in Kontakt zu bringen, dass sie vor sich selber und gegenseitig dies alles konkret erkennen, fühlen und zeigen können, dann schmelzen die ehemals in Stein gemeißelten Maximalforderungen wie Eis in der Sonne zu vernünftigen, sachgerechten, bezahlbaren und sogar beziehungsfördernden Aspekten einer Gesamtlösung. Das genau ist die Kunst des Klärungshelfers, die er vor allem mit seiner Einfühlung und mit den Methoden des Dialogisierens, Doppelns und Erklärens ausübt – und damit im «Land der leichten Lösungen» landet.

Im Idealfall hat der Klärungshelfer dann in der Lösungsphase nicht mehr zu tun, als die aus der Erleichterung geborene Euphorie zu bremsen und «Sonntagslösungen» zu hinterfragen. Er moderiert in dieser Phase mit klassischen Mitteln (Kartenabfrage, Brainstorming, Marktplatz, Verhandeln, Diskussion leiten ...).

Allerdings gelingt es nicht immer, vollständig zu diesem Schmelzpunkt zu gelangen. Trotzdem ist die folgende Lösungssuche durch die intensive emotionale Arbeit im Dialog jetzt wesentlich erleichtert und hinreichend vorbereitet. Im Alltag danach wirken oft die angestoßenen, unvollendeten Selbstheilungsprozesse fort und stützen die verhandelten Lösungen. Um diese zu erarbeiten, muss dann der Klärungshelfer etwas aktiver und beziehungsbeschützender moderieren (nach dem Prinzip «Geben und Nehmen») und helfen, gemeinsame realistische Minimallösungen zu vereinbaren.

Wie wäre es wohl gelaufen, wenn gleich am Anfang, nach der Selbstklärung, eine Verhandlung um «Positionen» und die dahinterliegenden «Interessen/Bedürfnisse» begonnen hätte? Hätte Herzle dann auch erkannt, was er eigentlich von den anderen braucht? Und wenn ja, hätten die beiden ihm dies geben können nach den vergangenen Erlebnissen? Hätten die Verletzungen und Ängste bei einer Verhandlung über Interessen dann überhaupt eine so zentrale Rolle gespielt, wie sie sie offenbar im Untergrund ihrer Zusammenarbeit tatsächlich spielen? Wie und wo hätte man bei einem solchen Vorgehen «die schmutzige Wäsche gewaschen»? Mit welcher Wahrscheinlichkeit wäre die Diskussion auf der Sachebene unversöhnlich verlaufen und gar steckengeblieben? Und wie stünde es um die Beziehungen, selbst wenn eine sachliche Lösung gefunden worden wäre, bei so vielen unbehandelten Wunden? Ich bezweifle, dass wir uns all die schwierigen Gefühle hätten ersparen können, es sei denn, es wäre nur um eine Trennung gegangen ...

Christoph Thomann und ich sind überzeugt, dass der Standardweg vieler Konfliktmoderationen mit den «Abkürzungen» von den «Positionen» über die «Interessen und Bedürfnisse» hin zu Lösungsverhandlungen vor allem bei Trennungssituationen sinnvoll ist. Müssen oder wollen die Menschen hingegen weiter in der Zukunft zusammenarbeiten, kommt man um die Erforschung, Betrachtung und Benennung der schwierigen Gefühle und ihrer Untergründe nicht herum, da sie sonst die erarbeiteten Lösungen und Beziehungen ständig bedrohen oder gar torpedieren.

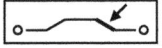

9.10 Endlich Lösungen: Die Ärzte planen ihre gemeinsame Zukunft

KH: Gut, es ist jetzt 16 Uhr, wir haben also noch Zeit, die ich unbedingt dafür nutzen möchte, mit Ihnen gemeinsam die Themen, die wir gesammelt haben, anzuschauen. Zuerst die roten, zwischenmenschlichen und grünen, persönlichen Themen, also:
ausgeschlossen sein,
klein gehalten,
Ton,
Krone,
Fassade,
Wertschätzung,
Vermittlerrolle,
verschlossen,
die drei «verletzt».
Diese Themen haben wir ausführlich betrachtet. (Alle drei nicken bestätigend, zufrieden.) Die «Uni Ceeburg» ist noch offen, wenn ich mich recht entsinne. Sagen Sie, Herr Herzle, mal einen Satz dazu.

HERZLE: Das hat sich im Wesentlichen bereits erledigt. Ich denke, das gehört auch in diese vielen kleinen Missverständnisse, Kleinkriegereien, die wir die letzte Zeit hatten. Es ging da um eine Veröffentlichung, die Ludwig gemacht hat, wo er meinen Namen nicht genannt hat, und das habe ich als ein weiteres Indiz dafür gesehen, wie ihr mich an den Rand drängen wolltet. Ich habe da keinen Bedarf mehr, darüber zu reden.

LUFTMEIER: Das war auch wirklich ein Vergessen damals, niemals absichtlich. Ich nehme dich einfach bei der nächsten Reihe, die kommt schon in ein paar Wochen, mit auf die Liste, wo du auch hingehörst.

HERZLE: Gerne. Danke.

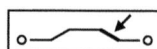

KH: Gut. Hier steht noch das «Vetorecht», «Geld» und «Klinikname». Da haben Sie vorhin gesagt, dass dies für Sie jetzt keine Relevanz mehr hat.
HERZLE: Ja. Ist für mich heute nicht mehr das, worum es mir geht. Können wir streichen.

Obwohl ich es immer wieder erlebe, dass sich hart umkämpfte Themen auf einmal wie von selber auflösen, so bin ich doch erstaunt, wie wenig von den Forderungen übrig ist.

LUFTMEIER: Sind denn alle drei Punkte jetzt vom Tisch? Vollständig?
HERZLE: Ja. Quält mich nicht mehr mit meinen Forderungen.
LUFTMEIER: Gerne.
KH: Glauben Sie es?
LUFTMEIER: Ja, schon. Ich bin froh und dankbar.
BAUCH: Klar.

Ich lache, spiele Luftgitarre und pfeife kurz «Don't worry, be happy» – die drei lachen auch, so gut geht es uns gerade ... So, jetzt aber weiter.

KH: Wie steht es denn mit dem KaliTec-Projekt? Was ist da zu erledigen?
HERZLE: Werde ich natürlich, so gut ich kann, fördern und vorantreiben. Vielleicht als Info für euch (Bauch und Luftmeier), da habe ich gestern Abend eine Mail bekommen, die ich auch an euch noch weiterleiten werde. Das Ministerium ...

Herzle berichtet von den aktuellen Begebenheiten. Die beiden anderen fragen nach, und es entsteht eine etwa fünfminütige konstruktive Diskussion über die weiteren Schritte.

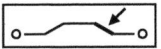

Moderation und Supervision der fachlichen Lösungssuche
In der Lösungsphase wird es naturgemäß häufig sehr fachlich, denn die Parteien müssen ihre Sachfragen in ihrer Sprache klären.

Läuft es konstruktiv, nimmt der Klärungshelfer sich mit seiner Moderation zurück, hört aufmerksam zu und achtet auf die Beziehungsebene (supervidiert). Wenn auf dieser etwas ins Wanken gerät, unterbricht er die Fachdiskussion und macht für alle sichtbar, was gerade im Zwischenmenschlichen geschieht. Im Extremfall kann sogar ein bisher übersehener Konflikt den gesamten Prozess kurzfristig noch einmal in die Dialogphase zurückführen. Wenn der Ton respektvoll ist oder der Disput auf faire, kompetente Weise abläuft, dann gibt der Klärungshelfer den Parteien auch dazu ein positives Feedback, um die günstige Entwicklung zu verstärken.

Gerät die Lösungssuche ins Stocken oder auf Abwege, greift der Klärungshelfer wieder verstärkt moderativ ein und führt die Verhandlung straff in Richtung Lösungen und Verabredungen, was manchmal bis in die konkrete Ebene der Terminkalender führt: Wer macht was bis wann, wo, wie, mit welchem Stellvertreter ...?

> KH: Okay. So weit das Thema KaliTec. Hier steht «Otto-Kündigung», die Sie, Herr Herzle, damals ja ausgesprochen haben. Ich denke, die haben wir auch ausführlich angeschaut. Was in diesem Zusammenhang noch offen ist, ist hier unten «Respekt und Gespräch mit ihm». Sie, Herr Herzle, haben am Anfang gesagt, dass Sie keinen guten Kontakt zu Herrn Otto haben, ja, dass Sie sogar damit, dass Ihr Partner Bauch ihn eingestellt hat, nicht sehr glücklich waren, wenn ich mich recht erinnere. Stimmt das?
>
> HERZLE: Ja. Das ist ein wichtiges Thema. Ich fühle mich mit Otto einfach nicht gut. Ich sehe jetzt, dass ich da meinen Anteil daran habe, denn auch mit ihm habe ich über lange

Zeit nicht so gesprochen, wie es eigentlich nötig gewesen wäre. Da hat sich mittlerweile viel angesammelt. Und das muss ich mal mit ihm klären, aber da ist auch was, das hat etwas mit dir, Basil, zu tun. Du hast oft in Besprechungen Otto in Schutz genommen, wenn ich mal was Kritisches gesagt habe. Hast dann abgewinkt, und ich saß da wie der letzte Trottel.

KH: Wissen Sie, Herr Bauch, welche Situationen er meint?

BAUCH: Ich denke, schon, ja. Das ist eine schwierige Geschichte. Ich merke, da spielt viel mit hinein, eben auch unsere Art zu sein. Jeder weiß, dass ihr zwei nicht miteinander könnt, aber es wurde noch nie offen drüber gesprochen. Und wenn so unterschwellig die Torpedos hin und her flogen, dann musste ich eingreifen, denn sonst hätten wir die Morgenbesprechungen nie beenden können.

HERZLE (etwas ärgerlich): Aber das hättest du auch ganz anders machen können, als mir mit voller Wucht in die Seite zu fahren. Ich hätte da gerne Unterstützung von dir statt einen Gegner.

LUFTMEIER: Ich glaube, da hat sich auch vieles von dem ausgewirkt, was wir jetzt verstehen lernen. All die Jahre, die du (Herzle) innerlich gelitten hast, und die unterschiedliche Art von euch beiden, an Themen heranzugehen, haben sich da wahrscheinlich so ausgewirkt, dass dabei nur Frust für alle rauskam. Oder, was meinen Sie (Klärungshelfer)?

KH: Ja. Können Sie denn unter das Bisherige auch hier einen Strich machen und gemeinsam schauen, wie Sie damit jetzt umgehen wollen, oder sollen wir uns noch die eine oder andere Situation genauer ansehen?

HERZLE: Nein, ich denke, es wäre das Beste, wir schauen nach vorne. Ich weiß nur nicht, was wir damit machen sollen.

BAUCH: Ich mache mal 'nen Vorschlag. Wie wäre es, wenn wir

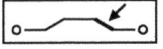 *Moderation und Supervision der Lösungssuche*

so ein Gespräch, wie wir es gerade führen, auch mit unseren Oberärzten machen? Ich glaube, das wäre gut. Wir haben ja auch noch lauter Themen, die direkt oder indirekt etwas mit unseren Leuten zu tun haben. «Mitarbeiter», «Weiterbildung» und so. Was meint ihr?

LUFTMEIER: Doch, könnte gut sein. Die Stimmung unter den Mitarbeitern ist so kritisch, dass wir uns Zeit nehmen müssen dafür. Oder, was meinst du, Herbert?

HERZLE: Aber vorher sollten wir uns einig werden, wie wir zu den einzelnen Themen stehen, denn sonst wird es wahrscheinlich schwierig, dass wir uns nicht wieder voneinander entfernen.

Ich freue mich, dass die drei mit ihren Oberärzten auch eine Runde machen wollen – zeigt es doch, dass sie verstanden haben, wie wichtig das offene, klärende Gespräch für eine gute Zusammenarbeit ist.

KH: Ich finde beide Ideen gut. Sowohl das Gespräch mit Ihren Oberärzten, denn auch dort wird sich im Lauf der Zeit so manches angesammelt haben, als auch den Vorschlag, vorher zu besprechen, wie Sie zu den einzelnen Themen stehen.

Die drei beginnen, über das Thema Otto zu sprechen. Es geht um die historische Entwicklung der Beziehung zwischen Herzle und Otto, von der Einstellung und den ersten Begegnungen bis zu den massiven Spannungen in Anwesenheit der anderen. Alle sind aktiv und konstruktiv dabei. Dann schlägt Luftmeier vor:

LUFTMEIER: Es ist schon gut, wenn wir das alles so klären, aber wäre es nicht möglich, dass du, Herbert, mit Herrn Prior zusammen ein klärendes Gespräch mit Otto führst?

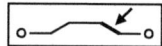

Das ist notwendig, und ihr zwei kommt doch alleine schnell auf die schiefe Bahn. Wären Sie (Klärungshelfer) überhaupt dazu bereit?

***Zwischenfrage:* Wären Sie dazu bereit?**
— Natürlich. Bevor die zwei auf eine schiefe Bahn kommen, bin ich lieber dabei und begleite das Gespräch.
— Nein. Ich möchte keine Klärung nur zwischen den zweien begleiten, da an den Spannungen mehr als nur die beiden einen Anteil haben – und die sollen auch dazu.

Wer soll bei der Klärung auf der nächsten Ebene dabei sein?
Da an dem Konflikt zwischen Herzle und Otto auch Bauch einen entscheidenden Anteil hat, müsste zumindest er bei dem Gespräch dabei sein. Idealerweise aber sind am besten alle dabei, die von den Auswirkungen der Spannungen betroffen sind. Dies sind die drei Chefärzte, aber wahrscheinlich auch die Oberärzte. Die Assistenzärzte werden sicherlich auch von der unguten Atmosphäre berührt und eventuell auch beeinträchtigt, es ist aber sinnvoll, wenn erst die Chef- und Oberärzte ihre Themen unter sich klären, bevor eine Runde mit allen stattfindet. Die Treppe wird von oben gewischt und jede Stufe ganz und gründlich.

Der Sinn, dass möglichst alle Kollegen auf gleicher Ebene und deren Vorgesetzte einbezogen werden sollen, liegt darin, dass für die Klärung dann alle Stimmen und Meinungen zu dem Thema unmittelbar und persönlich gehört werden können. Außerdem bekommt jeder die durch die Klärung eintretenden Veränderungen direkt mit und kann zur erfolgreichen Umsetzung im Alltag mit seinem aktualisierten inneren Bild beitragen.

Der Klärungshelfer begründet Ausweitung des Teilnehmerkreises

KH: Ich möchte Ihnen erklären, warum ich Ihnen von einem Gespräch allein zwischen Ihnen (Herzle) und Herrn Otto, von mir begleitet, abrate. An der Beziehung zwischen Ihnen beiden (Herzle–Otto) sind sehr zentral auch Sie, Herr Bauch, beteiligt. Wenn jetzt die beiden mit mir über die Entwicklungen und Verwicklungen sprechen, dann ist es unvermeidlich, dass auch über Sie (Bauch) gesprochen wird, über Ihre Handlungen, Ihren Anteil daran. Und da ist es bedeutend geschickter, Sie sind gleich von Anfang an am Dialog beteiligt und können zu den einzelnen Punkten Ihre Sichtweise beisteuern. Also statt zu zweit besser zu dritt. Aber sicherlich sind nicht nur Sie beide (Herzle–Bauch) von den Spannungen betroffen, sondern zumindest auch Sie (Luftmeier) und wahrscheinlich auch die anderen Oberärzte. Stimmt das?

LUFTMEIER: Ja, selbstverständlich wirkt sich das auf mich, aber auch auf die anderen massiv aus.

KH: Und dann ist es eindeutig nützlicher für die Entwicklung der Zusammenarbeit, wenn Sie (Luftmeier) und auch die Oberärzte an dem klärenden Gespräch teilnehmen.

BAUCH: Dass ich dabei bin und vielleicht auch du (Luftmeier), leuchtet mir ein. Aber die anderen, die haben doch bei dem Gespräch nichts verloren, sind ja gar nicht schuld an der Geschichte.

KH: Schuld wahrscheinlich nicht, aber direkt von den Spannungen betroffen. Selbst wenn sie nichts zu der Aussprache aktiv beitragen, so ist es für deren eigene Positionierung wichtig, dass sie verstehen lernen, was sich da zugetragen hat und wie sich die Verhältnisse durch das Gespräch verändern. Eine fristlose Kündigung, wie sie Otto erlebt hat, spricht sich nicht nur rasch herum, sondern verängstigt jeden anderen Mitarbeiter und verwirrt, wenn sie nicht vollzogen wird. Daher ist es gut, wenn zumindest die anderen Oberärzte all die Hintergründe nachvollziehen können. Auch diese Auflösung wird sich dann erleichternd verbreiten. Zudem lernen Sie, wie eine offene Aussprache geht. In meiner Anfangszeit als Klärungshelfer habe ich ein paar Mal Gespräche nur zwischen den unmittelbar Betroffenen moderiert, aber leider häufig die Erfahrung gemacht, dass die positiven Veränderungen deutlich schlechter in den Teamalltag übertragen wurden als bei den Klärungen, wo alle beteiligt waren. Dies liegt vermutlich zum größten Teil daran, dass die anderen Teammitglieder noch unwillkürlich von der alten Beziehungsdynamik ausgehen, wenn sie das Gespräch nicht mitbekommen haben. Dies kann man sicherlich dadurch günstig beeinflussen, dass man das Ergebnis ausführlich den anderen mitteilt, aber so umfassend, wie wenn alle dabei gewesen wären, wird dies wohl kaum gelingen.

Ein anderes Argument ist die positive Veränderung der Kommunikationskultur, die unweigerlich stattfindet, wenn Sie in der Runde mit Ihren Oberärzten in einer solch offenen und unerschrockenen Weise die Schwierigkeiten besprechen. Statt wie allerorten üblich in Einzelabschlachtung hinter verschlossener Tür diese heiklen Themen zu erörtern, geschieht eine solche Klärung vor und mit allen – wie hier. Dadurch bahnen Sie unmittelbar einer ausgeprägten Feedback- und Streitkultur den Weg, die eine gute Basis für ein menschliches und effizientes Arbeitsklima ist.

Die drei zeigen sich jetzt überzeugt, dass es sinnvoll ist, die Spannungen zwischen Herzle und Bauch offen in einer Runde mit den Oberärzten zu thematisieren. Damit ist das Thema Otto für heute versorgt. Die Thematik «Besprechungskultur und Morgenbesprechung» ist schnell und sachlich besprochen – sie findet weiterhin statt, aber anstelle aller drei Chefärzte

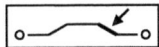

wird jeden Tag lediglich einer vor Ort sein und die Besprechung leiten. Die Reihenfolge: Mo./Do. – Bauch, Di./Fr. – Luftmeier, Mi. – Herzle. Der Themenblock «Stimmung unter den Mitarbeitern – Weiterbildung der Assistenzärzte» wird nur insoweit andiskutiert, als sich alle darin einig sind, dass die Runde mit den Oberärzten hier entscheidende Erkenntnisse und Impulse bringen kann und deswegen so bald als möglich stattfinden sollte.

Als sehr bedeutsam erweist sich dann das offene Gespräch über die Aufgabenverteilung in der Geschäftsführung unter den drei Chefärzten. Aber auch dort findet sich wie von selber eine organische Lösung, bei der die drei ein gutes Gefühl haben: Herzle – Außenkontakte, Vertrieb; Bauch – Personal, Technologie; Luftmeier – Finanzen, Verwaltung. Mit dem Verwaltungsdirektor Kurt Konto wollen sie ein Gespräch führen, zu dem sie keine externe Begleitung durch den Klärungshelfer wollen, da hier zwischenmenschlich alles einfach und geklärt erscheint. Lediglich die zukünftige Aufgabenzuweisung und die Form des Berichtens sollen klar festgelegt werden.

Zum Schluss vereinbaren die drei, dass sie zukünftig zweimal die Woche (Montag und Donnerstag) fixe Besprechungen miteinander führen möchten.

Damit ist die Liste der Themen in knapp einer Stunde abgearbeitet worden.

Obwohl ich weiß, dass schwierige, kontroverse Themen auf geklärter Beziehungsgrundlage im «Land der leichten Lösungen» einfach und schnell behandelt werden können, bin ich doch immer wieder von neuem erstaunt, fast ungläubig und beglückt, dass und wie alles so reibungslos funktionieren kann. Es läuft endlich, wie alle es sich wünschen – konstruktiv und sachlich –, und alles nur, weil keine negativen Gefühle mehr «bocken und blocken».

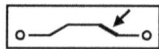

10 Abschlussphase

10.1 ZIEL: Abrunden und abschließen durch Aus- und Rückblick

In dieser letzten Phase wird die Klärung sorgfältig und umfassend abgeschlossen. Dazu gehören:
— Ausblick,
— Information von Abwesenden und Mitarbeitern,
— Nachsorge vereinbaren,
— Rückblick und Beschwerden,
— Abschied.

10.2 Alle sind am Ende

KH: Wie gedenken Sie das, was Sie heute erlebt und beschlossen haben, Ihren Mitarbeitern mitzuteilen?
BAUCH: Guter und wichtiger Punkt. Wie machen wir es?
HERZLE: Das hängt in meinen Augen ganz viel davon ab, was diese wissen. Was habt ihr wem über unseren Konflikt mitgeteilt?

Bauch und Luftmeier haben in den letzten Wochen nach dem drohenden Brief mit ihren engsten Vertrauten unter ihren Mitarbeitern über die Situation gesprochen. Darauf reagiert Herzle etwas enttäuscht – er hat alles für sich behalten, aber er versteht die besonderen Umstände und schlägt vor, in der nächsten Morgenbesprechung mit allen Ärzten ein gemeinsames Statement über den Prozess abzugeben und gleich daran

im Anschluss die Klärungsrunde mit den Oberärzten anzukündigen. Auf Anregung des Klärungshelfers werden dann gemeinsam Stichpunkte für das Statement erarbeitet:
1. Wir hatten eine sehr spannungsreiche Zusammenarbeit.
2. Es fand ein gemeinsamer Klärungsprozess statt mit dem Ergebnis: Jeder war auf seine Weise daran beteiligt.
3. Wir haben wieder zu gegenseitiger Wertschätzung und Respekt gefunden.
4. In Zukunft werden die Morgenbesprechungen so geregelt sein ...
5. Die Aufgabenverteilung in der Geschäftsführung sind wie folgt festgelegt: ...
6. Es wird in Kürze eine Klärungsrunde mit den Oberärzten stattfinden.

Die drei wollen es gemeinsam mitteilen und danach Raum geben für Anmerkungen, Fragen, die Äußerungen von Irritationen.

Überdies ist es 17.15 Uhr geworden. Der Klärungshelfer eröffnet die Abschlussrunde.

KH: So, jetzt ist es langsam Zeit, die Klärung für heute abzuschließen. Bevor wir die Abschlussrunde einläuten, schauen Sie mal, was noch offen, unklar ist, was noch gesagt sein muss in den verbleibenden zehn Minuten.

HERZLE: Mir wäre noch wichtig, dass wir noch kurz vereinbaren, dass wir alle persönlichen Themen, die wir voneinander erfahren haben, hier bei uns lassen und nichts nach außen tragen.

LUFTMEIER: Das ist klar für mich. Außer mit meiner Frau werde ich mit niemandem über den Verlauf des Gesprächs sprechen.

HERZLE: Das ist klar, dass wir mit unseren Frauen sprechen. Aber mir ist wichtig, dass die Mitarbeiter oder Kollegen nichts davon erfahren.

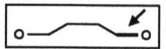

BAUCH: Für mich ist das eh sonnenklar.
HERZLE: Gut.
KH: Was ist noch offen?
LUFTMEIER: Wann machen wir das Gespräch mit den Oberärzten?
BAUCH: So bald wie möglich. Ich würde vorschlagen, noch dieses Jahr, oder zumindest im Januar. Wann können denn Sie, Herr Prior?

Der Klärungshelfer klärt mit den drei die möglichen Wochenenden ab und vereinbart für Mitte Dezember einen Termin für Samstag ab neun bis Sonntagmittag. Zwei Wochen davor wird eine Telefonkonferenz mit allen dreien für die Vorbereitung angesetzt. Danach tauchen keine weiteren Themen mehr auf.

10.3 EXKURS: Keine «Freizeitklärung» bei beruflichen Konflikten

Bei Organisationen mit Rund-um-die-Uhr-Diensten sind Klärungen am Wochenende oder in sonst dienstfreier Zeit nicht selten und auch sinnvoll, um die Arbeitsprozesse aufrechterhalten zu können (Krankenhäuser, Drei-Schicht-Produktion, Massenmedien, Feuerwehr…). Dies ist aber nur dann zu akzeptieren, wenn die Klärungssitzungen als Arbeitszeit bezahlt oder mit Freizeit kompensiert werden. Das ist wichtig, weil die Klärung der Zusammenarbeit eindeutig eine dienstliche, normale berufliche Tätigkeit ist. Keinem Handwerker würde es einfallen, die Reparatur seiner Instrumente und Maschinen als Freizeittätigkeit oder Hobby zu betrachten. Leider gibt es allerdings immer wieder Führungskräfte, die das nicht so sehen. Ihnen muss klargemacht werden, dass die Wiederherstellung der Fähigkeit zur Zusammenarbeit durch Klärung der Kommunikation eine beruflich nötige, keinesfalls private Angelegenheit ist und selbstverständlich entgolten werden muss. Außerdem bewirkt die Störung, die bei den Mitarbeitern durch eine Einbestellung zur Klärung in ihrer Freizeit entsteht (Ärger, innere Verweigerung, Gefühl, ausgenutzt zu werden), Trotz und Bockigkeit gegen die Klärungsinhalte, sodass mehr Zeit und Motivation verschlungen wird, als Geld mit der «Freizeitklärung» gespart werden könnte.

KH: Gut, dann schließen wir jetzt den Inhalt ab. Sagen Sie bitte der Reihe nach, wie es Ihnen jetzt geht. Was gibt es noch zu den zwei Tagen zu sagen, Klima, Ergebnisse? Wie gehen Sie nach Hause? Was gibt es zu meiner Moderation und Begleitung zu sagen? Bin ich Ihnen vielleicht zu nahe getreten? Wo haben Sie sich nicht verstanden, manipuliert oder verletzt gefühlt? Fangen Sie (Luftmeier) bitte diesmal an. Dann Sie, Herr Bauch, und danach Sie, Herr Herzle.

LUFTMEIER: Tja. Was ist noch zu sagen? Ich bin zufrieden. Sehr zufrieden. Und erleichtert, denn wir haben jetzt das erreicht, was ich mir für uns eigentlich gewünscht habe. Und ich bin erleichtert, weil ich Sie ja für das Gespräch vorgeschlagen habe; und wenn Sie jetzt ein Reinfall gewesen wären ... Mit Ihnen und wie Sie es gemacht haben, da bin ich sehr rund. Sehr einfühlsam und doch auch klar. Ich bin jetzt k. o., aber wie gesagt zufrieden.

KH: Danke.

BAUCH: Ja, ich bin auch sehr zufrieden mit dem Ergebnis. Ich freue mich über den Kontakt, den wir (Herzle) wiederhaben. Ihre Begleitung war hilfreich, und ich wüsste nicht, wo wir jetzt wären, wenn Sie nicht dabei gewesen wären.

KH: Danke.

HERZLE: Ich bin immer noch sehr offen und ziemlich erschöpft. Körperlich und emotional. Aber mit dem Verlauf und dem, wo wir rausgekommen sind, da hätte ich mir nichts Besseres wünschen können. Ich fühle mich total erleichtert. Wie wenn ein riesiger Stein von meinen Schultern

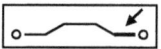

genommen wäre. Ich bin jetzt neugierig, wie sich das entwickeln wird, bin aber auch zugleich bester Hoffnung, dass wir das gut meistern werden. All das verdanken wir in meinen Augen Ihrer professionellen Begleitung, ohne Sie hätten wir das niemals erreicht. Danke dafür.

KH: Danke. Aus meiner Sicht war es eine sehr anstrengende, herausfordernde Klärung. Ich bin jetzt erschöpft und zufrieden. Ich freue mich über Ihre Zufriedenheit und Zuversicht und sehe aber auch genau darin eine Gefahr für Ihre Zusammenarbeit.

Imprägnieren mit dem «Warner aus der Wüste»
Jetzt ist es wichtig, dass der Klärungshelfer in die Rolle des Warners schlüpft, die Erleichterungseuphorie bremst und die drei vorbereitet für die sicherlich kommenden Rückschläge und Enttäuschungen im Alltag.

KH: Wir haben viel bewegt, aber die Macht der Gewohnheit und des Alltags ist nicht zu unterschätzen. Mit dem alltäglichen Druck und Stress schlagen sehr schnell wieder die alten Sichtweisen und Reaktionsmuster durch, die dann Ihr Miteinander wieder ähnlich gestalten werden, wie Sie es bisher schon erlebt haben. Sie werden sich ertappen, dass Sie über den anderen denken: «Schau an, ganz der Alte wieder, hat wohl doch nichts gelernt aus der Klärung.» Und es wird wieder und wieder Rückschläge geben, das lässt sich nicht verhindern und ist normal. Das Einzige, was Sie tun können, ist, jedes Mal wieder so miteinander zu sprechen, wie wir das die zwei Tage gemacht haben – am besten sehr zeitnah, so offen wie möglich und ohne meine Hilfe. Das können Sie jetzt, zwar ist es ohne den Komfort der allparteilichen Begleitung schwieriger, aber es lohnt sich auf jeden Fall.

Ich freue mich auf die nächste Runde mit Ihnen und

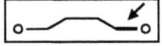

Ihren Oberärzten. In unserem Gespräch zwei Wochen vorher erfahre ich ja dann auch, wie es Ihnen drei im Alltag ergangen ist. Ich wünsche Ihnen eine gute Zusammenarbeit und einen erholsamen Wochenendrest. Danke für Ihr Vertrauen.

Alle stehen auf und verabschieden sich herzlich voneinander.

Ich bin erschöpft und müde. Wie so oft merke ich erst danach, wie anstrengend die ganze Klärung für mich war. Meine Stimme ist plötzlich heiser, aber ich fühle mich entspannt und zufrieden. Im Zug nach Hause lasse ich die Bilder des Tages an meinem inneren Auge vorüberziehen und bekomme allmählich auch innerlichen Abstand.

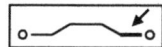

11 Nachsorge

11.1 ZIEL: Begleitung und Beratung bei der Umsetzung

Das Nachsorgegespräch hat das Ziel, den oder die Auftraggeber in der Integration und Umsetzung der Ergebnisse der Klärung zu unterstützen. Es ist vor dem ersten Nachsorgekontakt hilfreich, sich als Klärungshelfer darauf gefasst zu machen, dass es seit der Klärung erneut ungute Begegnungen gegeben haben könnte: alte Wunden wieder aufgebrochen sind, Vereinbarungen nicht eingehalten und Lösungen nicht umgesetzt wurden. Diese «Impfung» bewahrt ihn davor, durch enttäuschte Berichte seitens des Chefs innerlich aus der Balance zu geraten. Egal wie erfolgreich ein Klärungsprozess auch gelaufen sein mag, so ist es doch realistisch, davon auszugehen, dass alte Kommunikationsmuster gewohnheitsgemäß ablaufen und sich gerade unter stressigen Alltagsbedingungen als manchmal sehr hartnäckig erweisen.

Eine Klärung ist dann erfolgreich, wenn die eine oder andere akute und chronische Blockade aufgelöst werden konnte und dabei ein Lernprozess angestoßen wurde, der zur Folge hat, dass die Betroffenen in Zukunft früher und kompetenter miteinander ins Gespräch kommen.

Die Aufgabe des Klärungshelfers im Nachsorgegespräch ist es nun, die Unterstützung der Führungskraft fortzusetzen und sie dazu zu befähigen, selbständig die Kultur der klärenden Gespräche aufrechtzuerhalten. Nicht selten wird daraus ein Coaching in generellen Führungsthemen.

Wenn kein Folgetermin, dann Nachsorgegespräche
Auch wenn kein Folgetermin mit allen vereinbart worden wäre, wie hier die Klärung mit den Chef- und Oberärzten, auch dann meldet sich der Klärungshelfer in jedem Fall beim Auftraggeber (hier bei allen dreien) im Abstand von vier bis acht Wochen wieder. Er fragt nach, wie die Landung im Alltag verlaufen ist. Dieser Anruf wird «Nachsorgegespräch» genannt und wird bereits in der Auftragsklärung als fester Bestandteil der gesamten Leistung angekündigt. In der Abschlussphase der Klärung weist der Klärungshelfer noch einmal darauf hin, damit der Weg für dieses Gespräch bereits geebnet ist. («Ich werde, wie eingangs vereinbart, in zirka vier Wochen mit Ihnen telefonieren, um zu hören, wie es Ihnen im Nachhinein mit der Klärung ergangen ist – am besten vereinbaren wir schon mal einen Termin dafür.») Hier bei den Ärzten ist es so nicht geschehen, da es den Termin für die Klärung in der nächsten Hierarchieebene gibt.

Eine Woche nach der Klärung schickt der Klärungshelfer den drei Chefärzten eine E-Mail, in der er nochmal auf die zu erwartenden Rückfälle und Störungen und den adäquaten Umgang damit hinweist.

11.2 E-Mail an die drei Chefärzte

Lieber Herr Professor Herzle,
lieber Herr PD Dr. Bauch,
lieber Herr PD Dr. Luftmeier,

ich hoffe, Sie haben sich das restliche Wochenende über noch gut erholen können.
Es war ein intensiver Prozess. Am Schluss haben Sie sich mit anderen Augen wahrgenommen – diese veränderte Sicht

wird im Verborgenen weiterwirken und Ihnen unaufhaltsam neue Erfahrungen miteinander ermöglichen.

Das Neue kann im Alltag aber auch leicht wieder untergehen, gerade wenn stressige Phasen angesagt sind. Sie werden sich ertappen, wie Sie das Handeln Ihrer Partner wieder wie vorher interpretieren und erneut bereit sind, voneinander das Schlimmste zu erwarten: der andere als egoistisch, boshaft, gleichgültig usw.

Seien Sie deswegen sorgfältig miteinander:
— Drücken Sie sich in der Anfangszeit achtsam aus. Gehen Sie miteinander wie mit frisch Operierten um – die Operation ist gelungen, aber die Wunden sind noch nicht verheilt.
— Wenn Ihnen das Verhalten des anderen komisch, verdächtig, gefährlich... erscheint, sprechen Sie ihn direkt und zeitnah an und klären Sie die Hintergründe gemeinsam.

Lassen Sie sich überraschen von den kleinen positiven Veränderungen Ihrer Zusammenarbeit, die wie von selber geschehen werden. Fragen Sie sich: «Woran merke ich, dass diese Veränderung still und leise bereits begonnen hat und sich mehr und mehr ausbreitet?»

Ich schicke Ihnen dazu meine besten Wünsche und melde mich wie vereinbart bei Ihnen.

Liebe Grüße aus München
Christian Prior

Wenn etwas Außergewöhnliches geschieht, zögern Sie bitte nicht, mich sofort zu kontaktieren – wir finden dann einen geeigneten Weg.

Noch etwas: Bitte überprüfen Sie kurz, ob Sie alle drei diese Mail von mir erhalten haben – und wenn nicht, dann leiten Sie sie bitte an die anderen weiter.

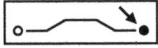

Im Gegensatz zum Klärungsgespräch, das schnörkellos und einfach im Ton war, bediene ich mich hier in der Mail eines aus dem Hypnotherapeutischen und Systemischen entlehnten Stils und Vorgehens (siehe zum Beispiel Manfred Prior: MiniMax-Interventionen, 2006). Ich will die drei Ärzte erinnern, miteinander achtsam und sorgfältig zu sein. Daneben möchte ich eine innere Suchhaltung anregen, auch kleinste positive Veränderungen zu beachten und zu würdigen, in der Hoffnung, dass dies sie großzügiger auf Ausrutscher und Rückfälle reagieren lässt. Am wichtigsten ist mir aber, dass sie im Gespräch darüber bleiben, wie es ihnen miteinander geht.

12 Fortsetzung

Eine Schwalbe allein macht noch keinen Sommer. Eine gelungene Klärungshilfe von eineinhalb Tagen allein stiftet noch nicht automatisch eine immer friedliche und effiziente Zukunft der Zusammenarbeit. Sie kann lediglich die notwendige und unentbehrliche Grundlage dazu abgeben.

Klärungshilfe hat nichts mit Kitten oder Wiederherstellen eines Einheitszustandes zu tun (das kann allerdings die Folge sein), sondern eben nur mit Klarheit der Wahrheit – und die kann genauso gut eine klare, einvernehmliche Trennung wie auch eine zwar nicht reibungslose, aber doch fortgesetzte Zusammenarbeit bedeuten.

Wenn von den Parteien gewünscht, begleitet der Klärungshelfer die weiteren Schritte in der Zusammenarbeit, aber auch einen Trennungsweg. Beide Varianten – Trennung und Zusammenbleiben – werden jetzt skizziert.

12.1 Variante 1: Trennung

In der vereinbarten Telefonkonferenz mit allen dreien, die zwei Wochen vor dem Folgetermin stattfindet, zeigt es sich, dass sich ihre Zusammenarbeit im Alltag als sehr schwierig gestaltet. Sie möchten deswegen statt einer erweiterten Runde mit den Oberärzten ein nochmaliges Klärungsgespräch zu dritt mit dem Klärungshelfer. Dies wird für den bereits geplanten Samstag vorgesehen. In diesem Gespräch wird deutlich, dass sie als Klinikleiter und Mediziner in stressigen Situationen immer wieder in ihre alten Muster zurückfallen.

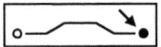

Ich mag die drei und finde es traurig, dass es ihnen nicht möglich ist, im Alltag ohne Spannungen auszukommen. Schade...

Im Klärungsgespräch zeigt sich, dass Herzle durch den Unfall psychisch stärker angeschlagen ist, als bisher offenbar wurde. Er wird immer wieder von seinen alten Gefühlen eingeholt: sich ausgeschlossen fühlen; überzeugt sein, dass die anderen gegen ihn sind und sich sogar wieder gegen ihn verbünden. Es gelingt ihnen im Alltag oft nur durch lange klärende Gespräche, die Entgleisungen halbwegs aufzufangen. Projekte werden gebremst und wichtige Entscheidungen verzögert. Es stellt sich heraus, dass Herzle, um nicht abgehängt zu werden, sich mit Medikamenten aufrecht zu halten versucht. Schließlich gesteht er gegenüber sich und seinen Kollegen ein:

HERZLE: Ich halte euer Tempo nicht mit. Meine Gesundheit ist mir enorm wichtig. Ich ziehe mich aus dem operativen Geschäft zurück und werde meine Lehrtätigkeit und andere Aufgaben intensiviert wahrnehmen und nur noch einige wenige meiner langjährigen Privatpatienten behandeln.

Um die durch die Klärung wiedergefundene Freundschaft nicht zu zerstören, beschließen sie, zukünftig getrennte Wege zu gehen – Bauch und Luftmeier als eine Partei, Herzle als die andere. Ihnen ist einhellig wichtig, dass diese berufliche Entflechtung so geschehen soll, dass ihre grundsätzlich wieder gute Beziehung dabei nur so wenig wie möglich belastet wird. Deswegen bitten sie den Klärungshelfer, die Trennung zu gestalten.

Es wird vereinbart, für die nächsten drei Wochen jeglichen Kontakt ausschließlich über den Klärungshelfer laufen zu lassen – Herzle zieht sich dafür aus der operativen Leitung der Klinik zurück. Mittels des «Ein-Text-Verfahrens» nach der

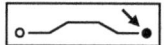

Harvard-Methode entsteht dann unter der fachlichen Begleitung eines Anwalts für Gesellschaftsrecht und eines Wirtschaftsprüfers nach vielen teilweise zähen bilateralen Gesprächen ein Trennungsvertrag, dem alle drei zustimmen können.

Während dieser drei Wochen bleibt die steuernde, moderative Leitung ausschließlich beim Klärungshelfer, der sämtliche Prozesse nicht nur koordiniert, sondern, wo nötig, auch wieder mit seinen Klärungsinstrumenten entspannt und ermöglicht.

Der erarbeitete Vertrag sieht vor, dass Bauch und Luftmeier die Klinik vollständig übernehmen und Herzle dafür eine angemessene Ablösesumme erhält, die gestaffelt und gewinnabhängig über Jahre ausgezahlt wird.

Es waren spannende drei Wochen für mich. Wir telefonierten ausführlich, bis ich ihre Gedanken jeweils detailliert verstanden hatte. Es ging um viel ... Geld und Zukunft. Dann kommt der Tag, an dem sie sich das erste Mal zu dritt wieder sehen. In der Kanzlei des Anwalts ist der Trennungsvertrag bereit zur Unterschrift. Danach umarmen sie sich herzlich und öffnen eine Flasche Sekt zur Feier des Tages. Später haben die engsten Mitarbeiter eine Abschiedsparty für Herzle vorbereitet. Ich bin trotz Trennung zufrieden.

12.2 Variante 2: Zusammenbleiben

In der vereinbarten Telefonkonferenz mit den dreien, die zwei Wochen vor dem Folgetermin stattfindet, zeigt sich, dass die Stimmung nach wie vor offen und zuversichtlich ist. Allerdings gab es zwei spannungsgeladene Szenen zwischen Herzle und Bauch, die sie aber offen und konstruktiv in den vereinbarten (und nur zweimal ausgefallenen!) Chefarztrunden dienstags und donnerstags thematisierten.

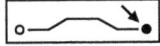

Die Oberärzte haben die Einladung zum Gespräch unterschiedlich aufgenommen: Dr. Otto steht einer solchen Runde sehr ablehnend gegenüber, die zwei anderen halten sie für notwendig und begrüßen die Bereitschaft der Chefärzte, sich ihrem Feedback zu stellen. Herzle ist voller Sorge im Blick auf den Dialog mit Otto.

Klärung mit verschiedenen hierarchischen Ebenen
Wenn deutlich geworden wäre, dass bei den dreien mittlerweile wieder heftige Missstimmung aufgetreten sind, dann hätte der Klärungshelfer vorgeschlagen, am Freitagnachmittag vor der Runde mit den Oberärzten noch einmal zu dritt zusammenzukommen, um nachzuklären.

Für den Fall, dass während der Sitzung mit den Oberärzten Spannungen zwischen den drei Chefärzten auftreten, die sie nicht vor den anderen austragen wollen, vereinbart der Klärungshelfer Folgendes:

Zuerst wird klar benannt, dass hier Spannungen zwischen den dreien vorliegen, die sie aber in diesem Kontext nicht vertiefen wollen.

Dann fragt der Klärungshelfer, ob sie die Klärung der aufgetretenen Themen verschieben können oder wollen. Wenn dies möglich ist, dann geht das Gespräch an der Stelle weiter, wo es unterbrochen wurde.

Wenn nicht, dann unterbricht der Klärungshelfer die Runde und schickt die Oberärzte in einen Nebenraum mit einer «Sonderaufgabe» (zum Beispiel ein aktuell passendes Thema aus ihrer Perspektive austauschen und darstellen), um den Konflikt in einer vereinbarten Zeitspanne zu klären.

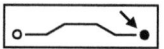

12.3 Folgeklärung mit den Oberärzten

Dr. Otto kommt mit einer massiv ablehnenden Haltung in die Sitzung, die der Klärungshelfer in der Anfangsrunde offen thematisiert. Durch die Haltung, diese Widerstände nicht verändern, sondern nur verstehen zu wollen, wandelt er die Ablehnung langsam in Vertrauen.

Im Workshop dominieren dann erwartungsgemäß die Spannungen zwischen Herzle und Otto. Nach und nach erhellen sie gemeinsam die Historie der schwierigen Beziehung von der ersten unglücklichen Begegnung an, und es wird die Tiefe des Zerwürfnisses zwischen den beiden deutlich. Es ist offensichtlich, dass die Verletzungen so groß sind, dass nur ein geringes Maß an gegenseitigem Verständnis möglich ist. Dennoch einigen sie sich darauf, weiterhin miteinander zu arbeiten, allerdings in klarer definierten und abgegrenzten Bereichen als bisher. Die anderen beiden Oberärzte hören aufmerksam zu und äußern sich dankbar, dass endlich in dieser offenen Weise über die jahrelangen massiven untergründigen Spannungen gesprochen wird. Dies zeigt, dass es wichtig ist, die Beziehungsklärung nicht isoliert durchgeführt zu haben.

Es kommt noch zu zwei, drei kleineren Klärungen zwischen den Oberärzten und den Chefs und auch unter den Oberärzten. Herzle, Bauch und Luftmeier beteiligen sich offen und authentisch am Dialog, ohne dabei aneinanderzugeraten. Am Sonntag, dem zweiten Tag, besprechen dann alle in deutlich entspannter Atmosphäre sachliche Themen wie die Weiterbildung der Assistenzärzte, die Gestaltung von Arbeitsabläufen und das KaliTec-Projekt. Am Schluss schlagen die Oberärzte vor, eine solche Runde auch mit den Assistenzärzten zu veranstalten, da nach ihrer Einschätzung auch dort genug zu klären wäre. Die Chefärzte zeigen sich angesichts der erfolgreichen Runde offen dafür, wollen aber erst noch den Alltag beobachten und abwarten.

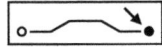

Ich bin erfreut und auch ein bisschen stolz auf die drei. Bauch und Herzle bleiben auch dann fair und um gegenseitiges Verstehen bemüht, als klar wird, dass auch Bauch durch sein Agieren massiven Anteil an der unglücklichen Entwicklung zwischen Herzle und Otto hatte.

In einem Gespräch mit den drei Chefärzten ein paar Monate nach diesem Termin berichten sie, wie sehr sich die Stimmung in der gesamten Klinik verändert hat. Herzle und Otto haben zwar immer wieder ihre schwierigen Begegnungen, aber die katastrophale Wirkung auf die anderen hat spürbar nachgelassen. Die beiden bemühen sich um sachlichen Kontakt, wo nötig, und begegnen sich sonst so wenig wie möglich, was sich durch die fachliche Spezialisierung Ottos gut arrangieren lässt. Eine Runde mit den Assistenzärzten halten alle drei aktuell für nicht nötig, da sich die veränderte Gesamtatmosphäre auch dort positiv ausgewirkt hat.

Allerdings wollen die drei Mitte des folgenden Jahres einen begleiteten Klausurtag mit ihren Oberärzten schon jetzt vereinbaren, um die Offenheit und den entstandenen guten Kontakt zu pflegen.

Ich bin sehr zufrieden mit der gesamten Aktion. Auch wenn Herzle und Otto nach wie vor nicht so gut miteinander können, bestätigt es sich, dass es für alle erleichternd war, diese schwierige Beziehung zu sechst gemeinsam zu thematisieren.

Ich begleite die drei seither mit einer ein- bis zweitägigen Klausur im Jahr und freue mich jedes Mal über ihren guten Kontakt und ihre Zusammenarbeit.

13 FAQs – Frequently asked questions im Anschluss an den Fall

Welche Variante ist häufiger? Trennung oder Zusammenbleiben?
Zusammenbleiben.

Sind alle Klärungshilfen erfolgreich?
Ja, fast alle. – Genauer gesagt: Es kommt darauf an, wie man «erfolgreich» definiert. Der Laie meint meistens: Alle bleiben zusammen, und alles wird wieder schön. Der Klärungshelfer definiert es anders: Kommen wir dazu, alles Wichtige klar zu sehen und die daraus notwendigen Schlüsse zu ziehen?

Es gelingt (fast) immer, zur Klarheit zu kommen (Voraussetzung ist dafür eine gute Auftragsklärung und genügend Zeit), aber es ist selten vorauszusehen, wie diese Klarheit dann aussehen wird. Entscheidend ist dann vor allem die Frage: Ist jetzt noch ein Wille zur weiteren Zusammenarbeit da oder nicht? Sind die Verletzungen verzeihbar oder zumindest überwindbar?

Wie geht es üblicherweise nach so einer Konfliktklärung weiter?
— Manchmal hört man nach den Nachsorge-Telefongesprächen nichts mehr von den Parteien und verliert sie aus den Augen – trotzdem kann nach mehreren Jahren wieder ein Kontakt entstehen (nochmaliges Feedback, neuer Auftrag oder Weiterempfehlung).
— Häufig ist eine regelmäßige – üblicherweise jährliche –, ein- bis zweitägige Begleitung (Team-Check-up, Abteilungsklausur, Zusammenarbeits-TÜV …).

— Nicht selten weitet sich das Klärungsgespräch auch auf die nächsten Hierarchieebenen aus: hinunter (wie im Falle der Chefärzte, wo die Oberärzte einbezogen wurden), selten hinauf, ab und an auf benachbarte Abteilungen. Die sich langsam ausbreitende Klarheit bei der alltäglichen Zusammenarbeit macht die bisher vom Konflikt überlagerten Schnittstellenprobleme mit den angrenzenden Hierarchieebenen und Teams nun umso spürbarer.

Wie laufen die Auftragsklärung und Anfangsphase, wenn der Klärungskreis für eine folgende Klärungsrunde erweitert wird?

Wenn weitere Klärungswünsche entstehen, gilt es für den Klärungshelfer, jedes Mal in einer fast neuen Auftragsklärung wieder frisch, unvoreingenommen und genau zu überprüfen,
— wie die aktuelle Situation, wer genau betroffen und wie das Organigramm ihrer Zusammenarbeit ist.
— Daraus folgert er, ob die anfragende Person auch für den Konfliktherd **zuständig** und ausreichend für eine Klärung **motiviert** ist – oder ob sie von oben (Hierarchie) oder unten (Mitarbeiterbasis) unter Druck steht? Fühlt sie sich sonst wie innerlich oder äußerlich unter Druck? Was hat sie von den bisherigen Klärungen gehört oder erlebt, hat all dies in ihr vielleicht unrealistische Hoffnungen und Befürchtungen ausgelöst? Wenn der Klärungshelfer den Eindruck hat, dass der neue, richtige Auftraggeber nicht ganz hinter den Gesprächen steht, dann rät er ihm strikt von einer Klärungsrunde ab: «Nur wenn Sie wirklich die Klarheit der Wahrheit wollen, kann ich Ihnen helfen.»
— Danach erst legt er das Design fest: Wer soll dabei sein? Usw. – wie bei jeder normalen Auftragsklärung.

Falls es dann tatsächlich zu einer erweiterten Klärungsrunde kommt (mit der nächsttieferen Hierarchieebene zusammen oder gemeinsam mit angrenzenden Abteilungen), spricht der

Klärungshelfer in der Anfangsrunde dann offen an, was bisher geschehen ist. Dabei schützt er die Teilnehmer der letzten Konfliktklärung und spricht darüber in allgemeiner Form. Die Reaktionen der «alten» und «neuen» Teilnehmer behandelt er wie üblich, wertschätzend, sorgsam und spricht die Wahrheit der Situation (siehe S. 66) in all ihren Dimensionen an – besonders auch potenzielle Störungen und aktuelle Gesprächsbarrieren: «Wie geht es Ihnen, die Sie die Gespräche bereits in einem intimeren Rahmen erlebt haben, wenn sich jetzt der Kreis immer mehr ausweitet? Und wie geht es Ihnen, die Sie neu dazukommen? Was haben Sie gehört? Was beunruhigt Sie daran?»

Ich habe in einem anderen Krankenhaus erlebt, dass die Oberärzte bereits vor dem ersten Kontakt mit mir zu einer Klärungsrunde mit den Chefärzten schriftlich eingeladen wurden. Nachdem mir die Sachlage geschildert worden war, habe ich geraten, vorerst nur eine Runde mit den Chefärzten durchzuführen. Die Oberärzte wurden daraufhin wieder ausgeladen.

Nach zwei klärenden Gesprächen war dann der Zeitpunkt gekommen, die Oberärzte mit einzubeziehen. In der Anfangsrunde war der «Gegenwind» von den wieder Eingeladenen entsprechend heftig. Sie fühlten sich über die Hintergründe schlecht informiert und zu Recht willkürlich hin und her geschoben. Erst als die Chefärzte und ich zu allen Vorwürfen und Verdächtigungen klar und offen Stellung bezogen und den bisherigen Verlauf offengelegt hatten, erst dann konnten sie sich gut auf die Klärung mit ihren Vorgesetzten einlassen, und die Anfangsphase konnte weitergehen.

Was hätte der Klärungshelfer gemacht, wenn einer der drei nicht bereit gewesen wäre für eine Klärung?

Wenn nur einer oder zwei zu gemeinsamen Klärungsgesprächen bereit gewesen wären, dann ist eine Klärungshilfe nicht möglich, es sei denn, die Verweigerer können überzeugt, von der Gegenpartei gezwungen oder sonst wie dazu gebracht werden, ihre Ablehnung in einer gemeinsamen Sitzung darzulegen und zu begründen. Das kann oftmals der für sie passende Weg zu einem solchen Gespräch sein, in welchem sie sich dann nicht verurteilt, sondern verstanden und unterstützt fühlen.

Wenn nur einer, zum Beispiel Luftmeier, eine Klärung gewollt hätte und die anderen sich von ihm nicht dazu hätten zwingen lassen, dann wird aus dem Auftrag für eine Teamklärung ein Beratungsgespräch, was er alleine in der aktuellen Situation machen könnte – vielleicht mit einem anschließenden Coaching. Dabei kämen wahrscheinlich folgende Aspekte zur Sprache:

— Was genau ist geschehen?
— Wie verhält er sich in den Situationen?
— Was genau hat er bereits zur Lösung unternommen?
— Was möchte er erreichen?
— Was ist das Problem an den Spannungen?
— Wie könnte der Coach ihm bei der Vorbereitung auf ein klärendes metakommunikatives Gespräch unterstützen?
— Was hindert ihn eventuell an einem solchen?
— Welche Alternativen gibt es zu einem solchen gefürchteten Gespräch?
— Was müsste er machen, damit alles noch schlimmer wird?
— Wie kann der Coach ihn zum Beispiel mit Rollenspielen vorbereiten? Usw.

Was wäre grundsätzlich anders gewesen, wenn die drei nicht auf einer Ebene, sondern hierarchisch abgestuft wären – zum Beispiel Herzle der Chef der beiden anderen?
Fast die gesamte Klärung, besonders die Selbstklärung und die Dialoge, wären von der Struktur her gleich abgelaufen und hätten sich wahrscheinlich inhaltlich und stimmungsmäßig sehr ähnlich abgespielt.

Der größte Unterschied wäre in der Auftragsklärung sichtbar geworden. Die Auftragsklärung hätte ausschließlich mit dem Chef, also mit Prof. Herzle, stattgefunden. Der Klärungshelfer wäre mit ihm in alle Details seiner Sichtweise des Konflikts eingestiegen, um die Veranstaltung aus dieser Detailkenntnis heraus hinsichtlich Teilnehmerkreis und Dauer noch besser planen zu können. Zusätzlich und hauptsächlich aber hätte dieses intensive Gespräch dazu gedient, die Beziehung zwischen Auftraggeber und Klärungshelfer aufzubauen, zu stärken und zu testen. Warum?

Weil der Klärungshelfer in Delegation für die Führungskraft in einer heiklen Mission tätig wird. Es könnten ja bei der Suche, wo der Hase im Pfeffer liegt, schlafende Hunde geweckt und beim Austrocknen des Beziehungssumpfes Schlangengruben gefunden werden – und bei jeder Kellerbesichtigung drohen Leichenfunde. Bei der Wiederherstellung der Zusammenarbeitsfähigkeit ist deshalb Vertrauen zwischen Auftraggeber und Klärungshelfer das A und O, obwohl die Führungskraft ständig dabei ist und kontrollierend eingreifen kann.

Was hätte der Klärungshelfer gemacht, wenn sich einer in der Anfangsrunde total verweigert hätte?
Hier gibt es grundsätzlich verschiedene Möglichkeiten.
— Bei Kollegen auf einer Ebene ohne Chef ist die Situation am heikelsten. Im Prinzip kann jeder die Sitzung zu jeder Zeit verlassen und damit der gemeinsamen Klärung ein Ende setzen. Der Klärungshelfer kann grundsätzlich niemanden

nötigen, sich auszudrücken. Er kann nur mit Verständnis locken, indem er diese Person bittet, ihm mitzuteilen, weshalb sie geht, damit alle sie besser verstehen können. Der Klärungshelfer kann diese Bitte in etwa so mitteilen: «Ich vermute, dass da Etliches vorgefallen sein muss, was Sie zu dieser drastischen Verweigerung gebracht hat – so etwas geschieht ja nicht leichtfertig von heute auf morgen –, da stecken sicherlich viele leidvolle Erfahrungen dahinter ...» Dieses Vorgehen führt nahezu immer zum Erfolg, auch im Vorfeld einer Sitzung, noch ohne persönliches Kennen am Telefon. Die Aufgabe des Prinzips der Vermeidung von Einzelvorgesprächen ist dabei ein «Bauernopfer» für die Erreichung eines gemeinsamen Gesprächs in wichtigen und sonst hoffnungslosen Situationen, wo die anderen Beteiligten bereits alle ihre Möglichkeiten ausgeschöpft haben. Dieses Vorgehen ist die absolut letzte Möglichkeit, es soll nie im Eigeninteresse des Klärungshelfers erfolgen, sondern ausschließlich im Sinn der auftraggebenden Institution.

— Bei kollegialen wie auch hierarchischen Konstellationen kann der Klärungshelfer die Totalverweigerung als selbstverständlich akzeptieren und den Verweigerer bitten, sich doch mit seinem Stuhl mindestens einen Meter aus dem Gesprächskreis zurückzusetzen, zu schweigen und lediglich von dort aus dem Gespräch zu folgen. Dies hat immer zur Folge, dass der Verweigerer verdutzt ist, dass er nicht kämpfen muss, sondern offensichtlich akzeptiert und respektiert wird. Nachdem er erlebt hat, wie der Klärungshelfer den Gegenparteien verständnisvoll zuhört, wächst in ihm allmählich das Bedürfnis, ebenfalls seine Sichtweise darzustellen, was der Klärungshelfer ihm dann gerne gewährt.

— Wenn der Verweigerer selber eine Führungskraft ist, deren Chef dann natürlich anwesend sein muss (sonst ist es ein Fehler erster Güte der Auftragsklärung, da ein Verweigerer gar nicht als Auftraggeber akzeptabel ist), dann erläutert ihm der Klärungshelfer, warum er sich nicht verweigern darf: Führungskraft ist er nicht nur wegen seiner fachlichen Arbeit, sondern auch um mit seiner Kommunikationsfähigkeit die Zusammenarbeit seiner Mitarbeiter zu koordinieren und zu unterstützen. Im Konfliktfall ist nun eines seiner Hauptinstrumente – die Kommunikations- und Beziehungsfähigkeit – beeinträchtigt, weswegen er zur «Reparatur» genau dieser Fähigkeiten sich mit Hand, Mund und Herz beteiligen muss. Der anwesende Oberchef muss natürlich hundertprozentig hinter dieser vorbesprochenen Haltung und Begründung stehen.

Was war das letztlich Heilsame an den Gesprächen? Oder: Wie wurde es möglich, dass die drei dann doch noch aufeinander zugehen konnten?
Das geduldige und unermüdliche Einfühlen des Klärungshelfers, immer wieder neu die Stolpersteine auf dem Weg zur Klärung anzuschauen und ihren Grund wirklich zu verstehen, war und ist immer die Basis.

Das Verstehen allein genügt aber nicht. Es ist unbedingt nötig, das dabei Erkannte mutig, klar und vollständig in den Dialog einzubringen. Dabei soll der Angesprochene es verstehen und annehmen können und der Absender sich inhaltlich und gefühlsmäßig voll darin wiederfinden (die Quadratur des Kreises wird so möglich). Dieses Grundvorgehen mit Verstehen und Ausdrücken durch Dialogisieren und Doppeln ließ das Ausmaß der Verletzungen, der Missverständnisse und die Heftigkeit der Unversöhnlichkeit zwar nur sehr langsam und stockend, aber doch stetig abnehmen. In den langen Dialogen wurden viele Vorkommnisse und schwierige Gefühle nicht nur benannt, sondern durch den Klärungshelfer auch zugespitzt formuliert und dadurch für die allgemeine Kommunikation befreit und zugänglich gemacht. Das bewirkte jene kontinuierlich wachsende Erleichterung, die aber nicht immer sofort sichtbar war.

Auf den Durststrecken braucht es die absolute Überzeugung des Klärungshelfers, dass das Suchen der auslösenden und immer noch blockierenden Knackpunkte und deren gewissenhaftes Verstehen und Ausdrücken mit den dazugehörenden negativen Gefühlen grundsätzlich eine Heilung der Beziehung einleitet. (Zu dieser Überzeugung gelangt der Klärungsanfänger am effizientesten dadurch, dass er es als Konfliktpartei selber am eigenen Leib und Fall erlebt.)

Die Konfliktparteien waren durch die lange, dramatische Konfliktgeschichte sowieso schon zermürbt und durch die schonungslosen Dialoge darüber sehr mitgenommen, was ein zusätzlicher Faktor für die «Aufweichung» der Schutzdämme ist.

Den letzten Anstoß gaben dann die Erklärungen der «Indianerreihe» und die Theorie der Nähe-Distanz-Kommunikation. Beides entindividualisierte die Schuldgefühle und Schuldzuweisungen und ermöglichte einen «Kontakt von Herz zu Herz» – eben von «Herzle zu Bauchle». Das ebnete den Weg zur verschütteten, aber immer noch existenten Freundschaft und zur Zusammenarbeitsmotivation.

Wie wäre es wohl weitergegangen, wenn die drei nicht durch Herzles Gefühlsausbruch so aufeinander hätten zugehen können?

Selbst dann wäre die Zusammenarbeitsmotivation groß genug gewesen (siehe Zusammenarbeits-Standogramm, S. 227). Auf dieser Basis hätte der Klärungshelfer nach der Erklärungsphase in der Lösungssuche ebenso geholfen, lebensfähige Abmachungen zu (er)finden. Dies wäre möglicherweise etwas zäher vonstatten gegangen, aber trotzdem nicht hoffnungslos gewesen und auf jeden Fall schneller und müheloser als ohne Dialogphase.

Was hätte der Klärungshelfer gemacht, wenn die drei mitten in der Klärung nicht mehr miteinander hätten arbeiten wollen?

Die Klärung wäre ganz normal weitergegangen, und die Lösungen wären entsprechend ausgefallen. Wenn gewünscht, begleitet der Klärungshelfer dann die Trennung, wie in Variante 1 beschrieben (siehe S. 317).

Wäre es mit anderen Berufsgruppen ähnlich gelaufen?
Ja.

Die zwischenmenschliche Dynamik und die innerpsychischen Verhaltens- und Empfindungsmöglichkeiten sind nahezu unabhängig von der beruflichen Ausbildung der Betroffenen. Selbstverständlich unterscheiden sich sprachliche Ausdrucksmöglichkeiten und Introspektionsfähigkeit sowie Tabus, Normen und Werte in unterschiedlichen Berufsgruppen, was sich auf die Anfangsatmosphäre auswirkt, kaum aber auf das Klima und die Wirkungsweise der Klärungsdialoge. Die schwierigste zu klärende Berufsgruppe sind natürlich Konfliktprofis selber.

Muss der Klärungshelfer vom Fach der Betroffenen etwas verstehen?
Nein.

In der Auftragsklärung und der Selbstklärungsphase darf er sich allerdings nicht scheuen, das für das Verstehen der Konfliktthemen nötige Fach- und Organisationswissen zu erfragen. Seine dabei empfundene Position als der «Langsamste und Dümmste» muss er selbst wertschätzen können, denn er bringt oftmals durch seine «Kinderfragen» ausschlaggebende Informationen ans Licht der Klarheit: Inkompatibilitäten, Widersprüche, unterschiedliche Interpretationen, Organisationslücken, Aufgabenüberlappungen oder -lücken usw.

Ist es immer nötig, dass es so emotional wird, dass Tränen fließen?
Nein.

Es gibt viele Konfliktklärungen, die ruhig und geordnet ablaufen. Trotzdem können dabei tiefere Gefühle eine wesentliche Rolle spielen – bloß werden sie emotional nicht so extrem ausgedrückt, sondern nur mit Worten benannt. Die klärende Wirkung hängt nicht an der Ausdrucksdramatik. Entscheidend ist vielmehr, dass konflikteskalierende Gefühle gespürt, richtig benannt (nicht bagatellisiert), vertieft und so wie sie sind akzeptiert werden. Also nicht in berechtigte und unberechtigte Gefühle unterschieden werden, sondern in Gefühlsauslösung und Gefühlsgrund – und Letzterer liegt immer außerhalb des aktuellen Konflikts in vergangenen, tatsächlich erlittenen schlechten Erfahrungen.

Ist das eine typische Klärung – sind alle so zäh?
Zum Glück nicht ganz.

Zwar gilt: «Der einzige Weg hinaus geht hindurch», aber der Klärungshelfer braucht nicht immer so viel zu ackern. Gerade deswegen haben wir jedoch diesen Fall gewählt, weil es quasi eine der schlimmeren Verhärtungen und Unversöhnlichkeiten (vergleichbar mit langjährigen privaten Beziehungen) zeigt und trotzdem zum Ziel der Klarheit führt.

Da die negativen Gefühle in Konflikten angeblich eine so große Rolle spielen, ist es da überhaupt noch notwendig, auf die «Fakten» und den sachlichen/organisatorischen Aspekt der Konfliktgeschichte einzugehen?
Absolut und in jedem Fall.

Die Gefühle werden zwar in den Konflikt mitgebracht, aber von Fakten und Konstellationen ausgelöst. Und das ist beileibe nicht unwichtig. Außerdem ist es verständlicherweise den Betroffenen ein zentrales Anliegen, den Ablauf zu rekonstruieren.

Häufig kommen bei genauer Recherche von «dramatischen Ereignissen» Verwechslungen und Fehldeutungen ans Licht. Daher lohnt es sich immer, erst mal die sachlichen, strukturellen Tatsachen und Grundlagen abzuklären, bevor der Klärungshelfer weiter auf tiefere Ebenen eingeht. Eher selten und ein glücklicher Umstand ist es, dass die Fakten zum Teil schriftlich nachvollzogen werden können wie im vorliegenden Fall.

Macht man mit den schwierigen Dialogen nicht genau das zunichte, was so wichtig ist – das Vertrauen und den Willen zur Zusammenarbeit?
Die Klärungshilfe kann nichts zerstören oder erschaffen, was nicht schon da ist. Sie ist lediglich eine direkte Abkürzung hin zu dem, was ist und wirkt.

Tatsächlich scheint erst mal alles schwieriger zu werden, wenn man «schwierige Wahrheiten» ausspricht. Diese sind aber im Konflikt oder bei gestörter Zusammenarbeit sowieso da und wirken sich negativ aus. Man kann sie zwar leugnen und Sozialtheater spielen, was aber nicht nur enorme Energien bindet, sondern obendrein ihre störende Wirkung kaum etwas abmindert. Je wichtiger eine wirkliche Zusammenarbeit für das Ergebnis einer Arbeit ist (Synergieeffekt: 1+1=3), desto wichtiger ist Klarheit auf der Beziehungsebene. Um diese wiederherzustellen, ist es unumgänglich, das Hindernde auszusprechen und sich anzuhören. Daran führt kein Weg vorbei.

Glücklicher- und paradoxerweise ist aber das Aussprechen nicht nur (zugegeben) schwierig, sondern auch heilsam. Es ist zum Beispiel der größtmögliche Vertrauensbeweis, in einer Situation, in der das Vertrauen erschüttert ist, genau dies dem anderen direkt zu sagen: «Ich kann dir nicht mehr vertrauen.» Sowie es auch in verfahrenen Konstellationen die maximal mögliche Offenheit bedeuten kann, dem anderen zu sagen: «Ich bin verschlossen», was ein erster, schwerer und doch unscheinbarer Schritt wieder hin zum offeneren Kontakt und Vertrauen ist.

Wenn man das nicht mehr selber sagen kann (was schnell der Fall ist), braucht man einen Helfer von außen, der genau das erkennt und für einen ausspricht, um den Kontaktfaden wieder aufnehmen zu können.

Auf diesem «Mechanismus» baut die Klärungshilfe mit ihren direkten, offenen Dialogen auf.

Für all das ist in der Zusammenarbeit übrigens die Führungskraft zuständig: Konflikte zwischen Mitarbeitern sind Chefsache. Die Bearbeitung kann er an Fachpersonen delegieren – seine Zuständigkeit hingegen nicht.

Was macht der Klärungshelfer, wenn Aussage gegen Aussage steht?

Immer wieder kommt es zum Beispiel bei der chronologischen Rekonstruktion zu Situationen, in denen Aussage gegen Aussage steht («Es war so!» – «Nein, ganz anders!»). Dann vermeidet der Klärungshelfer eine untersuchungsrichterliche Haltung.

Eine Möglichkeit, diese stagnierenden, eskalationsgefährdeten Situationen zu «verflüssigen», besteht beispielsweise darin, dass er eine Position hypothetisch als richtig annehmen und darauf aufbauend weiterreflektieren lässt: «Sie (A) haben es so erlebt, Sie (B) anders. Sie halten beide Ihre Versionen jeweils für richtig. Nehmen wir einfach mal hypothetisch an, es wäre so gewesen, wie Sie (A) es sagen, wie würde das Ihre (B) weiteren Reaktionen beeinflussen?» Und danach umgekehrt.

Ein anderer Weg ist der, die dahinterliegenden Gedanken und Gefühle zu ergründen: «Warum ist Ihnen dieser Punkt so wichtig? Wie haben Sie sich damals gefühlt? Was hätten Sie damals gebraucht?» Hier ist allerdings darauf zu achten, dass bei der Antwort auf die letzte Frage nicht in ein Lösungsszenario eingestiegen wird, da dieses aus der Klärung der Vergangenheit hinaus und in die Zukunft führen würde. Deswegen gilt es, zum Beispiel auf die Frage «Was hätten Sie damals gebraucht?» die Antwort «Ich hätte Würdigung gebraucht» nicht als Appell, sondern als Selbstoffenbarung zu doppeln. Damit steigt man nämlich wieder in den vertiefenden Dialog ein: «Du hast mich so behandelt, als wäre es selbstverständlich, dass ich monatelang die Klinik allein getragen habe, dabei habe ich das alles auch für dich gemacht und in der ganzen Zeit nicht gegen dich gehandelt.»

Warum wurde für das Praxisbuch gerade dieser Fall ausgewählt?

1. Es sind nur drei Personen beteiligt und nicht, wie so oft, mehrere. Das macht es leichter, in der schriftlichen Darstellung des Falles den Überblick zu behalten.
2. Trotzdem ist der Fall komplex genug, um das Vorgehen der Klärungshilfe auf andere Konfliktsituationen mit mehr Personen und verschiedenen Hierarchieebenen übertragen zu können. Im Fall kommen solche Konfliktmechanismen vor, die auch bei größeren Teamklärungen nicht anders verlaufen.
3. Die drei zerstrittenen Personen sind Chefärzte, die zusammen als Geschäftspartner eine Privatklinik besitzen und betreiben. Ihr Konflikt ist aber nicht berufsspezifisch und könnte in jeder anderen Branche ebenso geschehen. Dass sie Akademiker sind, Männer, Eigentümer, fast zwei unterschiedlichen Generationen angehören, spielt tatsächlich kaum eine Rolle mehr, wenn sie erst einmal in den Wirbel der Konfliktdynamik eingesogen werden. Das Vorgehen der Klärungshilfe ist immer sehr ähnlich und daher übertragbar auf jeden anderen Fall: Im Konflikt verstrickt kann man nicht über den eigenen Schatten springen und wird bis an die Fluchtgrenze provoziert.
4. Die Ärzte in diesem Fall sind ohne Chef, also gleichberechtigte geschäftliche Partner und sogar ehemals freundschaftlich verbunden, was die ganze Sache noch komplizierter macht. Partnerschaftliche Konflikte sind schwieriger zu klä-

ren als solche in einer hierarchischen Zusammenarbeit. Gerade deswegen wird die Wirkungsweise der Konfliktauflösung aber noch deutlicher sichtbar als in einer hierarchischen Situation.

Warum sind Konflikte in hierarchischen Zusammenhängen leichter zu klären? Weil es eine Führungskraft gibt, die für Zusammenarbeit und Klima zwischen ihren Mitarbeitern zuständig ist und im Konfliktfall aktiv werden muss. Auch wenn sie die Klärung an einen Konfliktprofi delegiert, ist die Führungskraft trotzdem jederzeit Chef der Gruppe, der alle zusammenruft, grundsätzlich zusammenhält und letztlich auch entscheiden kann. Weil das die Mitarbeiter natürlich wissen, hat der Klärungshelfer es insgesamt etwas leichter, sogar bei Beziehungs- und Gefühlsthemen.

5. Die Ausgangslage ist eigentlich aussichtslos. Die drei befinden sich in einer existenziellen Zwangslage der gegenseitigen fachlichen und finanziellen Abhängigkeit. Eine Partei hat bereits heimlich einen Anwalt eingeschaltet, um den Konflikt juristisch für sich zu entscheiden. Der Sieg einer Partei bedeutet aber letztlich die Niederlage aller. Deswegen entscheiden sie sich für ein Vermittlungsgespräch. Dieses steht unter dem unguten Stern ihrer wechselseitigen «Allergien» und akzentuiert damit ihre Notlage umso mehr – sie können

— nicht mehr miteinander,
— nicht gegeneinander und
— nicht ohneeinander.

Die Situation strotzt damit vor Schwierigkeiten, die sonst kaum in dieser Häufung vorkommen. Die Parteien sind alles andere als pflegeleicht, gutmütig und großzügig miteinander. Dies ergibt eine widerspenstige Klärung mit vielen Rückschlägen. Manchmal sieht man den Wald vor lauter Bäumen nicht mehr. Hier zeigt sich, wie der Klärungshelfer, trotz geradlinigen Vorgehens und eisernen Einhaltens der

Klärungsprinzipien, immer wieder in den Schlamassel gerät, wie das eben sonst auch nicht vermeidbar ist. Ein Konfliktprofi kann nicht wirklich die Leute aus dem Sumpf herausholen, ohne selber mindestens schlammige Schuhe und Hosenbeine abzukriegen. Es wird also deutlich, dass es auch Ausdauer, Durchhaltewillen, Einfühlung ohne Ende und natürlich eine klare Orientierung braucht. (Wo sind wir? Wo geht es hin? Und wo sind die Hindernisse?)

Man könnte fast sagen, der Fall ist eine Anhäufung von «Ach-du-Schreck-Situationen» für den Klärungshelfer, aus denen der Leser für seine Praxis lernen kann.

14 Kurztheorie zur Klärungshilfe

14.1 Das Vorgehen

Klärungshilfe ist eine klar umrissene, eigenständige Methode der Mediation, also der Vermittlung zwischen Konfliktparteien. Sie wird in diesem Praxisbuch aus der Froschperspektive des «Klärungshelfers in Aktion» vermittelt, damit der Leser bei seiner eigenen Anwendung, die ja immer aus dieser Perspektive heraus stattfindet, das Erfasste möglichst direkt umsetzen kann.

Die Orientierung im Dschungel eines fremden Konflikts ist schwierig – im beschriebenen Fall wie auch sonst immer in der Praxis. Als grundsätzliche Navigationshilfe folgt deshalb hier ein Überblick aus der Vogelperspektive über die Phasen der Klärung.

Die Klärungshilfe besteht aus sieben Phasen. Sie können graphisch als **Klärungshilfebrücke**, die sogenannte «Bridge over troubled water», dargestellt werden. Diese Phasen leiten den Klärungshelfer von A bis Z durch die Gespräche:

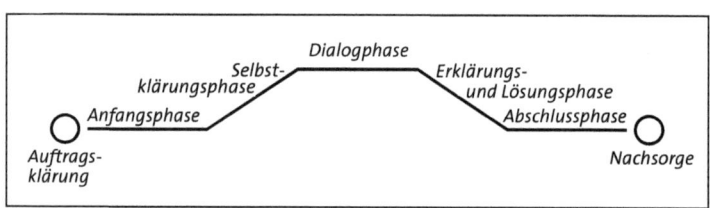

«Bridge over troubled water»

Klärungshilfebrücke
1. **Auftragsklärung: Abklären von Situation und Motivation, Schaffen von Vertrauen, Planen der Klärung**
   Eine Konfliktsituation wird an den Klärungshelfer herangetragen mit der Bitte um Rat und Hilfe. Jetzt ist es seine Aufgabe, alles Nötige in Erfahrung zu bringen, um überlegen und entscheiden zu können, was und wie mit wem unternommen werden kann. Falls es zu einer Klärungshilfe kommt, plant er zusammen mit dem Auftraggeber die konkrete Durchführung (S. 32).
2. **Anfangsphase – optimale Bedingungen gestalten**
   Die Konfliktparteien und der Klärungshelfer treffen jetzt erstmalig aufeinander und lernen sich gegenseitig kennen. Der Ablauf der Klärung wird kurz erläutert, Hindernisse werden beseitigt und Bedingungen abgeklärt (S. 60).
3. **Selbstklärungsphase: Verstehen und Themen sammeln**
   Der eigentliche Einstieg in die Konfliktinhalte geschieht in dieser Phase. Jeder Anwesende schildert seine Sichtweise. Der Klärungshelfer hat die Aufgabe, alle und alles genau zu verstehen und die Knackpunkte zu erkennen (S. 83). In der Diagnose des Ist-Zustands fasst er die Themen dann zusammen und setzt Prioritäten für deren Behandlung (S. 137).
4. **Dialogphase: Zueinander finden durch Auseinandersetzung**
   Diese «heiße» Dialogphase ist das Zentrum der Klärung. Der Klärungshelfer führt die Parteien in einen Konfliktdialog, der ohne ihn eskalieren oder absterben würde. Er fühlt sich in alle ein und hilft ihnen, sich vollständig auszudrücken und zu ihren schwierigen Gefühlen zu stehen. Das bewirkt ein vertieftes gegenseitiges Verstehen (S. 150).
5. **Erklärungs- und Lösungsphase: Erklären beruhigt die Emotionen und befähigt zur konstruktiven Lösungssuche**
   Im Idealfall verstehen sich durch den Dialog die Konfliktparteien. Ist dies nicht der Fall, beruhigt der Klärungshelfer

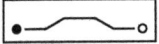

jetzt die Stimmung durch eine eigene, neue Erklärung der Konfliktursachen und -mechanismen. Diese Erklärung muss so sein, dass ihr alle ohne Vorbehalte zustimmen können (S. 255). Die dadurch entstandene Einigkeit befähigt dann, menschen-, sach- und situationsgerechte Lösungen zu verabreden.

Das ist natürlich das eigentliche Ziel jeder Konfliktbearbeitung: nachhaltige Abmachungen auf allen Ebenen – fachlich/inhaltlich, organisatorisch/strukturell und seelisch/zwischenmenschlich (S. 295).

6. **Abschlussphase: Abrunden und Abschließen durch Aus- und Rückblick**
Bevor alle auseinandergehen, erfolgt noch ein Blick nach vorne: Wie geht es weiter – was muss jetzt schon für die Nachsorge verabredet werden? Und ein Blick zurück: Was gibt es noch zu sagen – zu beanstanden? Danach folgen eine Schlussrunde und der Abschied (S. 307).

7. **Nachsorge – Begleitung und Beratung bei der Umsetzung ist wichtig**
Alle weiteren Kontakte mit dem Klärungshelfer sind eine Form der Nachsorge: nachfolgende Klärungssitzungen, Coaching, einfaches Nachfragen usw. Die Nachsorge unterstützt die Nachhaltigkeit der Veränderungen (S. 313).

Diese einfachen sieben Phasen sind eine Brücke über den Konflikt und ein Geländer für die eine Hand des Klärungshelfers, an dem er sich im komplexen, oft unübersichtlichen Klärungsgeschehen festhalten und orientieren kann.

Seine andere Hand bleibt frei, um mit ihr situativ zu handeln: zu improvisieren und abzuweichen, ja sogar Fehler zu machen. Dies alles kann er sich nur leisten, weil er die andere Hand ja nahe am Geländer der sieben Phasen hat und immer weiß, wo er steht, was gerade das Ziel ist und wie er wieder auf den Weg kommt.

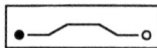

14.2 Die Grundprinzipien

Allgemein
geht es bei der Klärungshilfe wie in allen anderen Konfliktvermittlungsmethoden darum, im Gewirr der Ereignisse, Situationen, Strukturen, Inhalte, Ziele, Beziehungen, Gefühle und Hindernisse einen Weg zu finden, der all dies berücksichtigt, um zu einer tragfähigen Lösung des Konflikts zu kommen.

Das Wesentliche
der Klärungshilfe aber ist: Sie will mehr als eine Lösung – nämlich auch die *Auf*lösung des Konfliktgrundes. Dieser liegt nicht nur in den unpassenden Organisationsstrukturen und der problematischen Kommunikation, sondern immer auch in den schwierigen Gefühlen der Betroffenen. Die Klärungshilfe sucht den Weg in die «Tiefe» und bewirkt dort eine kleine, aber entscheidende Veränderung. Dies geschieht durch das Vertiefen.

Das Vertiefen
orientiert sich an folgenden vier Ebenen und drei Schritten:

Ebene 1: Die Sachebene. Hier geht es um Beobachtbares – Fakten, Daten, Strukturen, Handlungen, Situationen: Was ist wann, durch wen, wie, warum, in welchem Rahmen ... geschehen?
Erster Schritt: Von Ebene 1 zu Ebene 2 kommt man mit der Frage: «*Wie fühlten Sie sich dabei von den anderen Konfliktparteien behandelt?*»

Ebene 2: Die Beziehungsebene. Hier geht es um den Austausch darüber, wie sich die Parteien während der Konfliktentstehung von den anderen behandelt fühlten – arrogant, ignorant, gemein, hinterhältig, egoistisch, rücksichtslos, übergriffig, respektlos ...

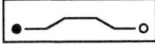

Zweiter Schritt: Von Ebene 2 auf Ebene 3 führt die Frage: *«Wie reagieren Sie innerlich darauf, wenn Sie so vom anderen behandelt werden?»*

Ebene 3: Die negativen Gefühle. Wer sich schlecht behandelt fühlt, reagiert innerlich: empört, wütend, sauer, jämmerlich, kämpferisch, sich selbst bemitleidend, rächend ... Diese sogenannten negativen Gefühle irritieren, blockieren, verletzen oder zerstören und lassen dadurch den Konflikt immer weiter eskalieren. Man nennt sie «Abwehrgefühle», weil sie aktiv vor tieferliegenden Verletzungen aus der Vergangenheit abwehrend schützen.

Dritter Schritt: Von Ebene 3 auf Ebene 4 kommt man nicht mit einer Frage, sondern durch *Einfühlung in die Konfliktparteien* – siehe unten.

Ebene 4: Die innere Not. Sie liegt, geschützt von den «Abwehrgefühlen» (Ebene 3), tief in jedem Menschen verborgen und «vergessen» als gespeicherte Grundverletzungen des Lebens (abgelehnt sein, sich hilflos oder dumm fühlen, nichts tun können, abhängig sein, zu kurz gekommen sein...). Man nennt sie auch «Wehgefühle» oder «Vorverletzungen».

Keiner will solches je wieder erleben. Durch die Ähnlichkeit des aktuellen Konflikts mit der vergangenen Situation, in der eine solche seelische Wunde entstand, wird aber genau die entsprechende alte Vorverletzung «aufgeweckt», angestachelt, und die ursprünglichen Gefühle werden wieder heraufbeschworen. Dieser unterschwellig und unbemerkt ablaufende Mechanismus verschärft den Konflikt entscheidend, weil die Beteiligten die Heftigkeit ihrer Gefühle sich aus der aktuellen Situation erklären – verursacht durch den Streitgegner – und nicht in der eigenen Vergangenheit suchen. Für die Klärungshilfe liegt der Schlüssel zur Konfliktauflösung in der Aufdeckung, Benennung und dem Akzep-

tieren dieser «vergessenen», aber jetzt wieder aktiven inneren Not (siehe «Klärungshilfe 2», S. 175 ff.).
Dritter Schritt: Wie findet man nun zu dieser versteckten inneren Not?
Der Klärungshelfer fühlt sich ein («In welcher inneren Situation müsste ich ebenso heftig handeln?»), drückt das von ihm Vermutete in eigenen Worten aus (er «doppelt» also – siehe S. 151) und hilft der betroffenen Person so, das zutreffende Gefühl zu finden. Das Einfühlen in die Tiefe von Konfliktparteien wird entscheidend erleichtert, wenn der Klärungshelfer zu all diesen Ebenen bei sich selbst Zugang hat.
Der Zugang und Ausdruck dieser inneren Not bewirkt eine kleine, aber wesentliche Erleichterung für die betroffene Person: Sie fühlt sich in einem für sie heiklen Punkt gesehen, verstanden und angenommen. Bei den übrigen Konfliktparteien entsteht zumindest ein Angerührtsein, was deren Sicht auf die Gegenpartei verändert. (Böse Täter werden zu ebenfalls vorverletzten Mitmenschen.) Manchmal entsteht sogar eine Sogwirkung auf andere Beteiligte, sich selber auch so spüren und zeigen zu wollen. Dieser Effekt wird «automatische Solidarisierung» genannt. Dadurch wird die Kultur der Zusammenarbeit entscheidend verändert und die Lösungssuche sehr erleichtert.
Der Klärungshelfer versucht mit den drei Schritten, von Ebene 1 zur Ebene 4 zu gelangen. Das Aufdecken dieser verschiedenen Schichten des Konflikts heißt «Zwiebelschälen der Gefühle».

Die zentralen Methoden
für dieses Zwiebelschälen sind: **Dialogisieren, Doppeln** und **Erklären.**
— **Dialogisieren** gründet im Wesentlichen auf der Frage: «Wie reagieren Sie auf das Gehörte?» und dem Bestehen darauf,

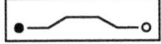

dass auch wirklich eine direkte und wahrhafte Antwort zum angesprochenen Thema gegeben wird. (Siehe S. 150.)
— **Doppeln** bezeichnet die Technik, bei der der Klärungshelfer neben eine Konfliktpartei tritt und versucht, ihr beim Ausdrücken ihrer Empfindungen zu helfen. Es wird obligatorisch mit der Frage eingeführt: «Darf ich mal neben Sie kommen, etwas für Sie sagen, und Sie sagen dann, ob das so genau stimmt?» Doppeln ist zwar keine «Pflicht», es bietet aber einen hilfreichen Komfort für die Konfliktparteien. Es ermöglicht eine wesentliche Abkürzung bei der Vertiefung und stellt damit eine «Kür» für den Klärungshelfer dar. (Siehe S. 151.)
— In gewissen Fällen ist Doppeln aber verboten: Zum Beispiel soll eine Führungskraft als Klärungshelfer seine Mitarbeiter nicht doppeln, weil er reale Macht (Abmahnung, Beförderung, Bonuszahlungen, Kündigung...) über sie hat und deswegen nicht auch noch innerlich so nahe kommen soll.
— **Erklären:** Zum Dialogisieren gehört notwendigerweise die Methode des Erklärens. Was bei einer Operation das Aufschneiden mit dem Skalpell ist, ist bei der Klärungshilfe der Dialog; was bei der Operation das Zunähen ist, ist bei der Klärungshilfe das Erklären. Es darf aber nur aufschneiden, wer auch wieder zunähen kann. (Siehe S. 255.)

Immer wenn der Dialog aufgrund versteckter Gefühle in eine Sackgasse oder Eskalation gerät, steuert der Klärungshelfer mit Doppeln und Dialogisieren in Richtung Klarheit.

Die ergänzenden Methoden
können zur Unterstützung der Klärungshilfe eingesetzt werden. Sie müssen aber dem Prinzip dienen, innere und äußere Wahrheiten ans Licht zu holen, und helfen, sie zu akzeptieren.
— Standogrammarbeit (wie im Fall in diesem Buch benutzt),
— Konfliktpartitur nach Friedrich Glasl,

— systemische Fragetechniken,
— Methoden der Konfliktlandschaft von Alexander Redlich,
— Feedback an die Konfliktparteien,
— Einbezug von Materialien (Stühle, Tassen, Stifte …), mit deren Hilfe man Gefühlszustände, Beziehungen, Abläufe usw. darstellen kann.

Kern des methodischen Vorgehens aber sind und bleiben die Königswege Dialogisieren, Doppeln und Erklären. Viele andere Interventionen können ins wechselseitige Doppeln hineingepackt werden. Der Klärungshelfer sagt sozusagen durch die Parteien, was gesagt werden muss.

Die Lösungssuche
steht bei der Klärungshilfe nicht im Zentrum, obwohl sie natürlich das letzte Ziel ist. Der Großteil des ganzen Aufwands in der Klärung dient dazu, den psychischen Konfliktgrund aufzulösen. Auf dem so gepflügten Boden wachsen Lösungen fast wie von selbst – die Konfliktparteien sind im «Land der leichten Lösungen». Ehemals in Stein gemeißelte Maximalforderungen schmelzen wie Eis in der Sonne und machen Platz für vernünftige, sachgerechte, bezahlbare und sogar beziehungsfördernde Elemente einer Gesamtlösung. Die Klärungshilfe wendet für die Lösungssuche keine exklusiven Methoden an, sondern benutzt die bewährten, moderativen Wege.

Die Grundhaltungen
der Klärungshilfe sind:
— Klarheit vor Schönheit.
— Der einzige Weg hinaus führt hindurch.
— Verstehen ist der Schlüssel.
— Wahrheit heilt.
— Negative Gefühle verbinden, wenn sie akzeptiert und vertieft werden.

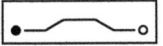

— Ehrlicher Kontakt kommt vor Lösungssuche.
— Vergangenheit verstehen, Gegenwart klären, Zukunft planen.

Zusammenfassung
Die grundlegenden Prinzipien der Klärungshilfe sind einfach. Der Dialog über die schwierigen Tatsachen und Gefühle eines Konflikts steht im Zentrum. Durch Dialogisieren und eventuell Doppeln gelangt der Klärungshelfer zusammen mit den Konfliktparteien langsam zur äußeren und inneren Wahrheit des Konflikts. Dies führt zu einem ehrlichen und offenen Austausch. Wenn es gelingt, die negativen Gefühle bis zur inneren Not zu vertiefen, entsteht zudem automatisch Solidarität. Auf dieser Grundlage können realistische und haltbare Lösungen leicht gefunden werden.

15 Schlüsselsätze

Auftragsklärung:
— Wie erklärt der Klärungshelfer einem potenziellen Auftraggeber, wie das spezielle Vorgehen der Klärungshilfe in partnerschaftlichen Konstellationen ist, ohne ihn dabei zu verprellen, wenn er ihm mitteilen muss, dass er keine weiteren inhaltlichen Details zum Konflikt hören möchte? Siehe S. 47.
— Wie erklärt man, dass mehr als nur die direkten Streithähne bei einer Klärung dabei sein sollen? Siehe S. 304.

Anfangsphase:
— Mit welchen Worten eröffnet der Klärungshelfer die erste Klärungssitzung? Siehe S. 67.

Selbstklärungsphase:
— Wie fordert man in der Selbstklärung den von Vorrednern «Angeklagten» zum Präsentieren seiner Sichtweise auf? Siehe S. 123.
— Wie leitet der Klärungshelfer von der Anfangsphase in die Selbstklärungsphase über? Siehe S. 81 ff.
— Wie führt der Klärungshelfer das Bildermalen ein, um möglichst wenig Widerstand zu provozieren? Siehe S. 84 ff.

Diagnose des Ist-Zustandes:
— Wie präsentiert der Klärungshelfer die Themen bei der Diagnose? Siehe S. 138.

Dialogphase:
— Wie startet man den Dialog? Siehe S. 153, 157.
— Wie erklärt man den Konfliktparteien das Doppeln? Siehe S. 153.

— Wie unterbricht und nutzt man einen unergiebigen Schlagabtausch? Siehe S. 160, 165, 170, 184, 189, 191, 194, 198, 203, 215, 219, 224, 244.
— Wie schließt man einen Dialog ab? Siehe S. 245.

Erklärungs- und Lösungsphase:
— Wie erklärt man verbleibende Spannungen zwischen den Parteien so, dass es möglich wird, in die Lösungssuche einzusteigen? Siehe S. 258.
— Wie bietet man «systemische Gesetzmäßigkeiten» an, um mögliche Ursachen von Fehlentwicklungen greifbar zu machen? Siehe S. 260.
— Wie wird die Lösungssuche eingeleitet? Siehe S. 300.

Abschlussphase:
— Mit welchen Worten leitet man die Abschlussrunde ein? Siehe S. 308.
— Wie warnt der Klärungshelfer am Schluss einer Klärungssitzung vor Rückschlägen? Siehe S. 311.

Nachsorge:
— Wie könnte eine mögliche Nachsorge-E-Mail aussehen? Siehe S. 314.

Allgemein:
— Wie leitet man den zweiten (dritten ...) Tag einer Klärung ein? Siehe S. 179.
— Wie geht man Störungen in der Beziehung zum Klärungshelfer an? Siehe S. 133, 168 und 247.
— Wie reagiert man, wenn der Auftraggeber den Klärungshelfer infrage stellt (zu jung ...)? Siehe S. 56.
— Was sagt man, wenn eine Partei während der Klärung plötzlich um ein Vieraugengespräch mit dem Klärungshelfer nachsucht? Siehe S. 212.

— Wie leitet man ein Zusammenarbeits-Standogramm ein? Siehe S. 227.

16 Dank

Wir danken den «Hauptdarstellern» dieses Buches für ihr Vertrauen und die Bereitschaft, sich nicht nur beraten, sondern auch noch aufzeichnen zu lassen.

Ein besonderer Dank gebührt Alexa Negele, die den gesamten Fall mit Christian Prior zusammen ausführlich dokumentiert hat (Gedächtnisprotokolle, Interviews, Tonbandtranskriptionen, Fotoprotokolle der Flipcharts, Originalnotizen und Bilderskizzen der Konfliktparteien) und damit die ersten Schritte hin zu diesem Buch ermöglichte. Sie hat ferner im Rahmen des Promotionsprojekts von Kirsten Schroeter («Vergleich unterschiedlicher Konfliktbearbeitungsverfahren») die Rohfassung auf Unterschiede zu anderen Konfliktmoderationsmethoden hin vergleichend beforscht. Diese Ergebnisse bildeten die ursprüngliche Grundlage für viele spätere theoretische Erklärungen. Alexa Negeles beratender Computerkunst ist ferner zu verdanken, dass das Buchprojekt an kniffligen Software-Engpässen elegant vorbeikam.

Dem Herausgeber, Prof. Dr. Friedemann Schulz von Thun, danken wir für sein wohlwollendes, interessiertes Mitdenken, Ermöglichen und Unterstützen.

Folgende Leser und Leserinnen des Manuskripts haben dankenswerte Hinweise geliefert:

Peter Auer, Catarina Barrios, Johann Braun, Ruth Clemann, Peter Gasser, Friedrich Glasl, Annette Grötzinger, Elisabeth Günter, Erhard Heer, Irene Heinen, Alfred Hellstern, Martin Keller, Annelies Ketalaars, Jutta Klenzner, Sabrina Koschinsky, Sabine Krieger, Adrian Kunzmann, Heike Manger, Ruedi Moor, Uschy Nicolet, Thomas Niedermann, Peter Oehen, Alexander Redlich, Caterina Riva, Constanze Schlecht, Kirsten Schroeter,

Wibke Stegemann, Mathias Stilp, Bernhard Stricker, Julia C. Weber, Daniel Wüger, Martin Zwalen.

Dem Netzwerk von Christoph Thomann, dem Arbeitskreis Kommunikation und Klärungshilfe, verdanken wir grundlegende Unterstützung und Herausforderung: Karl Benien, Regine Heiland, Gabi Manneck, Johannes Ruppel, Friedemann Schulz von Thun, Eberhard Stahl, Roswitha Stratmann.

Besonderer Dank gebührt unseren beiden Frauen, Jadwiga Zawadynska-Thomann und Ute Schmid-Prior und unseren Kindern Jan, David, Severin, Theresa und Anna-Isabella, die in den Schreibzeiten weitgehend auf uns verzichten mussten und uns trotzdem so liebevoll umsorgt und bekocht haben.

17 Literaturverzeichnis

Glasl, Friedrich: *Konfliktmanagement. Ein Handbuch für Führungskräfte, Beraterinnen und Berater.* Bern 2004

Negele, Alexa: *Interventionen und ihre Anwendungskriterien bei Konfliktbearbeitungen in Organisationen aus Sicht von Expert/-innen.* Diplomarbeit. Unveröffentlichtes Manuskript. Technische Universität Berlin, 2005

Prior, Manfred: *MiniMax-Interventionen.* 15 minimale Interventionen mit maximaler Wirkung. Heidelberg 2006

Redlich, Alexander: *Konfliktmoderation. Handlungsstrategie für alle, die mit Gruppen arbeiten.* Hamburg 2002

Schulz von Thun, Friedemann: *Miteinander reden 3. Das «Innere Team» und situationsgerechte Kommunikation.* Reinbek 1998 ff.

Sparrer, Insa: *Wunder, Lösungen und System. Lösungsfokussierte Systemische Strukturaufstellungen für Therapie und Organisationsberatung.* Heidelberg 2004

Thomann, Cristoph, Schulz von Thun, Friedemann: *Klärungshilfe 1. Handbuch für Therapeuten, Gesprächshelfer und Moderatoren in schwierigen Gesprächen.* Reinbek 2003

Thomann, Christoph: *Klärungshilfe 2. Konflikte im Beruf: Methoden und Modelle klärender Gespräche.* Reinbek 2004

Thomann, Christoph: *Negative Gefühle ausdrücken? Plädoyer für mehr Kenntnis und Mut bei der Bearbeitung sogenannter schwieriger Konfliktgefühle in mediativen Prozessen.* In: Perspektive Mediation 1/2005, S. 36 ff.

Thomann, Christoph, Prior, Christian: *Vorgespräche – ... Wirtschaftsmediation: Was macht die Klärungshilfe anders? In: Zeitschrift für Konfliktmanagement 5/2006, S. 136 ff.*

18 Checklisten

18.1 Checkliste Auftragsklärung

— Wer fragt an?
— Wie ist die Situation? (Wer hat mit wem Konflikte? Wie stehen die Konfliktparteien zueinander?)
— Es gibt grundsätzlich zwei Möglichkeiten: hierarchische Über- und Unterordnung (siehe Checkliste Auftragsklärung bei hierarchischer Konfliktsituation) oder eine partnerschaftliche Arbeitskonstellation ohne übergeordnete Führungskraft (siehe Checkliste Auftragsklärung bei kollegialer Konfliktsituation).
— Wer ist der Anrufer in Bezug auf diesen Konflikt?
— Ist der Anrufer der richtige Ansprechpartner?

Grundsätzliche Fragestellungen (gelten bei beiden Formen)
— Was wurde bisher mit welchem Erfolg unternommen und warum gehen Sie diese Wege diesmal nicht mehr?
— Erwartungen, Anliegen des Auftraggebers
— Warum fragen Sie gerade jetzt an?
— Wie kommen Sie auf mich und warum?
— Eigene Parteilichkeit und «Aktien im Geschäft» kritisch prüfen

Kurzes Erklären des Vorgehens und der Philosophie der Klärungshilfe. Wichtigste Punkte
— Rückblick in die Vergangenheit ist unerlässlich.
— Negative Gefühle werden nicht ausgeklammert.
— Dialog: Der Klärungshelfer bietet keine Lösungen, sondern unterstützt einen Streitdialog, der organisch zu selbst gefundenen Lösungen führt.
— Die Bereitschaft, der Wahrheit ins Auge zu blicken, ist also unumgänglich: «Wollen Sie das wirklich?»

Checkliste Auftragsklärung bei hierarchischer Konfliktsituation (mit Führungskraft)

Hintergründe der Konfliktsituation erfragen
— Um was geht es? Wer, was, wann, warum …?
— Was wurde bisher unternommen?
— Warum ausgerechnet jetzt?
— Was denken seine Mitarbeiter über die Klärung?

Ziele erforschen
— Was wollen Sie bewirken?
— Wie soll ich Ihnen dabei helfen?
— Was machen Sie, wenn die Klärung nicht hilft?
— Warum machen Sie das nicht jetzt schon?

Persönliche Haltung der Führungskraft erkunden
— Ist er bereit für ein offenes Gespräch, auch über seinen Anteil an der Situation – seine Fehler und Versäumnisse?
— Wie reagiert er, wenn er Unangenehmes zu hören bekommt oder die Situation sich als total verfahren erweist?

Teilnehmerkreis besprechen
— Wer soll an der Klärung teilnehmen?
— Wie wollen Sie einladen?
— Freiwilligkeit ist hilfreich, aber nicht unabdingbare Voraussetzung für die Klärung.
— Klärung muss Arbeitszeit sein und entsprechend entgolten werden.

Wie sind Sie gerade auf mich gekommen?
— Welche Hoffnungen, Erwartungen verknüpfen sich damit?

Besprechen der Rahmenbedingungen
— Termin
— Zeitdauer
— Finanzierung
— Ort und Raum

Checkliste Auftragsklärung bei kollegialer Konfliktsituation (ohne Führungskraft)

— Nur Situation erkunden, um Zeitbedarf, Teilnehmerkreis, Finanzielles, Ort des Treffens erkunden zu können – kein inhaltlicher Einstieg in den Konflikt.
— Wissen die anderen beteiligten Kollegen von unserem jetzigen Gespräch?
— Wie stehen die anderen Konfliktparteien zu Ihrer Anfrage bei mir?
— Wie stehen die anderen grundsätzlich zu einer Begleitung für die Konfliktklärung?
— Wer wird die Konfliktklärung bezahlen?
— Wer genau sind die Konfliktbeteiligten und gibt es andere Personen, die dabei noch eine Rolle spielen?
— Erklären, warum mit keinem ein inhaltliches Einzelvorgespräch stattfinden wird.
— Nachsorge vereinbaren und weitere Begleitung als sinnvoll ankündigen.

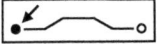

18.2 Checkliste Anfangsphase

— Vorbereitung des Raums und der Medien
— Inoffizielle Begrüßung der Ankommenden (keine Einzelgespräche)
— Sitzordnung vorgeben bei größeren Gruppen
— Begrüßung – Zepterübergabe im hierarchischen Falle (Führungskraft muss klar benennen, dass und warum sie diese Runde will)
— Kurze Selbstvorstellung des Klärungshelfers (fachlich und persönlich)
— «Wahrheit der Situation» aus Sicht des Klärungshelfers (Historie / Ziel / Vorgehen / Rolle des Klärungshelfers / Vereinbarungen)
— Anfangsrunde (Name / Funktion / Zugehörigkeit zu diesem Team in Jahren / Einstellung zu diesem Treffen / persönliche Hindernisse und Bedingungen für eine konstruktive Teilnahme)
— Minikontrakte – individuelle Vereinbarungen mit Einzelpersonen
— Abschluss und Übergang in die Selbstklärung

18.3 Checkliste Selbstklärungsphase

— Sind genug verschiedenfarbige Stifte und große Blätter bereit?
— Ist mir klar, mit welchen Worten und Fragen ich das Bildermalen einführe?
  Kurzform: «Wer von Ihnen kann gut malen? ... Die, die es nicht gut können, tun sich jetzt leicht, denn es geht um einfaches Malen eines Spickzettels ohne Worte. Die, die es gut können, bitte ich, sich wieder auf einfachstes Niveau zu begeben. Es geht um Strichmännchen, Wolken, Sonne, Regen, Blitze, Autos, Verkehrsschilder, Wegweiser, Kreise, Verbindungslinien ... alles ohne Buchstaben. Sie sollen langsam ein Bild entstehen lassen, das die Knackpunkte in Vergangenheit und Gegenwart in Ihrer Kommunikation, Zusammenarbeit und Führungssituation ausdrückt.»
— Reihenfolge der Selbstklärungen: zuerst die Teamjüngsten, zuerst die hierarchisch Niedrigeren
— Zeit: 15 Minuten pro Person
— Diskussionen unterbinden
— So lange nachfragen, bis der Klärungshelfer voll verstanden hat

Diagnose Ist-Zustand – Themensammlung
— Persönliche Themen pro Person (wenn relevant)
— Beziehungsthemen
— Gruppenthemen
— Sachthemen

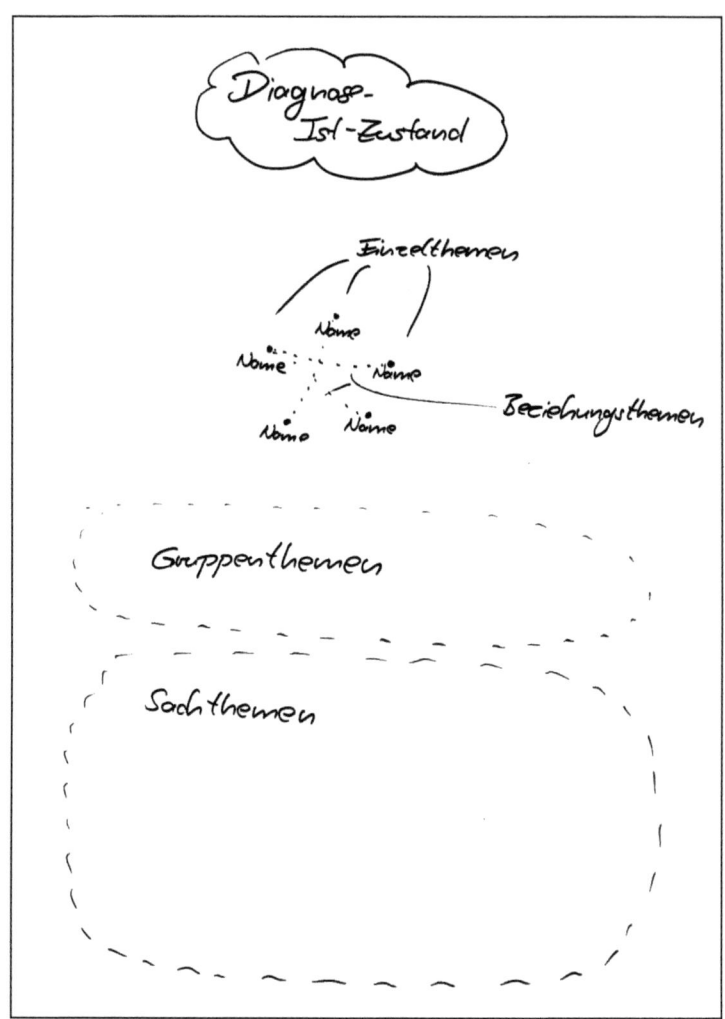

Flipchartmaske: Wo kommt welches Thema hin?

18.4 Checkliste Dialogphase

Reihenfolge der Themen
- Akutes vor Chronischem
- Hierarchisch Höheres vor hierarchisch Tieferem
- Persönliches und Zwischenmenschliches vor Sachlichem
- Einzelklärungen vor Gruppenklärungen
- Je größer die Beeinträchtigung der Zusammenarbeit, desto eher behandeln

Aktionen des Klärungshelfers
- Thema klar benennen: «Es geht jetzt um den Vorwurf gegen Sie, dass Sie absichtlich Informationen zurückgehalten hätten.»
- Dialogisieren: «Wie reagieren Sie darauf?»
- Aneinander vorbeireden und andere Hindernisse, Kommunikationsblockaden und störende Eigenheiten benennen: «Mir fällt auf, dass Sie nicht direkt Stellung nehmen, wie Sie wirklich innerlich dazu stehen. Etwas mehr Klartext wäre hilfreich und erleichternd.»
- Immer wieder zurückführen zum Thema: «Es geht nach wie vor um ...»
- Nachfragen in Richtung verstehen, vertiefen, akzeptieren
- Doppeln: «Darf ich mal neben Sie kommen, für Sie etwas sagen, und Sie sagen dann, ob es so genau stimmt?»
- Minizusammenfassungen geben: «Ich habe bisher verstanden, dass Sie ...»
- Zwischenerklärungen: «Es ist gar nicht so ungewöhnlich, dass Menschen ...»
- Konkretisieren: «Woran machen Sie Ihren Eindruck fest?»
- Adressieren: «Wen meinen Sie damit genau?»
- Paraphrasieren: «Für Sie war es also deswegen so schlimm, weil Sie sich verlassen und verraten gefühlt haben?»
- Ebenenwechsel durch Augenprobe: «Schauen Sie sich mal in die Augen.»
- Thema beenden: «Können wir hier einen Punkt machen? Es ist jetzt zwar nicht schön, aber klar, dass ...»
- Eventuell nächstes Thema einleiten: «Jetzt wenden wir uns ... zu.»

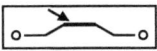

Das Ende des Dialogs kann sein
1. Positiv und rund (Versöhnung, Entschuldigung, gegenseitiges Verstehen …)
2. Der Dialog hat klar gezeigt, dass es nicht gut ist und auch nicht gutgemacht werden kann (Unversöhnlichkeit, Misstrauen …).
3. Dem Klärungshelfer ist es nicht gelungen, Klarheit in die Verwicklungen und das Chaos des Miteinanders zu bringen. («Ich will hier abbrechen, obwohl mir noch nicht wirklich klar ist, warum und wie sich alles entwickelt hat. Aber ich will mal sagen, was ich verstanden habe und wie sich mir die Situation von außen darstellt …»)
4. Unabgeschlossen, aber die Zeit ist abgelaufen – der Dialog muss vorzeitig abgeschnitten werden.

Die Dialogphase wird abgeschlossen
«Ich will den Dialogfaden zwischen Ihnen mal abschneiden und Ihnen sagen, wie ich das alles von außen sehe.»

18.5 Checkliste Erklärungs- und Lösungsphase

Erklärungen
Pflicht
— Beschreiben, zusammenfassen und verallgemeinern
— Systemische Erklärungshaltung und -sprache

Kür
— Gegenseitige Verstrickung aufzeigen
— Symmetrische und komplementäre Eskalationen benennen
— Allen Parteien ausgeglichen Feedback geben
— Selbstoffenbarung: «Wie geht es mir mit Ihnen …?»
— Geschehen mit Hilfe von Modellen erklären: Teufelskreis, Nachrichtenquadrat, Kern-Schalen-Modell, Riemann-Thomann-Kreuz, Wertequadrat …

Verboten
— Schuldzuweisung
— Anfang des Konflikts jemandem zuweisen
— Verurteilen
— Bestrafen
— Umdeuten von Tatsachen
— Beschwichtigen von Fehlern
— Verschieben von Zuständigkeiten
— Von «Gut» und «Böse» sprechen
— Täter und Opfer benennen
— Pathologisieren, jemanden als krank erklären
— Entschuldigungen fordern
— Moralisch appellieren
— Bagatellisieren des Konflikts

Lösungen
Vier Lösungsebenen
1. Die sachliche Ebene (Materie, Information oder Arbeit verteilen)
2. Die Beziehungsebene (Was machen wir ab darüber, wie wir in Zukunft miteinander umgehen wollen in Situationen, die für einen von uns beiden schwierig sind?)

3. Die psychische Ebene (sich zeigen, Sehen, Verstehen und Akzeptieren von Unterschiedlichkeiten in den Reaktionen und Gefühlen)
4. Die organisatorische Ebene (Strukturen, Hierarchie, Aufgabenverteilung, Zuständigkeiten, Schnittstellen, Informationsaustausch ...)

Vorgehen in fünf Schritten
— Sachlösungen für die Themen aus der Diagnose suchen
— Chefideen abfragen
— Mitarbeiteranregungen und Lösungswünsche einarbeiten
— Konfliktvorbeugende Maßnahmen vereinbaren
— Unerledigtes und Reste benennen: abklären, wer, wann, wie diese erledigt, klärt, bearbeitet ... – nicht beschönigen

Methoden
— Brainstorming
— Marktplatz
— Kleingruppen
— Verabredungswünsche auf Karten
— Moderieren von Vereinbarungsverhandlungen

18.6 Checkliste Abschlussphase

Zuerst in die Zukunft schauen
— Was sind die Konsequenzen dieser Zusammenkunft?
— Wen betreffen sie und wie müssen diese informiert werden?
— Wie geht es weiter? – Nachsorge festlegen.

Und dann der Blick zurück, auf die Klärung:
Diskussion im Plenum
— Können wir hier einen Punkt machen oder muss noch was gesagt sein?
— Was bleibt offen und unbefriedigt?

Schlussrunde – ohne Diskussion
— Was muss reklamiert werden: Haben sich alle anwesenden Konfliktparteien vom Klärungshelfer immer verstanden und unterstützt gefühlt? Hat der Klärungshelfer Fehler gemacht? War er parteiisch, verletzend? Was gibt es aus Teilnehmersicht jetzt am Schluss zusammenfassend zu sagen? (Evaluation)
— Der Klärungshelfer verteidigt und erklärt sich nicht als Reaktion auf (ungerechtfertigte) Kritik, sondern sagt nur: «Das tut mir leid, dass wollte ich nicht.»

Rückschläge ankündigen

Zepterrückgabe an die Führungskraft

Abschied

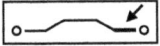

18.7 Checkliste Nachsorge

Formen der Nachsorge
— Einfaches Telefongespräch mit dem Auftraggeber nach vereinbarter Zeitspanne (vier bis acht Wochen)
— Erneute Klärungssitzung mit den gleichen Parteien als Fortsetzung
— Erweiterte Klärungsrunde mit zum Teil neuen Parteien
— Einzelcoaching des Auftraggebers
— Einzelcoaching von einzelnen Parteien (problematisch, da in einem folgenden Klärungsprozess Parteilichkeit und Verstrickung entstehen, vermutet oder unterschoben werden können – siehe auch S. 38)
— Überprüfungstreffen (nach einem Jahr zum Beispiel)

Anfangsfragen:
1. «Wie geht es Ihnen heute und in der letzten Zeit (in Bezug auf die behandelten Themen)?»
2. «Was gibt es zu unserer letzten Zusammenkunft noch zu sagen, zu reklamieren – als innere Spätmelder?»
3. «Wie war die Zwischenzeit seit unserem letzten Treffen? Wie war die Zusammenarbeit, wie das Klima? Wurden die Verabredungen umgesetzt, eingehalten und waren sie praxistauglich?»
4. «Haben Sie sich ein Thema für heute vorgenommen? Kommen Sie mit einem Anliegen, Ziel?»
5. Wenn «Hausaufgaben» gegeben wurden: «Wie lief es mit den Hausaufgaben und welche Wirkung hatten sie?»

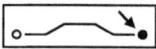

18.8 Checkliste Das Vertiefen

Ebene 1: Die Sachebene. Beobachtbares: Fakten, Daten, Strukturen, Handlungen, Situationen: Was ist wann, durch wen, wie, warum, in welchem Rahmen ... geschehen?
Erster Schritt: «Wie fühlten Sie sich dabei von den anderen Konfliktparteien behandelt?»

Ebene 2: Die Beziehungsebene. Austausch darüber, wie sich die Parteien während der Konfliktentstehung von den anderen behandelt fühlten – arrogant, ignorant, gemein, hinterhältig, egoistisch, rücksichtslos, übergriffig, respektlos ...
Zweiter Schritt: «Wie reagieren Sie innerlich darauf, wenn Sie so vom anderen behandelt werden?»

Ebene 3: Die negativen Gefühle. Wer sich schlecht behandelt fühlt, reagiert innerlich: empört, wütend, sauer, jämmerlich, kämpferisch, sich selbst bemitleidend, rächend ... «Abwehrgefühle» schützen aktiv vor tieferliegenden Verletzungen aus der Vergangenheit.
Dritter Schritt: Einfühlung in die Konfliktparteien – doppeln

Ebene 4: Die innere Not – gespeicherte, alte Grundverletzungen des Lebens: «Wehgefühle» oder «Vorverletzungen» – abgelehnt sein, sich hilflos oder dumm fühlen, nichts tun können, abhängig sein, zu kurz gekommen sein ...

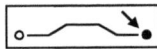

Nachwort
Prof. Dr. Alfred Hellstern

Ich war vor ein paar Jahren einer von drei Chefärzten, die miteinander in einem Konflikt verstrickt waren. Unser Chef, der Klinikdirektor, bestellte uns zu einer gemeinsamen Klärung mit ihm und einem externen Klärungshelfer. Ich war strikt dagegen, weil ich bezüglich Konfliktmoderation eine schlechte Erfahrung gemacht hatte. Auf einer früheren Stelle wurde ein solches Gespräch mittendrin und ohne eigentliche Klärung plötzlich abgebrochen – dadurch war alles noch schlimmer als vorher. Also misstraute ich auch der Klärungshilfe, aber es gab keinen Weg drum herum. Zu meiner Überraschung erwiesen sich die Gespräche als sehr hilfreich. Ich wandelte mich «vom Saulus zum Paulus». So habe ich mit Kollegen und später als Hauptverantwortlicher mit meinem Team selber Klärungshilfe bei Herrn Prior erlebt.

Beim Lesen des Buchs fühlte ich mich in den eigenen Klärungsprozess zurückversetzt. Ich verstehe jetzt im Nachhinein vieles, was ich damals nur intuitiv für richtig und hilfreich empfunden habe. Obwohl unser Fall inhaltlich anders lag, sind doch viele Schlüsselelemente der Vorgehensweise sehr ähnlich.

Konflikte im Team können eine enorme nachteilige Auswirkung auf die Teamleistung haben, indem die gestörte Kommunikation die Arbeitsbeziehungen der einzelnen Mitglieder untereinander wie auch zur Führungskraft in Mitleidenschaft zieht.

Wie aber kommt man vom Konflikt wieder zum Vertrauen? Zunächst gilt es, Verständnis füreinander zu fördern, Dinge anzusprechen, die im Alltag untergehen. Empfindlichkeiten und Verletzungen klar beim Namen zu nennen und Verständnis für die einzelnen Positionen zu wecken. Subjektiv verzerrte, häufig emotional gefärbte Wahrnehmungen lösen sich nahezu wie von selbst auf. Dies geschieht allerdings nur dann, wenn die Konfliktparteien willens und fähig sind, einander zuzuhören und aufeinander einzugehen.

Ist dies nicht der Fall, dann ist es nötig, eine nicht ins Geschehen involvierte, praktisch unparteiische moderierende Fachperson hinzuzuziehen (Klärungshilfe). Das hat sich in unserer Situation als sehr hilfreich erwiesen. Wir erlebten, wie sich durch die Verdeutlichung des Klärungshelfers ein besseres Verstehen der gegenseitigen Positionen, eine gesteigerte Wertschätzung, eine gute Kommunikation entwickelt hat. Durch das gewachsene Vertrauen muss der Einzelne nicht mehr auf der Hut sein, um Fallstricke zu vermeiden – Fehler können seither besser angesprochen werden, ohne dass sich erneut Missverständnisse aufbauen. Bei deutlich gebessertem Betriebsklima ist die Produktivität gestiegen.

Als ich nun das Buch gelesen habe, war ich positiv überrascht, dass unsere Teamerfahrung kein Einzelfall ist, sondern Methode hat. Die Verbreitung dieses Wissens möchte ich auch und gerade als Führungskraft unterstützen. Obwohl ich zeitlich sehr belastet bin, konnte ich das Buch nicht mehr aus der Hand legen – eine spannende Lektüre für jede Führungskraft.